디딤돌 초등수학 원리 3-2

최상위로 가는 '맞춤 학습 플랜'

STEP 3 Book

짧은 기간에 집중력 있게 한 학기 과정을 완성할 수 있도록 설계하였습니다.
방학 때 미리 공부하고 싶다면 주 5일 8주 완성 과정을 이용해요.

공부한 날짜를 쓰고 하루 분량 학습을 마친 후, 부모님께 확인 check ☑를 받으세요.

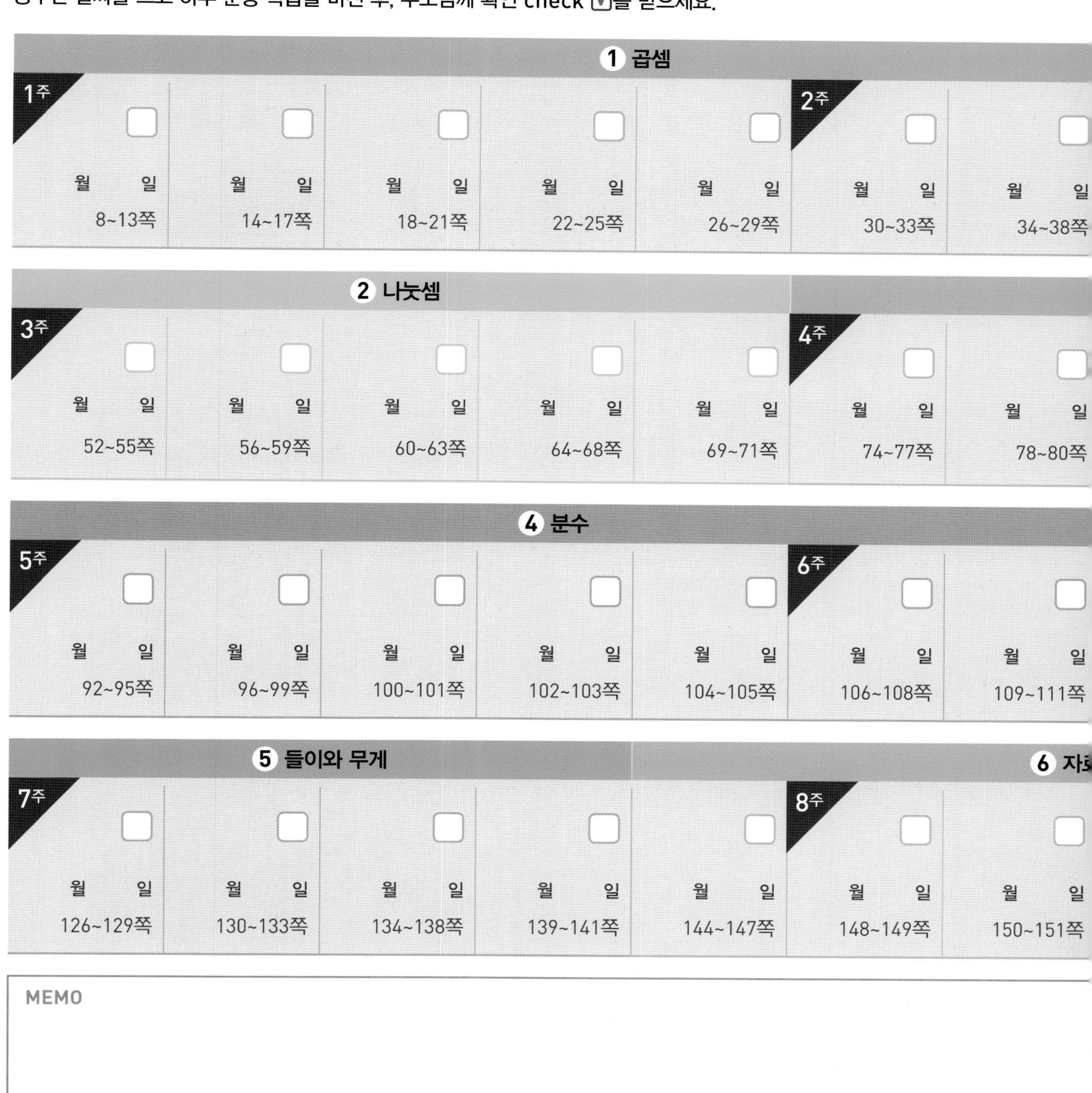

1 곱셈						
1주					2주	
☐	☐	☐	☐	☐	☐	☐
월 일	월 일	월 일	월 일	월 일	월 일	월 일
8~13쪽	14~17쪽	18~21쪽	22~25쪽	26~29쪽	30~33쪽	34~38쪽

2 나눗셈						
3주					4주	
☐	☐	☐	☐	☐	☐	☐
월 일	월 일	월 일	월 일	월 일	월 일	월 일
52~55쪽	56~59쪽	60~63쪽	64~68쪽	69~71쪽	74~77쪽	78~80쪽

4 분수						
5주					6주	
☐	☐	☐	☐	☐	☐	☐
월 일	월 일	월 일	월 일	월 일	월 일	월 일
92~95쪽	96~99쪽	100~101쪽	102~103쪽	104~105쪽	106~108쪽	109~111쪽

5 들이와 무게				6 자		
7주					8주	
☐	☐	☐	☐	☐	☐	☐
월 일	월 일	월 일	월 일	월 일	월 일	월 일
126~129쪽	130~133쪽	134~138쪽	139~141쪽	144~147쪽	148~149쪽	150~151쪽

MEMO

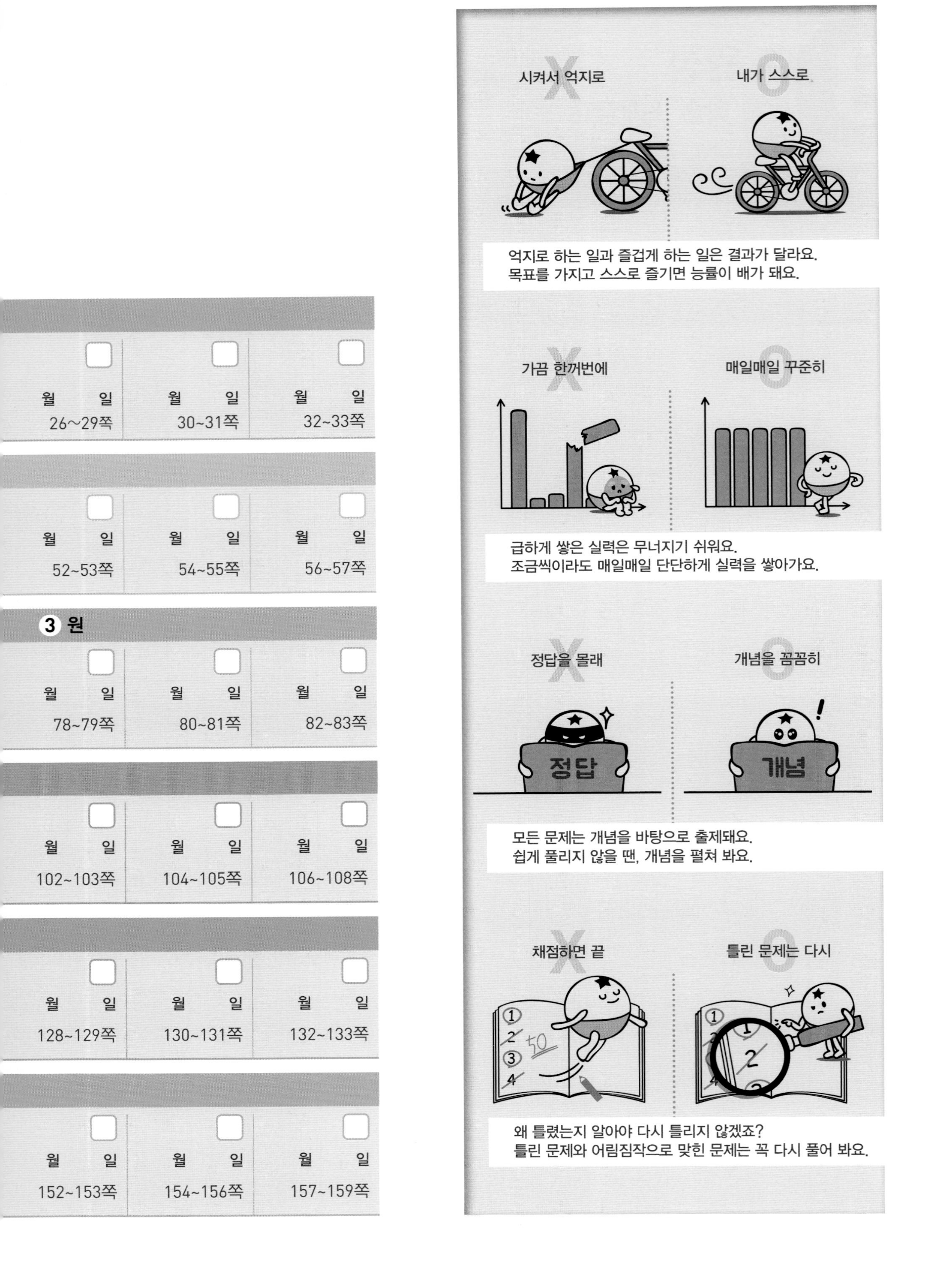
3 원
월 일
26~29쪽
30~31쪽
32~33쪽
52~53쪽
54~55쪽
56~57쪽
78~79쪽
80~81쪽
82~83쪽
102~103쪽
104~105쪽
106~108쪽
128~129쪽
130~131쪽
132~133쪽
152~153쪽
154~156쪽
157~159쪽
효과적인 수학 공부 비법
시켜서 억지로
내가 스스로
억지로 하는 일과 즐겁게 하는 일은 결과가 달라요.
목표를 가지고 스스로 즐기면 능률이 배가 돼요.
가끔 한꺼번에
매일매일 꾸준히
급하게 쌓은 실력은 무너지기 쉬워요.
조금씩이라도 매일매일 단단하게 실력을 쌓아가요.
정답을 몰래
개념을 꼼꼼히
정답
개념
모든 문제는 개념을 바탕으로 출제돼요.
쉽게 풀리지 않을 땐, 개념을 펼쳐 봐요.
채점하면 끝
틀린 문제는 다시
왜 틀렸는지 알아야 다시 틀리지 않겠죠?
틀린 문제와 어림짐작으로 맞힌 문제는 꼭 다시 풀어 봐요.

디딤돌 초등수학 원리 3-2

여유를 가지고 깊이 있게 한 학기 과정을 완성할 수 있도록 설계하였습니다.
학기 중 교과서와 함께 공부하고 싶다면 주 5일 12주 완성 과정을 이용해요.

공부한 날짜를 쓰고 하루 분량 학습을 마친 후, 부모님께 확인 check ☑를 받으세요.

1 곱셈						
1주 ☐	☐	☐	☐	☐	2주 ☐	☐
월 일	월 일	월 일	월 일	월 일	월 일	월 일
8~11쪽	12~13쪽	14~15쪽	16~17쪽	18~19쪽	20~21쪽	22~25쪽

1 곱셈			2 나눗셈			
3주 ☐	☐	☐	☐	☐	4주 ☐	☐
월 일	월 일	월 일	월 일	월 일	월 일	월 일
34~35쪽	36~38쪽	39~41쪽	44~45쪽	46~47쪽	48~49쪽	50~51 쪽

2 나눗셈						
5주 ☐	☐	☐	☐	☐	6주 ☐	☐
월 일	월 일	월 일	월 일	월 일	월 일	월 일
58~59쪽	60~61쪽	62~65쪽	66~68쪽	69~71쪽	74~75쪽	76~77쪽

3 원		4 분수				
7주 ☐	☐	☐	☐	☐	8주 ☐	☐
월 일	월 일	월 일	월 일	월 일	월 일	월 일
84~86쪽	87~89쪽	92~93쪽	94~95쪽	96~97쪽	98~99쪽	100~101쪽

4 분수	5 들이와 무게					
9주 ☐	☐	☐	☐	☐	10주 ☐	☐
월 일	월 일	월 일	월 일	월 일	월 일	월 일
109~111쪽	114~115쪽	116~117쪽	118~119쪽	120~122쪽	123~125쪽	126~127쪽

5 들이와 무게			6 자료의 정리			
11주 ☐	☐	☐	☐	☐	12주 ☐	☐
월 일	월 일	월 일	월 일	월 일	월 일	월 일
134~135쪽	136~138쪽	139~141쪽	144~145쪽	146~147쪽	148~149쪽	150~151쪽

	2 나눗셈	
월 일	월 일	월 일
39~41쪽	44~47쪽	48~51쪽

3 원		
월 일	월 일	월 일
81~83쪽	84~86쪽	87~89쪽

	5 들이와 무게	
월 일	월 일	월 일
114~117쪽	118~121쪽	122~125쪽

의 정리		
월 일	월 일	월 일
152~154쪽	155~156쪽	157~159쪽

효과적인 수학 공부 비법

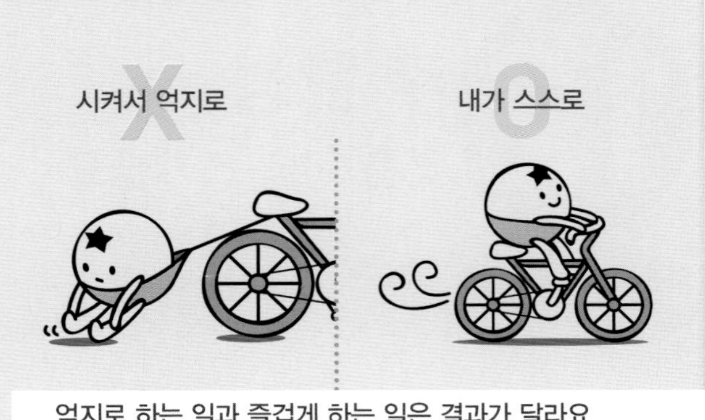

억지로 하는 일과 즐겁게 하는 일은 결과가 달라요.
목표를 가지고 스스로 즐기면 능률이 배가 돼요.

가끔 한꺼번에 / 매일매일 꾸준히

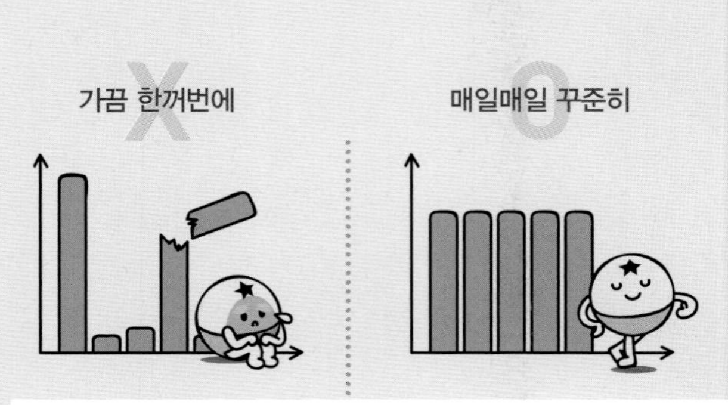

급하게 쌓은 실력은 무너지기 쉬워요.
조금씩이라도 매일매일 단단하게 실력을 쌓아가요.

정답을 몰래 / 개념을 꼼꼼히

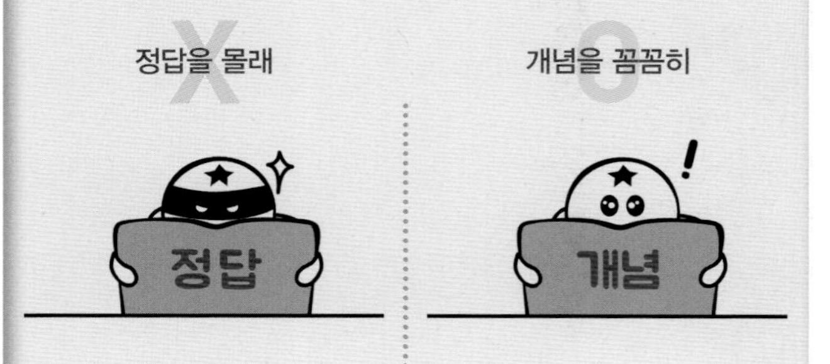

모든 문제는 개념을 바탕으로 출제돼요.
쉽게 풀리지 않을 땐, 개념을 펼쳐 봐요.

채점하면 끝 / 틀린 문제는 다시

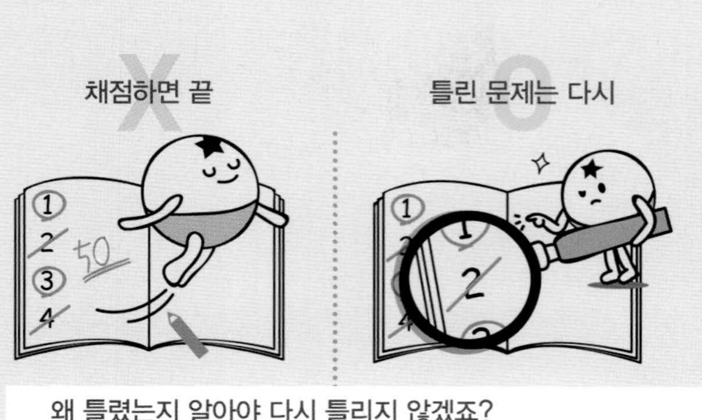

왜 틀렸는지 알아야 다시 틀리지 않겠죠?
틀린 문제와 어림짐작으로 맞힌 문제는 꼭 다시 풀어 봐요.

수학 좀 한다면 디딤돌

초등수학 원리

상위권을 향한 첫걸음

3-2

교과서의 핵심 개념을 한눈에 이해하고

교과서 개념

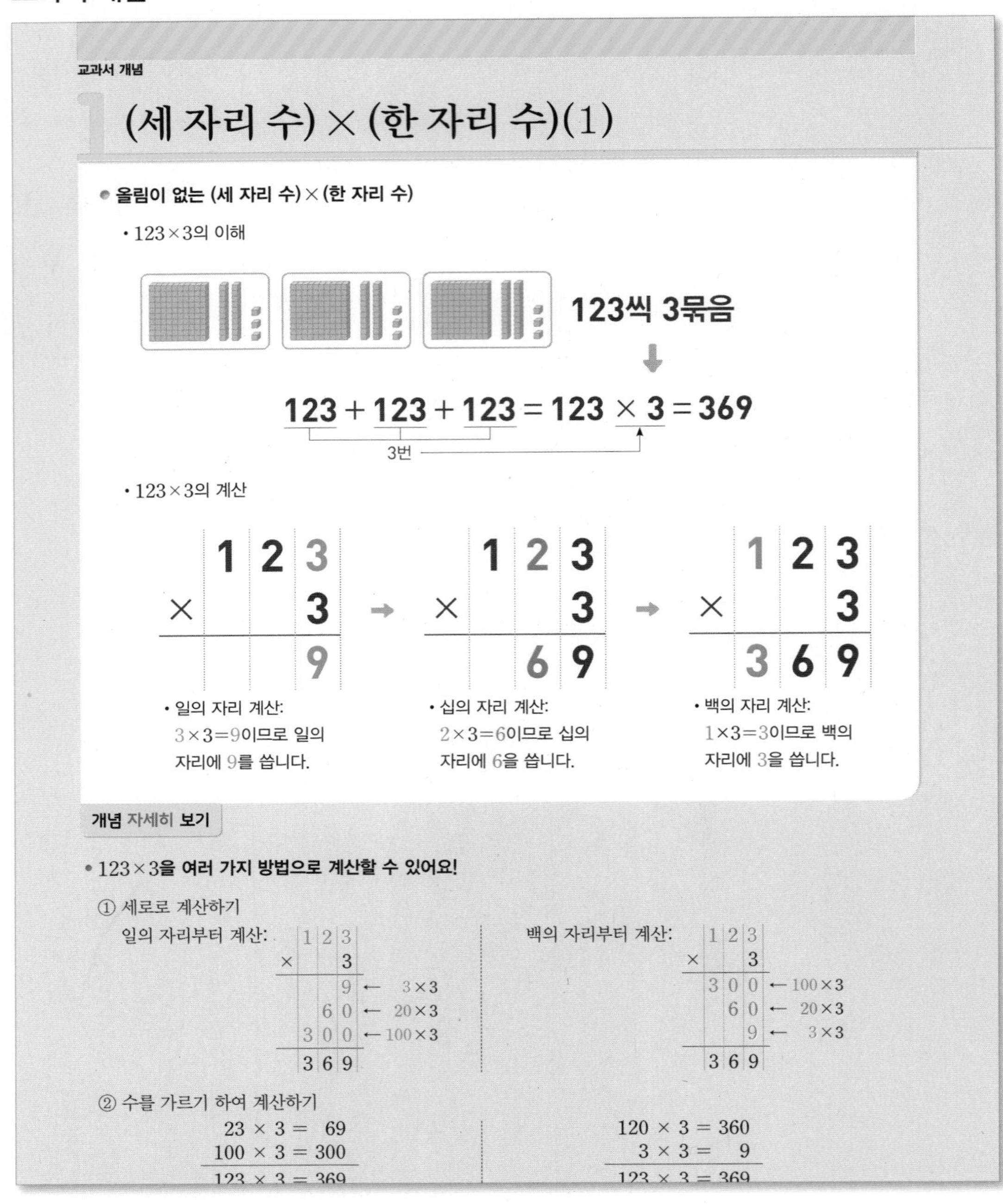

쉬운 유형의 문제를 반복 연습하여 기본기를 강화하는 학습

기본기 강화 문제

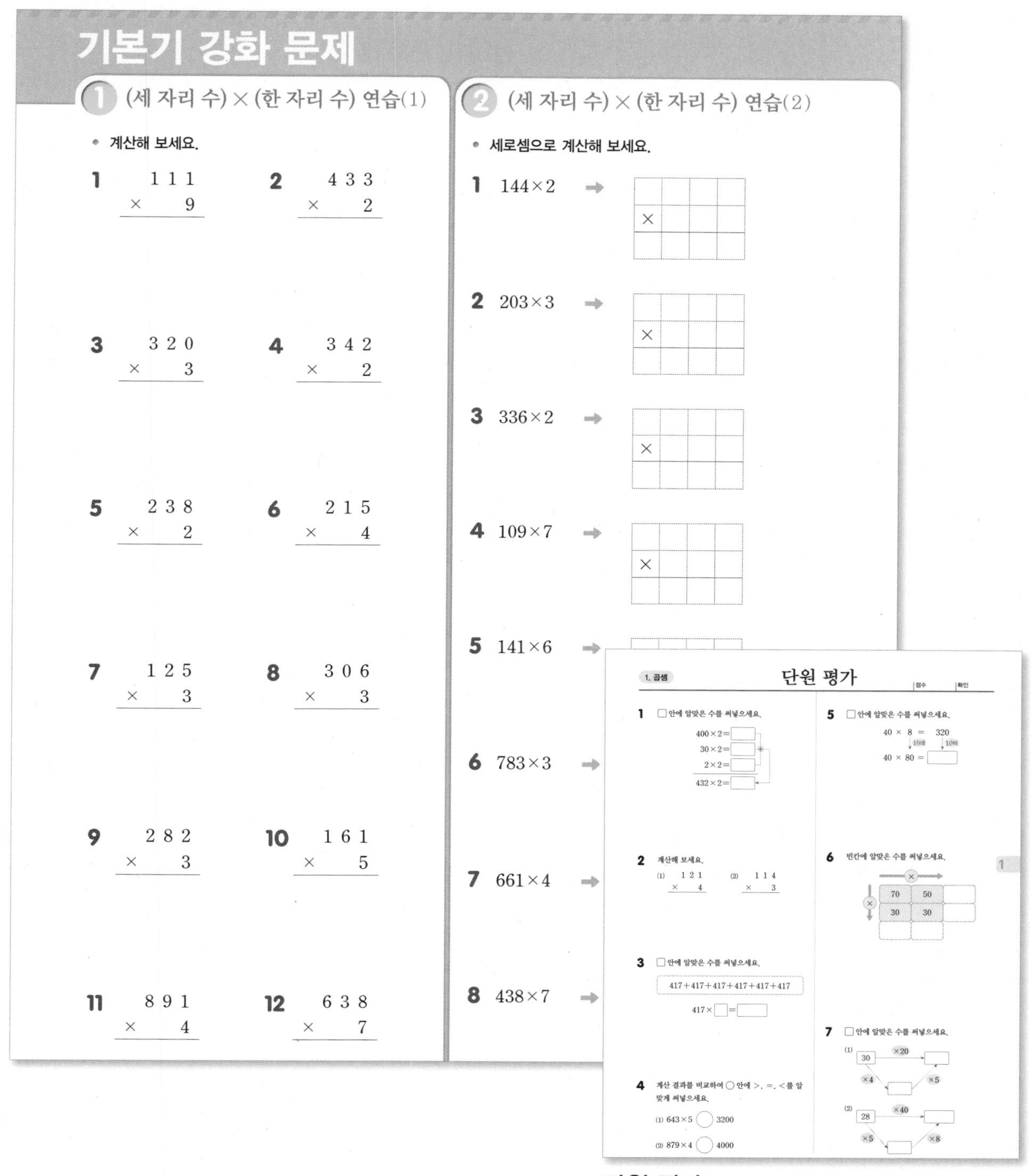

단원 평가

차례

1 곱셈

산책로 코스
520m
520m
현위치
입구
90m
90m
90m
90m
우리 전망대까지 가자!
전망대까지 520m씩 4번 걸으면 되니까
m만 걸으면 되네.

세호와 민지는 지도를 보고 산책할 코스를 정하려고 합니다.
각 산책로의 길이는 몇 m인지 □ 안에 알맞은 수를 써넣으세요.

1 (세 자리 수) × (한 자리 수)(1)

● **올림이 없는 (세 자리 수) × (한 자리 수)**

• 123×3의 이해

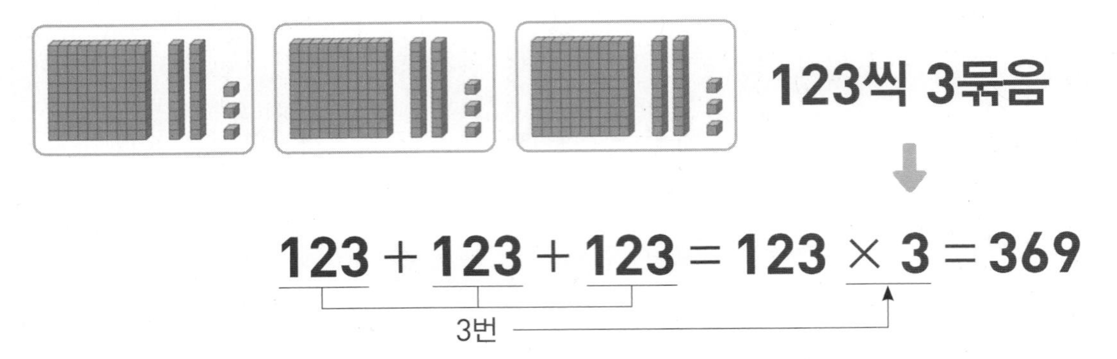

• 123×3의 계산

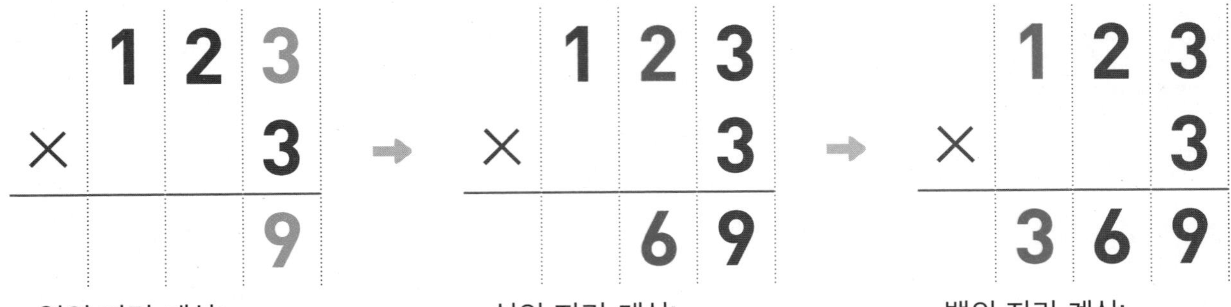

• 일의 자리 계산: $3\times3=9$이므로 일의 자리에 9를 씁니다.

• 십의 자리 계산: $2\times3=6$이므로 십의 자리에 6을 씁니다.

• 백의 자리 계산: $1\times3=3$이므로 백의 자리에 3을 씁니다.

개념 자세히 보기

• 123×3**을 여러 가지 방법으로 계산할 수 있어요!**

① 세로로 계산하기

일의 자리부터 계산:

$$\begin{array}{rrrl} & 1 & 2 & 3 \\ \times & & & 3 \\ \hline & & & 9 \leftarrow 3\times3 \\ & & 6 & 0 \leftarrow 20\times3 \\ & 3 & 0 & 0 \leftarrow 100\times3 \\ \hline & 3 & 6 & 9 \end{array}$$

백의 자리부터 계산:

$$\begin{array}{rrrl} & 1 & 2 & 3 \\ \times & & & 3 \\ \hline & 3 & 0 & 0 \leftarrow 100\times3 \\ & & 6 & 0 \leftarrow 20\times3 \\ & & & 9 \leftarrow 3\times3 \\ \hline & 3 & 6 & 9 \end{array}$$

② 수를 가르기 하여 계산하기

$$\begin{array}{rcl} 23\times3 &=& 69 \\ 100\times3 &=& 300 \\ \hline 123\times3 &=& 369 \end{array}$$

$$\begin{array}{rcl} 120\times3 &=& 360 \\ 3\times3 &=& 9 \\ \hline 123\times3 &=& 369 \end{array}$$

1 수 모형을 보고 243×2는 얼마인지 알아보세요.

> **3학년 1학기 때 배웠어요**
>
> 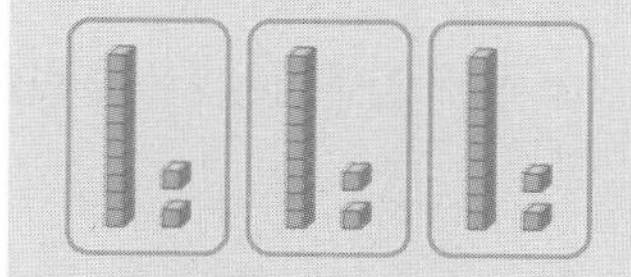
>
> 십 모형이 3개, 일 모형이 6개이므로 $12\times3=30+6=36$입니다.

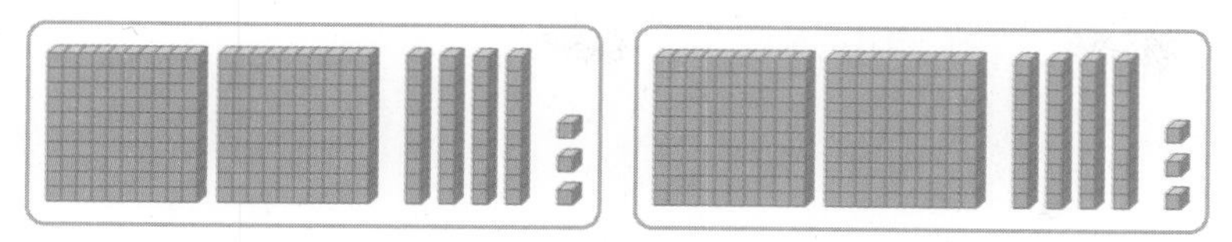

- 백 모형의 개수를 곱셈식으로 나타내면 $2\times$ □ $=$ □(개)입니다.
- 십 모형의 개수를 곱셈식으로 나타내면 $4\times$ □ $=$ □(개)입니다.
- 일 모형의 개수를 곱셈식으로 나타내면 $3\times$ □ $=$ □(개)입니다.
- 백 모형이 □개, 십 모형이 □개, 일 모형이 □개이므로 $243\times2=$ □입니다.

2 계산해 보세요.

①

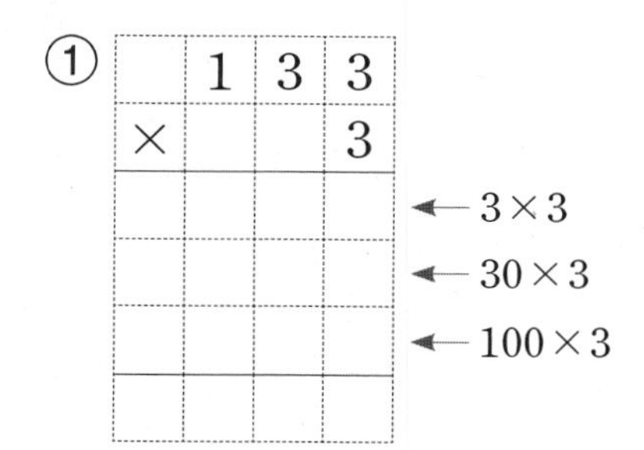

②

	1	3	3
×			3
				← 100×3
				← 30×3
				← 3×3

어때요? 계산 순서가 달라지면 결과가 달라지나요?

3 □ 안에 알맞은 수를 써넣으세요.

	4	2	3
×			2
			□

➡

	4	2	3
×			2
		□	□

➡

	4	2	3
×			2
	□	□	□

4 □ 안에 알맞은 수를 써넣으세요.

① $100\times4=$ □
$20\times4=$ □
$1\times4=$ □
$121\times4=$ □

② $200\times3=$ □
$30\times3=$ □
$1\times3=$ □
$231\times3=$ □

(세 자리 수) × (한 자리 수)(2)

● **일의 자리에서 올림이 있는 (세 자리 수) × (한 자리 수)**

• 216 × 2의 이해

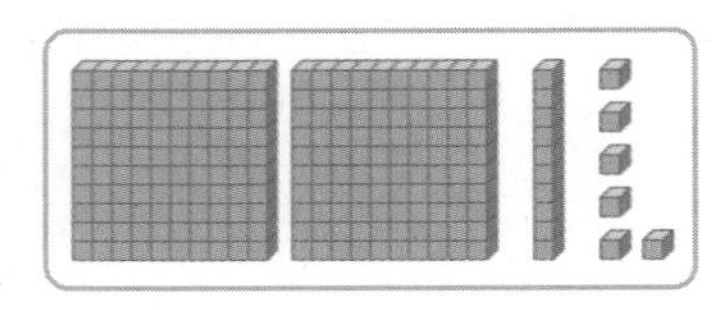

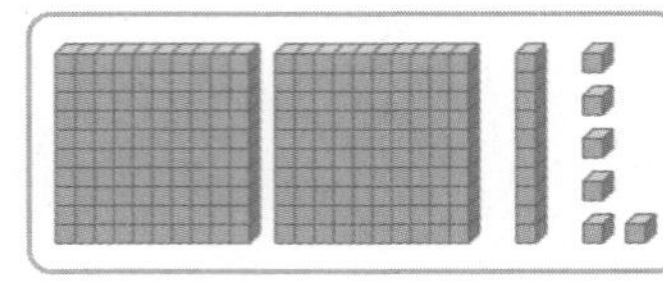

216씩 2묶음

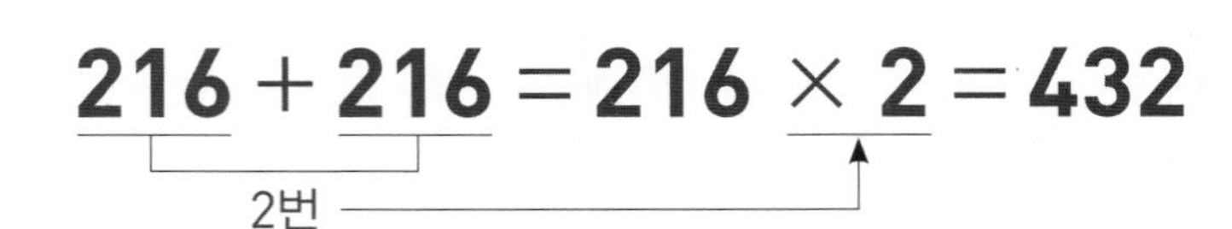

• 216 × 2의 계산

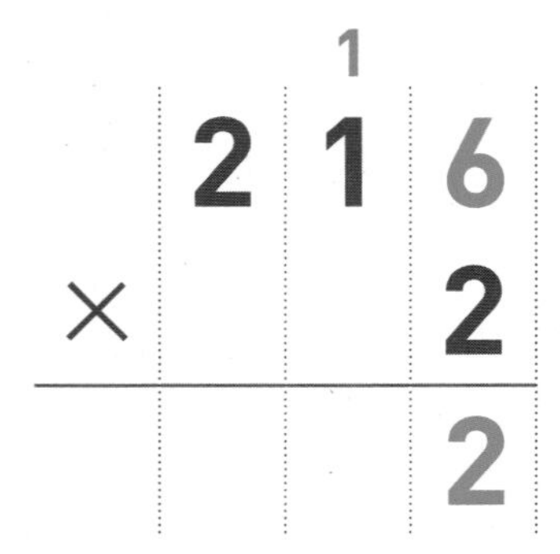

→

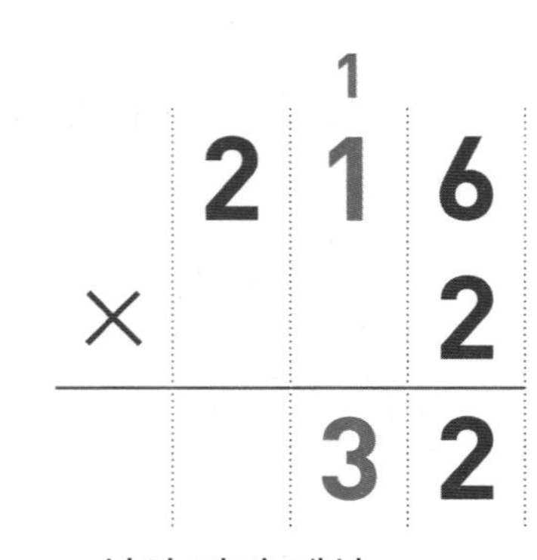

→

	1		
	2	1	6
×			2
	4	3	2

• 일의 자리 계산:
6 × 2 = 12이므로 10은 십의 자리로 올림하고, 일의 자리에 2를 씁니다.

• 십의 자리 계산:
1 × 2 = 2와 일의 자리에서 올림한 수 1을 더하여 1 + 2 = 3을 십의 자리에 씁니다.

• 백의 자리 계산:
2 × 2 = 4이므로 백의 자리에 4를 씁니다.

개념 자세히 보기

• 216 × 2**를 여러 가지 방법으로 계산할 수 있어요!**

① 세로로 계산하기

일의 자리부터 계산:

	2	1	6	
×			2	
		1	2	← 6 × 2
		2	0	← 10 × 2
	4	0	0	← 200 × 2
	4	3	2	

백의 자리부터 계산:

	2	1	6	
×			2	
	4	0	0	← 200 × 2
		2	0	← 10 × 2
		1	2	← 6 × 2
	4	3	2	

② 수를 가르기 하여 계산하기

$$\begin{array}{r} 16 \times 2 = 32 \\ 200 \times 2 = 400 \\ \hline 216 \times 2 = 432 \end{array}$$

$$\begin{array}{r} 210 \times 2 = 420 \\ 6 \times 2 = 12 \\ \hline 216 \times 2 = 432 \end{array}$$

➲ 정답과 풀이 1쪽

1 수 모형을 보고 224×3은 얼마인지 알아보세요.

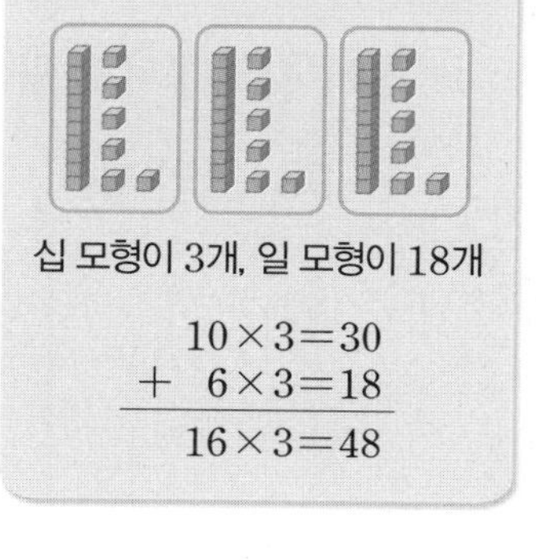

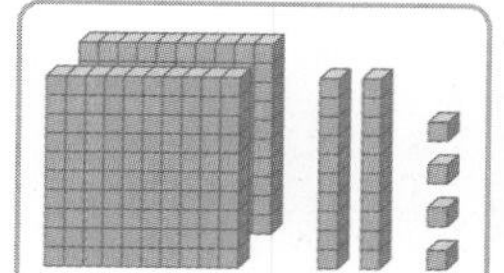 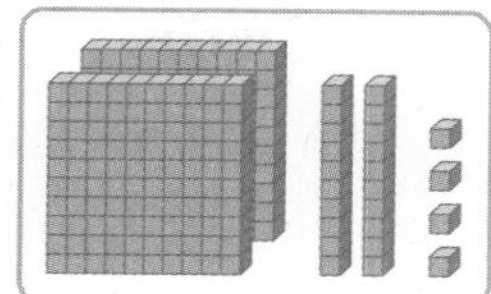 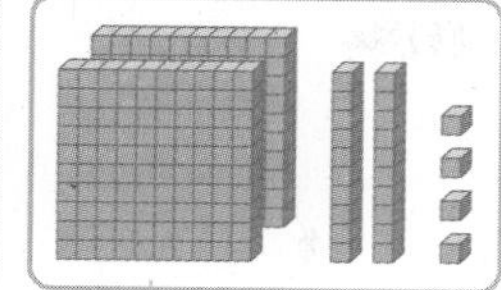

- 백 모형의 개수를 곱셈식으로 나타내면 $2\times$ □ = □(개)입니다.
- 십 모형의 개수를 곱셈식으로 나타내면 $2\times$ □ = □(개)입니다.
- 일 모형의 개수를 곱셈식으로 나타내면 $4\times$ □ = □(개)입니다.
- 백 모형이 □개, 십 모형이 □개, 일 모형이 □개이므로

$224\times3=$ □입니다.

1

2 계산해 보세요.

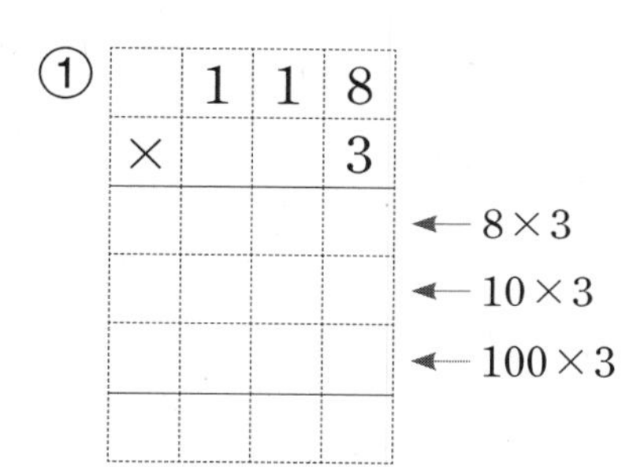

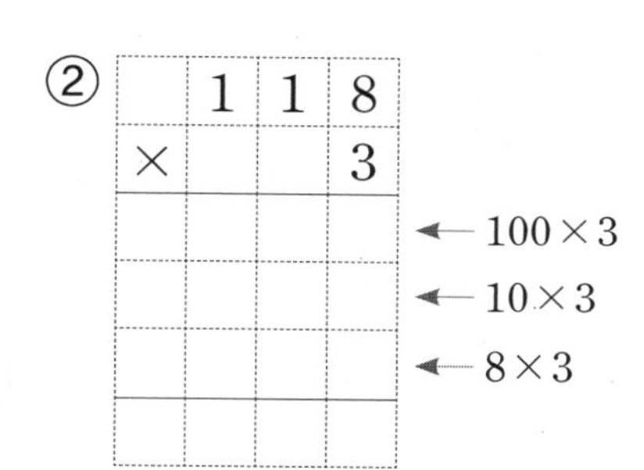

3 □ 안에 알맞은 수를 써넣으세요.

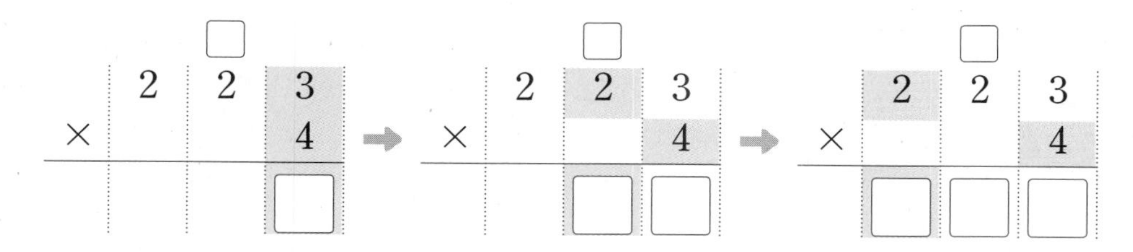

4 □ 안에 알맞은 수를 써넣으세요.

① $400\times2=$ □

$20\times2=$ □

$9\times2=$ □

$429\times2=$ □

② $200\times3=$ □

$20\times3=$ □

$8\times3=$ □

$228\times3=$ □

(세 자리 수) × (한 자리 수)(3)

십의 자리에서 올림이 있는 (세 자리 수) × (한 자리 수)

• 152×3의 계산

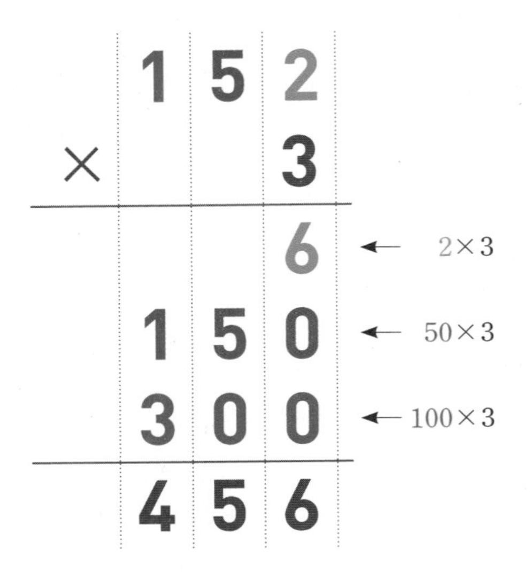

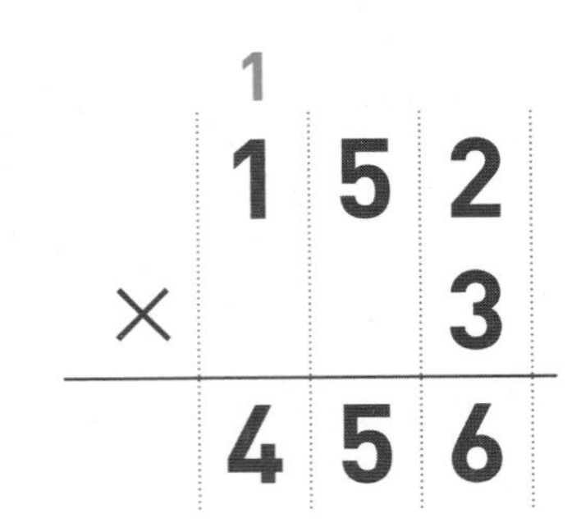

십의 자리 계산에서 올림한 수를 백의 자리 위에 작게 쓰고, 백의 자리 계산에서 더합니다.

올림이 여러 번 있는 (세 자리 수) × (한 자리 수)

• 581×4의 계산

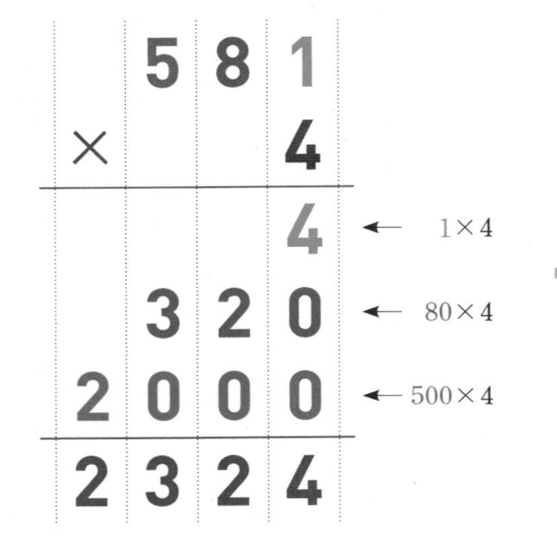

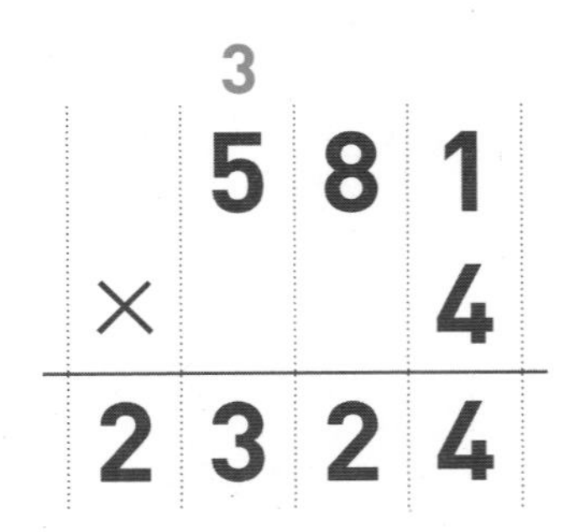

백의 자리 계산에서 올림한 수는 계산 결과의 천의 자리에 바로 씁니다.

개념 다르게 보기

• 152×3을 어림해 보아요!

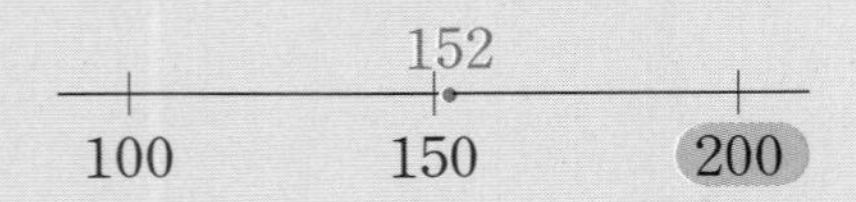

152를 몇백으로 어림하면 200이므로
152×3은 $200 \times 3 = 600$보다 작습니다.

• 581×4를 어림해 보아요!

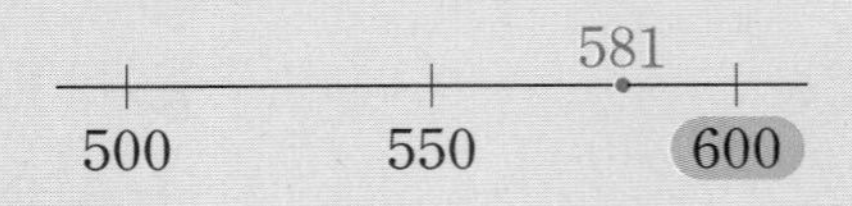

581을 몇백으로 어림하면 600이므로
581×4는 $600 \times 4 = 2400$보다 작습니다.

➔ 정답과 풀이 2쪽

1 수 모형을 보고 243×3은 얼마인지 알아보세요.

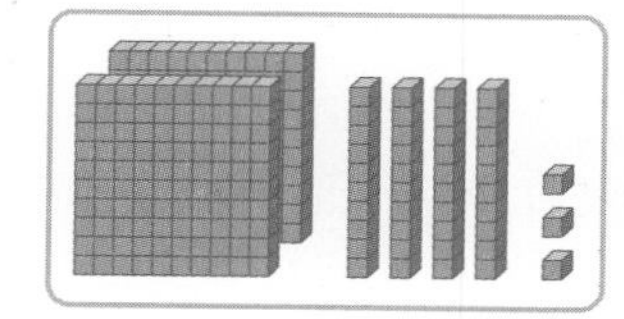 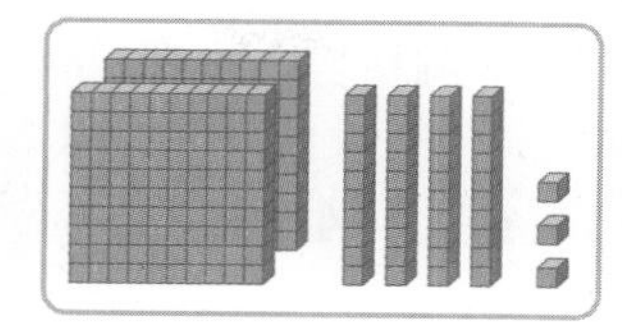 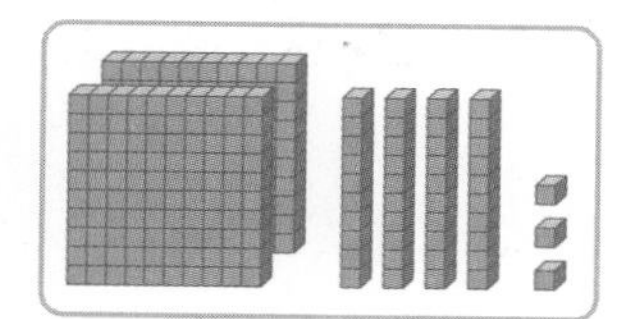

- 백 모형의 개수를 곱셈식으로 나타내면 $2\times$□$=$□(개)입니다.
- 십 모형의 개수를 곱셈식으로 나타내면 $4\times$□$=$□(개)입니다.
- 일 모형의 개수를 곱셈식으로 나타내면 $3\times$□$=$□(개)입니다.
- 백 모형이 □개, 십 모형이 □개, 일 모형이 □개이므로

  $243\times3=$□입니다.

1

2 □ 안에 알맞은 수를 써넣으세요.

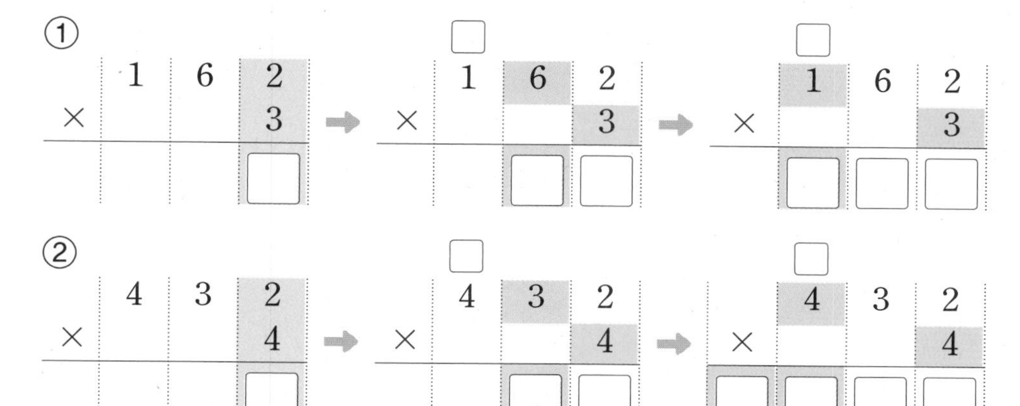

3 보기 와 같이 계산해 보세요.

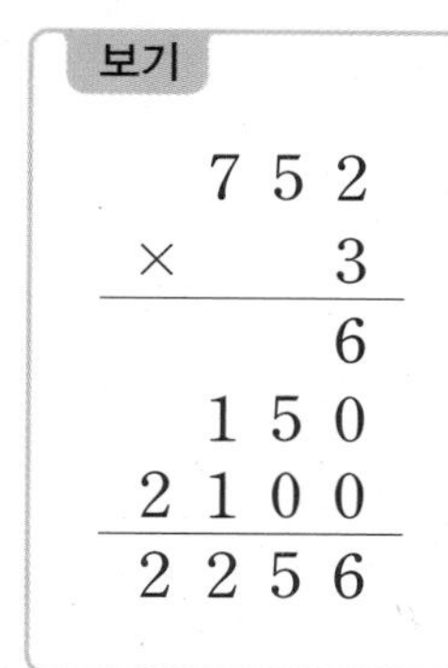

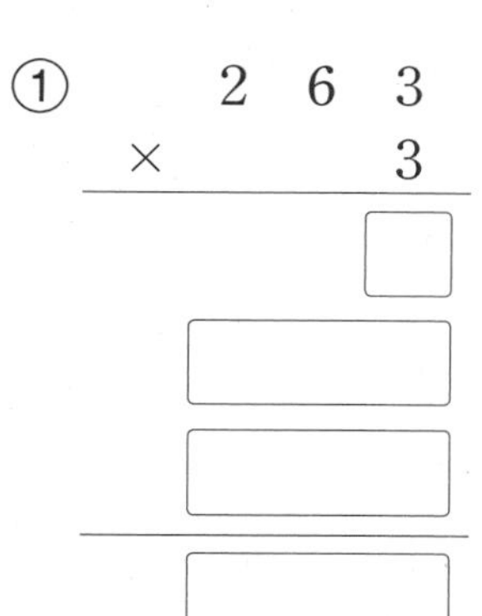

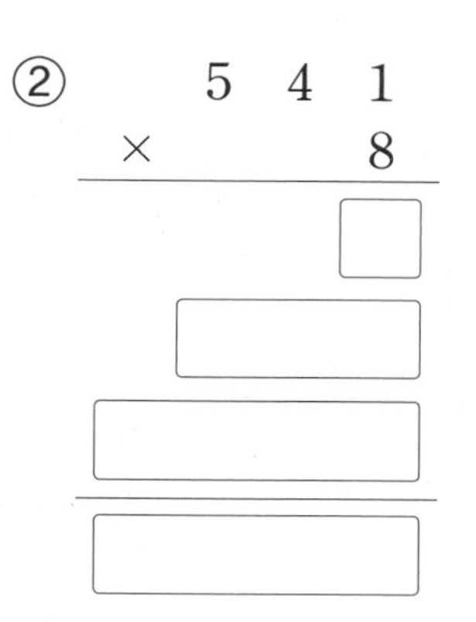

기본기 강화 문제

① (세 자리 수) × (한 자리 수) 연습(1)

• 계산해 보세요.

1 $\begin{array}{r} 1\,1\,1 \\ \times \quad 9 \\ \hline \end{array}$

2 $\begin{array}{r} 4\,3\,3 \\ \times \quad 2 \\ \hline \end{array}$

3 $\begin{array}{r} 3\,2\,0 \\ \times \quad 3 \\ \hline \end{array}$

4 $\begin{array}{r} 3\,4\,2 \\ \times \quad 2 \\ \hline \end{array}$

5 $\begin{array}{r} 2\,3\,8 \\ \times \quad 2 \\ \hline \end{array}$

6 $\begin{array}{r} 2\,1\,5 \\ \times \quad 4 \\ \hline \end{array}$

7 $\begin{array}{r} 1\,2\,5 \\ \times \quad 3 \\ \hline \end{array}$

8 $\begin{array}{r} 3\,0\,6 \\ \times \quad 3 \\ \hline \end{array}$

9 $\begin{array}{r} 2\,8\,2 \\ \times \quad 3 \\ \hline \end{array}$

10 $\begin{array}{r} 1\,6\,1 \\ \times \quad 5 \\ \hline \end{array}$

11 $\begin{array}{r} 8\,9\,1 \\ \times \quad 4 \\ \hline \end{array}$

12 $\begin{array}{r} 6\,3\,8 \\ \times \quad 7 \\ \hline \end{array}$

② (세 자리 수) × (한 자리 수) 연습(2)

• 세로셈으로 계산해 보세요.

1 144×2 

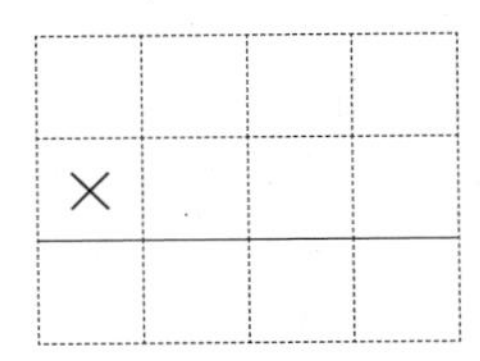

2 203×3 ➡

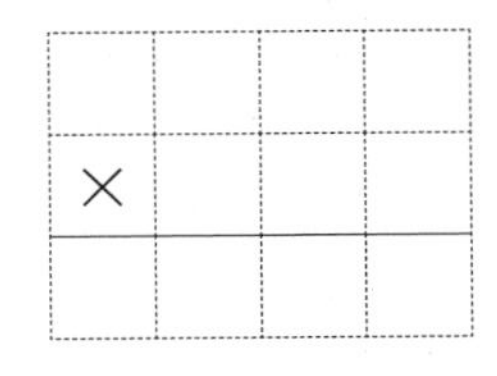

3 336×2 ➡

4 109×7 ➡

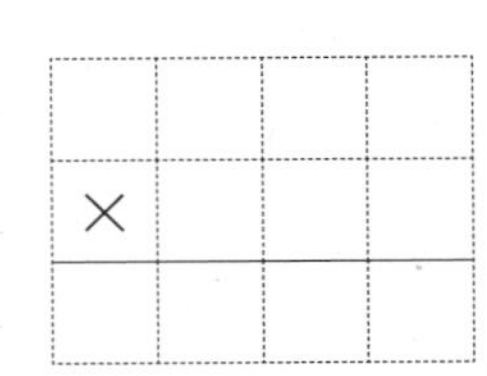

5 141×6 ➡

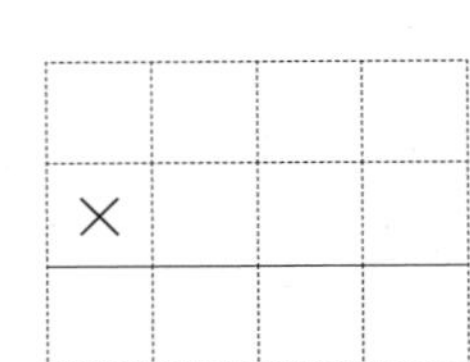

6 783×3 ➡

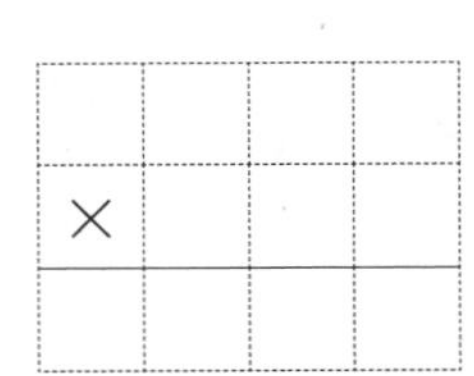

7 661×4 ➡

8 438×7 ➡

3 수를 가르기 하여 계산하기(1)

• □ 안에 알맞은 수를 써넣으세요.

1

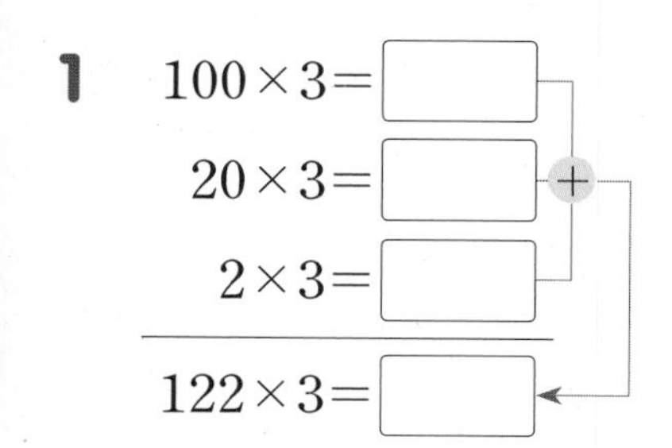

$100\times3=\square$
$20\times3=\square$
$2\times3=\square$
$122\times3=\square$

2
$400\times2=\square$
$10\times2=\square$
$6\times2=\square$
$416\times2=\square$

3
$100\times6=\square$
$10\times6=\square$
$5\times6=\square$
$115\times6=\square$

4
$100\times5=\square$
$90\times5=\square$
$1\times5=\square$
$191\times5=\square$

5
$500\times7=\square$
$80\times7=\square$
$1\times7=\square$
$581\times7=\square$

4 덧셈식을 곱셈식으로 나타내기

• □ 안에 알맞은 수를 써넣으세요.

1 $211+211+211=211\times\square=\square$

2 $321+321=321\times\square=\square$

3 $431+431=431\times\square=\square$

4 $153+153+153=153\times\square=\square$

5 $272+272+272=272\times\square=\square$

6 $491+491+491+491+491+491+491$
$=491\times\square=\square$

7 $553+553+553=553\times\square=\square$

8 $782+782+782=782\times\square=\square$

9 $872+872+872+872$
$=872\times\square=\square$

10 $341+341+341+341$
$=341\times\square=\square$

1

5 곱셈 연습(1)

• 빈칸에 알맞은 수를 써넣으세요.

1

×	3	4	5
111			

2

×	1	2	3
331			

3

×	2	3	4
105			

4

×	2	3	4
352			

5

×	3	4	5
271			

6

×	2	3	4
492			

6 곱이 같은 곱셈(1)

• □ 안에 알맞은 수를 써넣으세요.

1 $101 \times 4 = \square$

↓×2 ↓÷2 ||

$202 \times 2 = \square$

2 $224 \times 4 = \square$

↓÷2 ↓×2 ||

$112 \times 8 = \square$

3 $120 \times 9 = \square$

↓×3 ↓÷3 ||

$360 \times 3 = \square$

4 $536 \times 2 = \square$

↓÷2 ↓×2 ||

$268 \times 4 = \square$

5 $999 \times 2 = \square$

↓÷3 ↓×3 ||

$333 \times 6 = \square$

↓×2 ↓÷2 ||

$666 \times 3 = \square$

6 $968 \times 2 = \square$

↓÷2 ↓×2 ||

$484 \times 4 = \square$

↓÷2 ↓×2 ||

$242 \times 8 = \square$

정답과 풀이 3쪽

7 곱해지는 수를 몇 배 하여 곱하기

• □ 안에 알맞은 수를 써넣으세요.

1

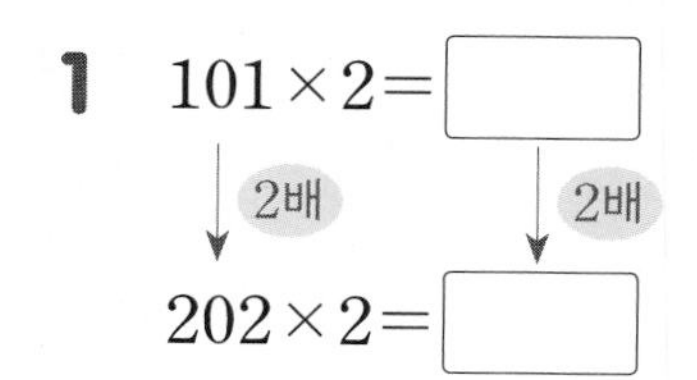

2

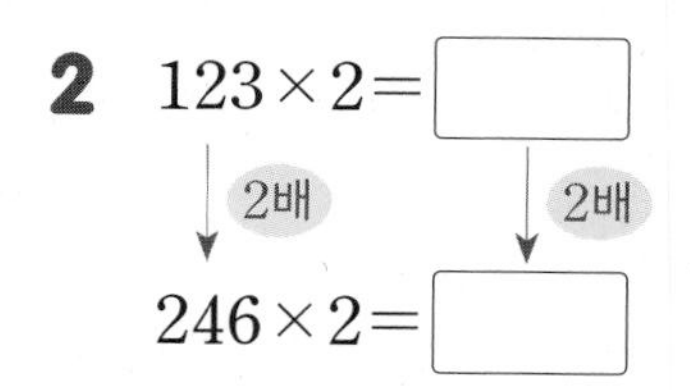

3

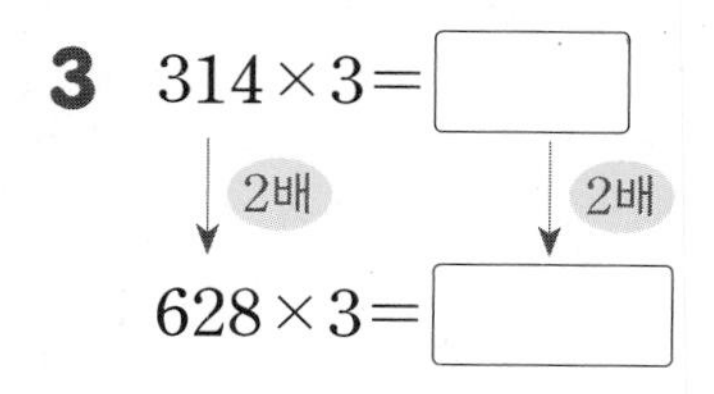

4

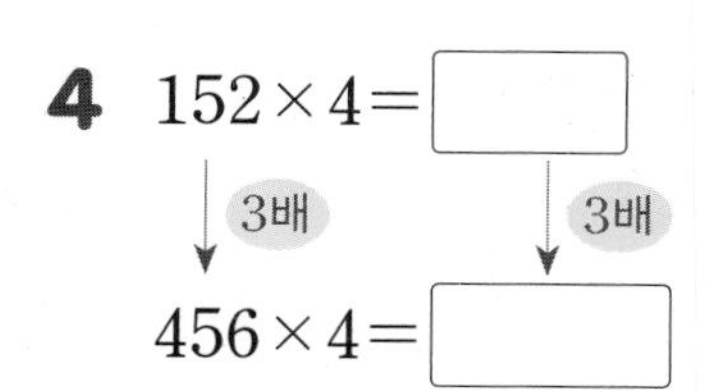

5

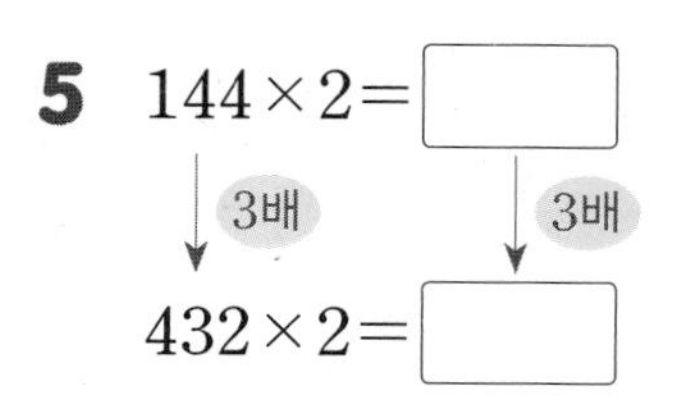

6

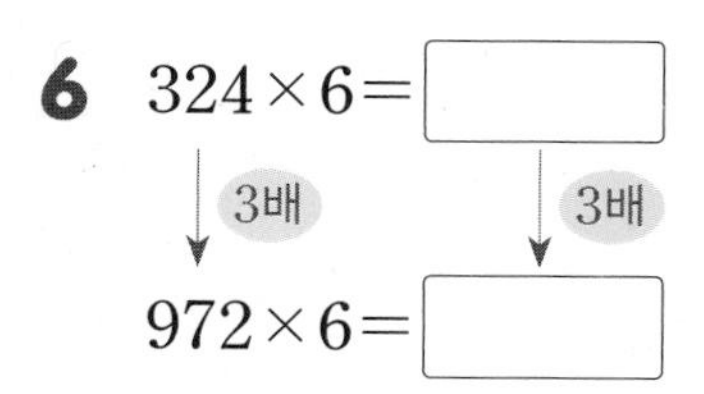

8 수를 나누어 곱하기(1)

• □ 안에 알맞은 수를 써넣으세요.

1

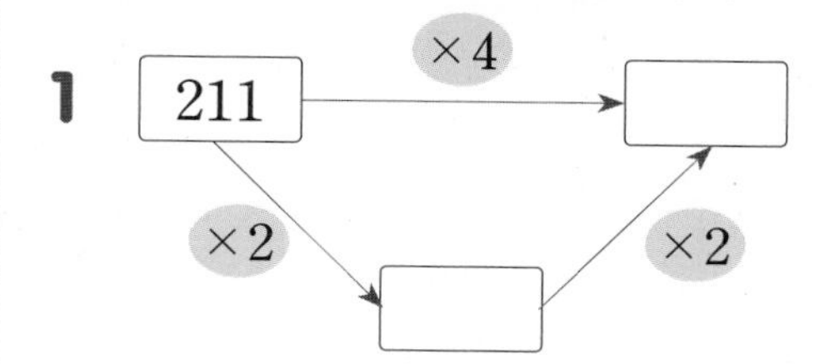

2

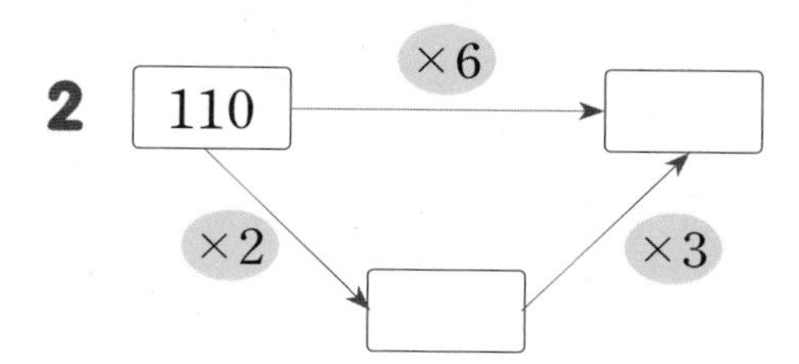

3

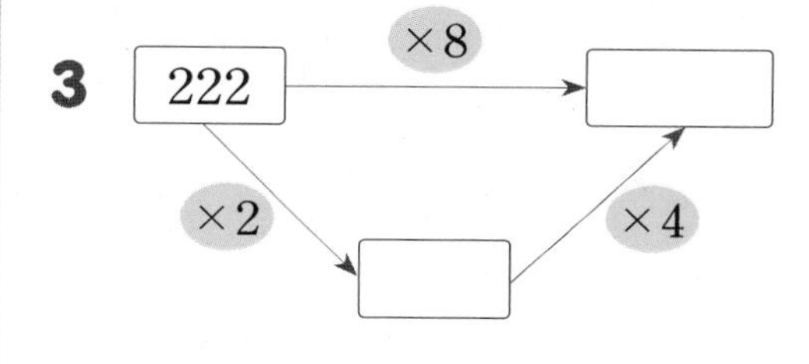

4

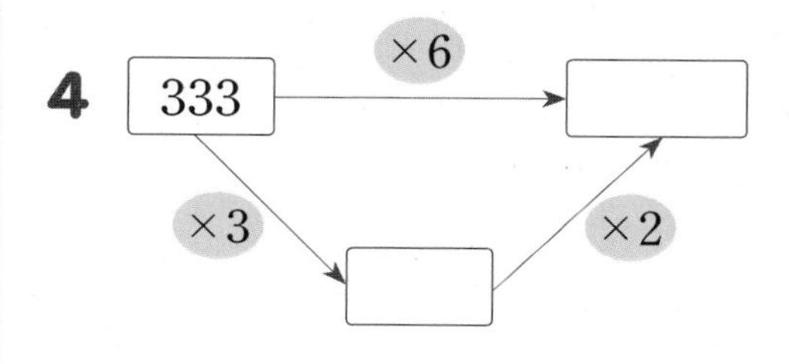

5

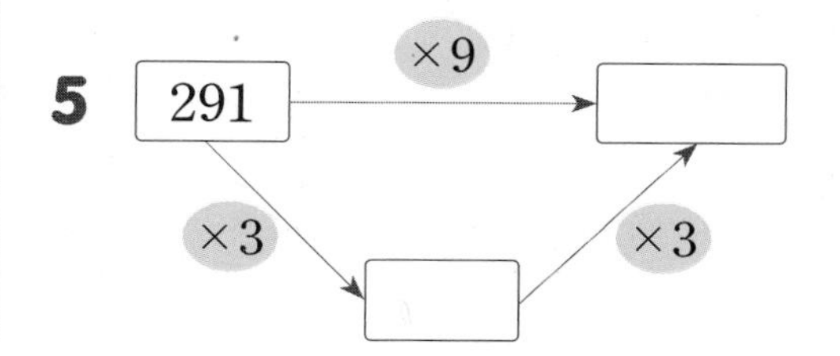

9 곱의 크기 비교하기(1)

• □ 안에 알맞은 수를 써넣으세요.

1 $104\times2=$ □

$104\times2<$ □

답은 여러 가지가 될 수 있습니다.

2 $321\times3=$ □

$321\times3<$ □

3 $407\times2=$ □

$407\times2>$ □

4 $209\times3=$ □

$209\times3>$ □

5 $173\times3=$ □

$173\times3<$ □

6 $652\times4=$ □

$652\times4>$ □

7 $793\times5=$ □

$793\times5>$ □

10 잘못된 부분을 찾아 바르게 계산하기(1)

• 계산에서 잘못된 부분을 찾아 바르게 계산해 보세요.

1

$$\begin{array}{r} 1\ 1\ 2 \\ \times\quad\ \ 6 \\ \hline 6\ 6\ 2 \end{array}$$

➡ □

2

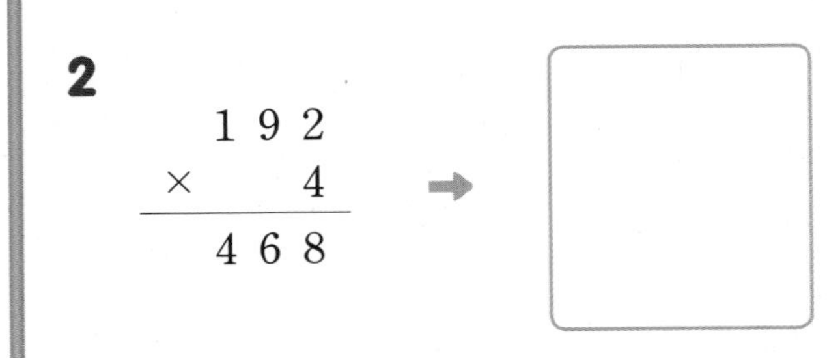

$$\begin{array}{r} 1\ 9\ 2 \\ \times\quad\ \ 4 \\ \hline 4\ 6\ 8 \end{array}$$

➡ □

3

$$\begin{array}{r} 6\ 3\ 1 \\ \times\quad\ \ 2 \\ \hline 2\ 6\ 2 \end{array}$$

➡ □

4

$$\begin{array}{r} 3\ 4\ 0 \\ \times\quad\ \ 5 \\ \hline 7\ 0\ 0 \end{array}$$

➡ □

5

$$\begin{array}{r} 6\ 3\ 2 \\ \times\quad\ \ 7 \\ \hline 4\ 4\ 1\ 4 \end{array}$$

➡ □

정답과 풀이 3쪽

11 간식 찾기

- 고양이가 간식을 찾으러 가려고 합니다. 바르게 계산한 결과를 따라 길을 찾아 이어 보고 고양이가 찾을 수 있는 간식에 ○표 하세요.

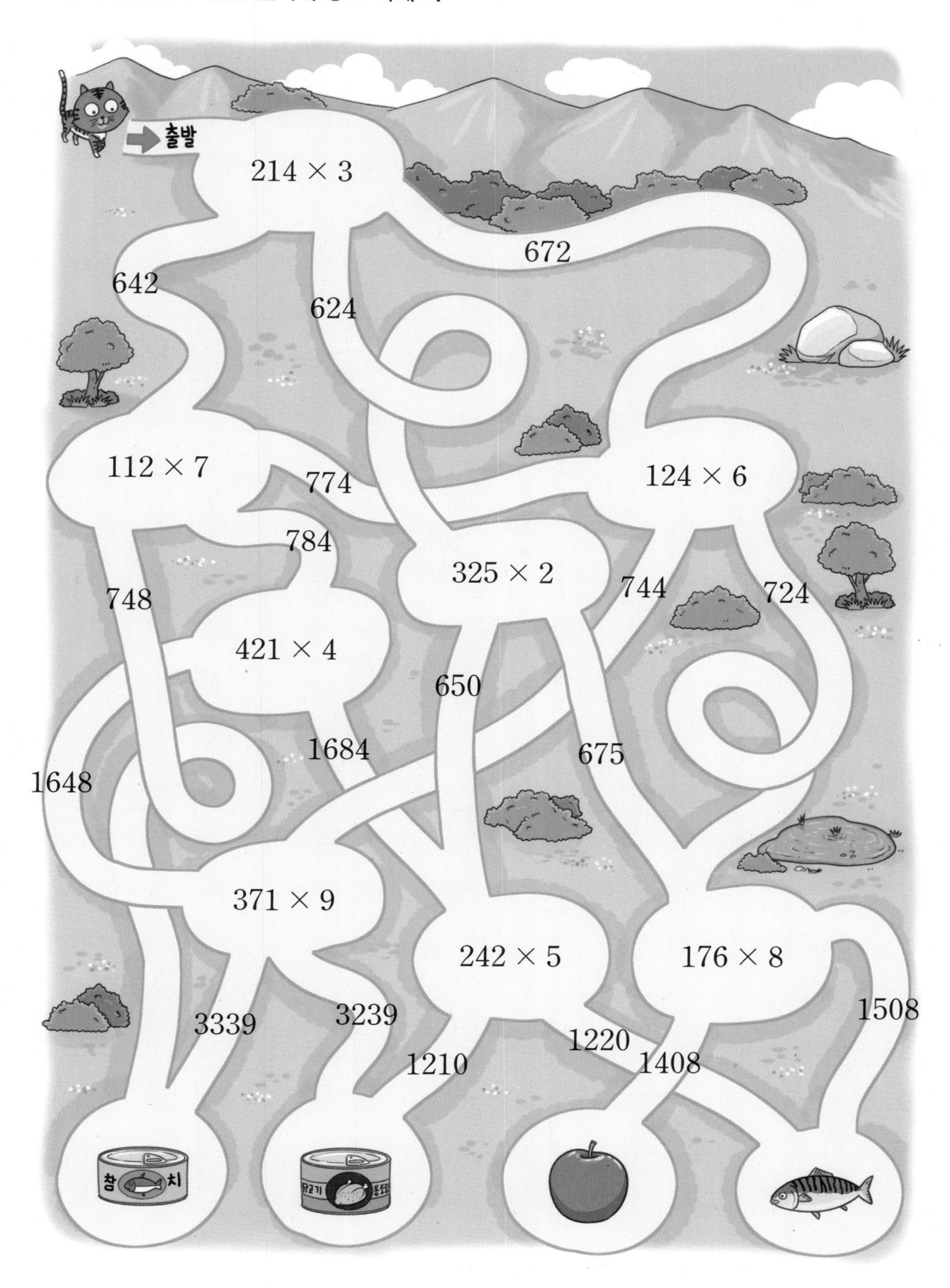

12 빈칸에 알맞은 수 구하기

- □ 안에 알맞은 수를 써넣으세요.

1

$$\begin{array}{r} 1\ 2\ \square \\ \times \quad\quad 2 \\ \hline 2\ 4\ 8 \end{array}$$

2

$$\begin{array}{r} 2\ \square\ 1 \\ \times \quad\quad 3 \\ \hline 6\ 9\ 3 \end{array}$$

3

$$\begin{array}{r} 3\ 3\ 2 \\ \times \quad\quad \square \\ \hline 9\ 9\ 6 \end{array}$$

4

$$\begin{array}{r} 1\ 1\ \square \\ \times \quad\quad 6 \\ \hline 6\ 9\ 0 \end{array}$$

5

$$\begin{array}{r} 4\ \square\ 3 \\ \times \quad\quad 3 \\ \hline 1\ \square\ 1\ 9 \end{array}$$

6

$$\begin{array}{r} \square\ 4\ \square \\ \times \quad\quad 8 \\ \hline 5\ 9\ 3\ 6 \end{array}$$

13 수직선의 전체 길이 구하기

- 눈금 한 칸의 길이는 모두 같습니다. 전체 길이는 얼마인지 □ 안에 알맞은 수를 써넣으세요.

1

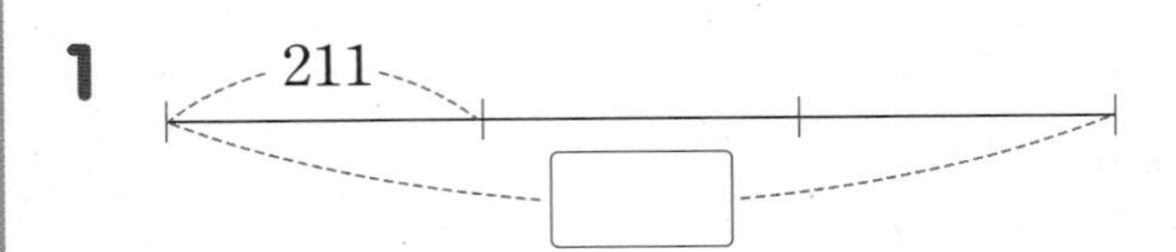

2

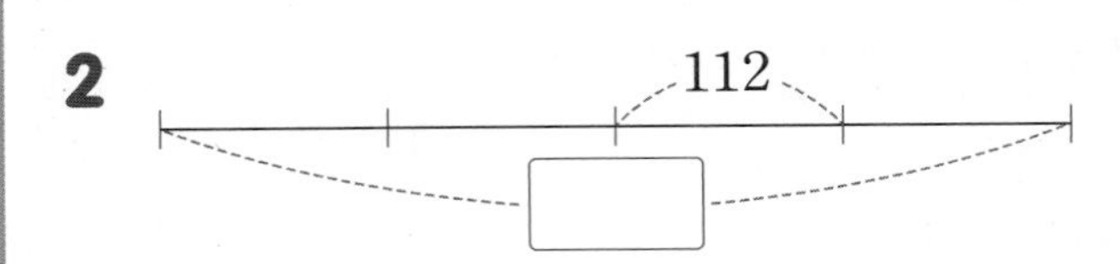

3

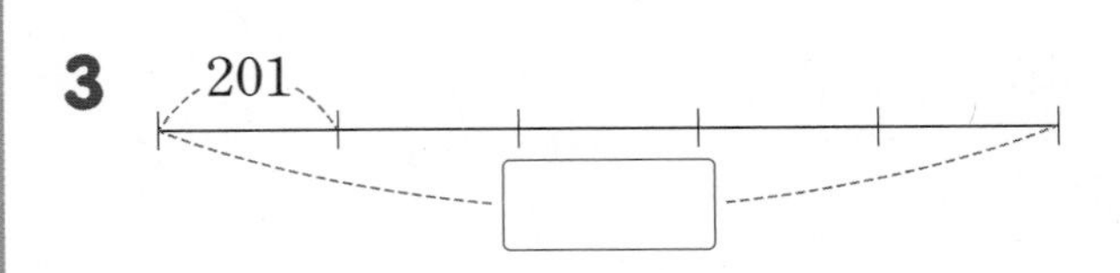

4

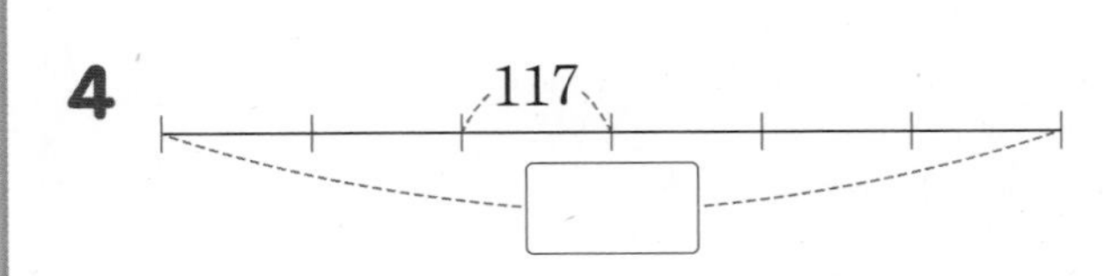

5

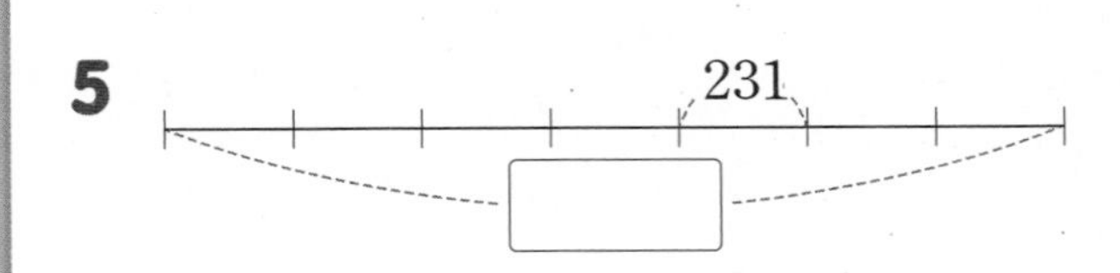

6

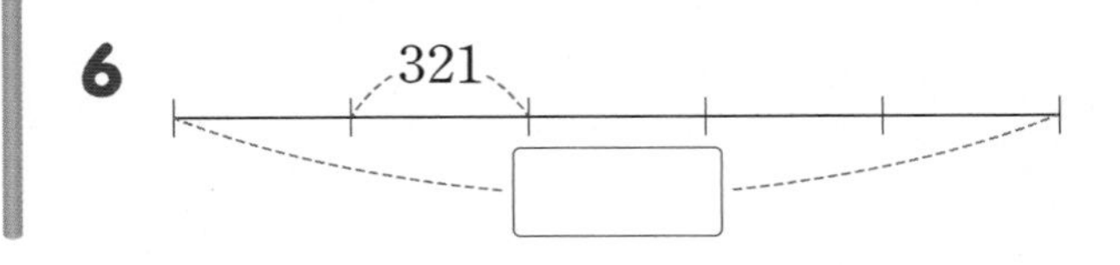

정답과 풀이 4쪽

14 곱의 크기 비교하기(2)

• 1부터 9까지의 수 중에서 □ 안에 들어갈 수 있는 수를 모두 구해 보세요.

1 $326\times3 < 163\times\square$

( )

2 $422\times2 < 211\times\square$

( )

3 $146\times6 > 292\times\square$

( )

4 $849\times2 > 283\times\square$

( )

5 $963\times3 > 321\times\square$

( )

6 $128\times8 < 512\times\square$

( )

15 구슬의 무게 구하기

• 색깔별 구슬의 무게가 다음과 같을 때 구슬의 무게는 몇 g인지 구해 보세요.

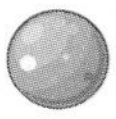 327g	 212g	 412g	 120g

1 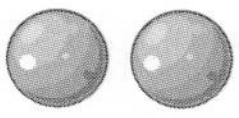 □g

2 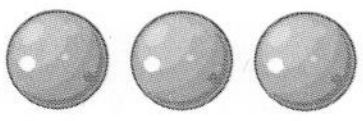 □g

3 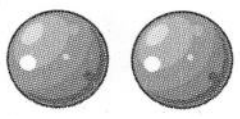 □g

4 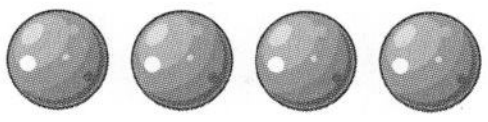 □g

5 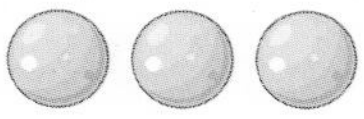 □g

6  □g

7 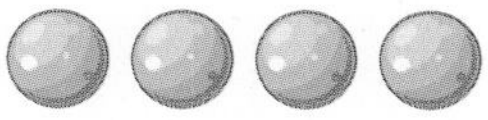 □g

8 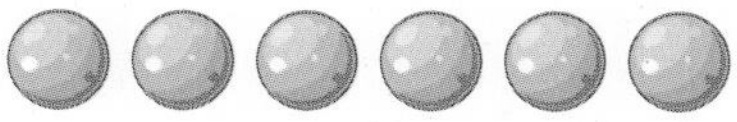 □g

4 (몇십) × (몇십), (몇십몇) × (몇십)

● (몇십) × (몇십)

• 40 × 20의 계산

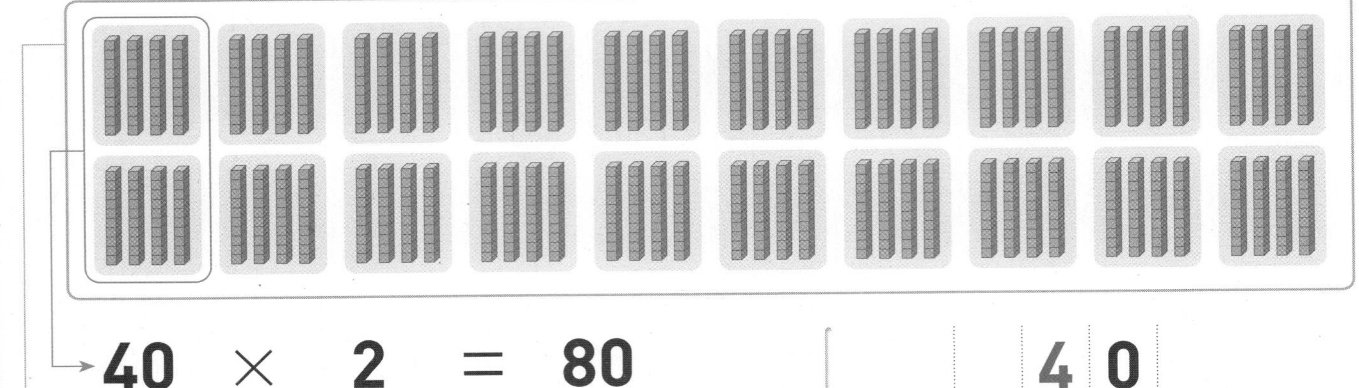

$40 \times 2 = 80$

$\downarrow \times 10 \quad \downarrow \times 10$

$40 \times 20 = 800$

$$\begin{array}{r} 40 \\ \times\ 20 \\ \hline 800 \end{array}$$

40 × 20은 40 × 2의 10배!

● (몇십몇) × (몇십)

• 13 × 20의 계산

$13 \times 2 = 26$

$\downarrow \times 10 \quad \downarrow \times 10$

$13 \times 20 = 260$

$$\begin{array}{r} 13 \\ \times\ 20 \\ \hline 260 \end{array}$$

13 × 20은 13 × 2의 10배!

개념 다르게 보기

• **(몇십) × (몇십)의 계산은 (몇) × (몇)의 계산 결과에 0을 2개 붙여요!**

$4 \times 2 = 8$ ➡ $40 \times 20 = 800$

주의 $5 \times 2 = 10$ ➡ $50 \times 20 = 100$(×)
$50 \times 20 = 1000$(○)

• **(몇십몇) × (몇십)의 계산은 (몇십몇) × (몇)의 계산 결과에 0을 1개 붙여요!**

$13 \times 2 = 26$ ➡ $13 \times 20 = 260$

주의 $12 \times 5 = 60$ ➡ $12 \times 50 = 60$(×)
$12 \times 50 = 600$(○)

➲ 정답과 풀이 5쪽

1 □ 안에 알맞은 수를 써넣으세요.

① $12\times10\times3=\square$

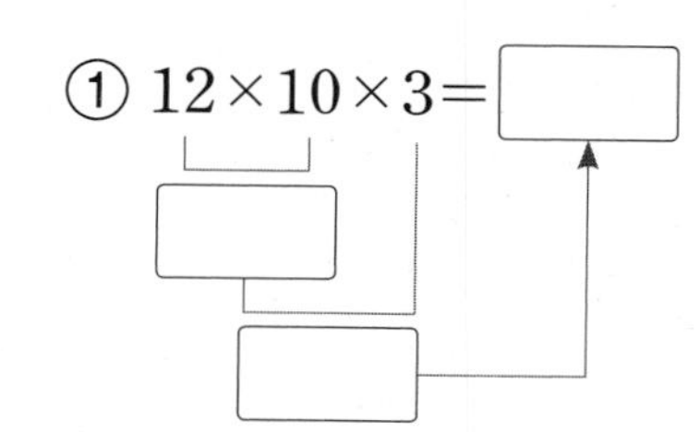

② $12\times3\times10=\square$

2 □ 안에 알맞은 수를 써넣으세요.

① $50 \times 6 = \square$ (10배, 10배) $50 \times 60 = \square$

② $35 \times 7 = \square$ (10배, 10배) $35 \times 70 = \square$

3 □ 안에 알맞은 수를 써넣으세요.

① $30\times80=3\times8\times\square=\square$

② $27\times60=27\times6\times\square=\square$

4 계산해 보세요.

①

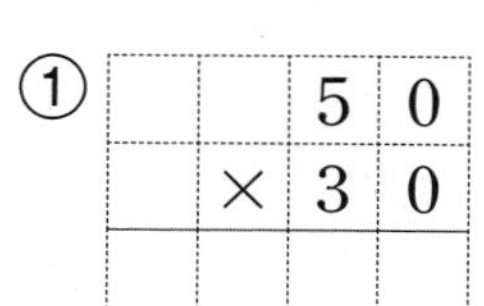

②

		3	4
	×	4	0

5 (몇) × (몇십몇)

(몇) × (몇십몇)

• 9×13의 이해

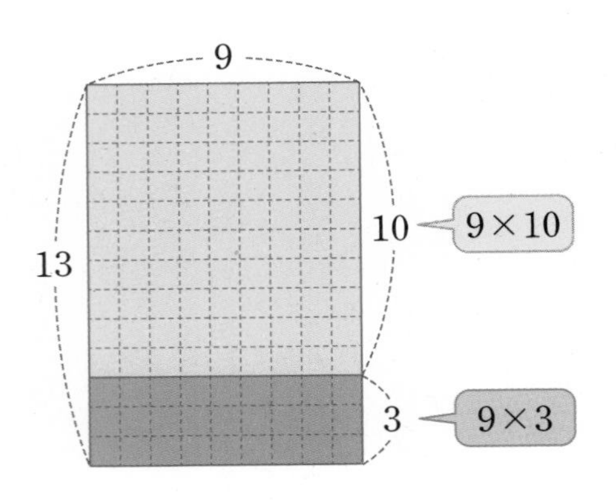

• 노란색 모눈의 수: 9×10=90 (개)

• 초록색 모눈의 수: 9×3=27 (개)

➡ 9×13=9×10+9×3
=90+27=117

• 9×13의 계산

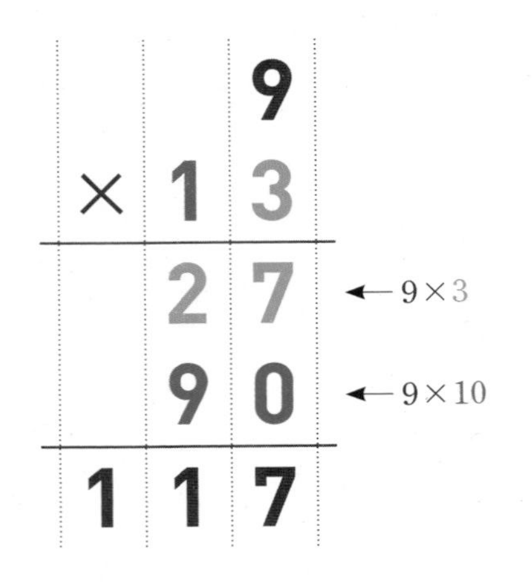

2
9
× 1 3
7

➡

2
9
× 1 3
1 1 7

• 일의 자리 계산:
9×3=27이므로 20은 십의 자리로 올림하고, 일의 자리에 7을 씁니다.

• 십의 자리 계산:
9×1=9에 올림한 수 2를 더하면 11이므로 백의 자리에 1, 십의 자리에 1을 씁니다.

개념 자세히 보기

• 9×13을 여러 가지 방법으로 계산할 수 있어요!

① 수를 가르기 하여 계산하기

9 × 10 = 90	9 × 9 = 81	9 × 6 = 54	9 × 5 = 45
9 × 3 = 27	9 × 4 = 36	9 × 7 = 63	9 × 8 = 72
9 × 13 = 117	9 × 13 = 117	9 × 13 = 117	9 × 13 = 117

② 순서를 바꾸어 계산하기

2
1 3
× 9
1 1 7

➡ 9×13=13×9이므로 9×13=117입니다.

➲ 정답과 풀이 5쪽

1 색칠된 모눈의 수를 곱셈식으로 써넣고 6×14는 얼마인지 알아보세요.

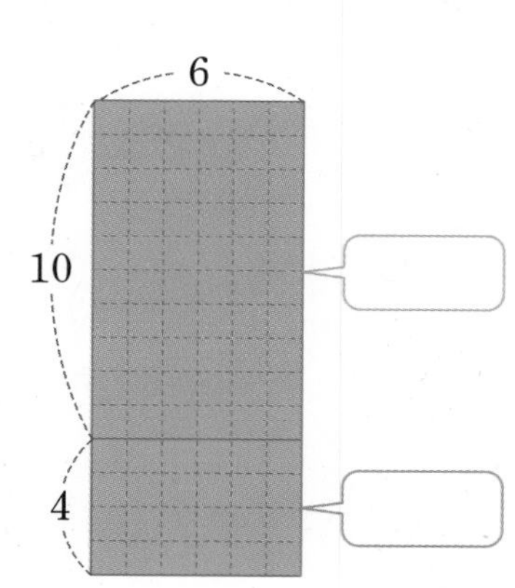

• 파란색 모눈의 수: $6\times10=$ ☐ (개)

• 초록색 모눈의 수: $6\times4=$ ☐ (개)

➡ $6\times14=$ ☐ $+$ ☐ $=$ ☐

■×(몇십몇)은 ■×(몇십)과 ■×(몇)의 합으로 구해요.

2 계산해 보세요.

①

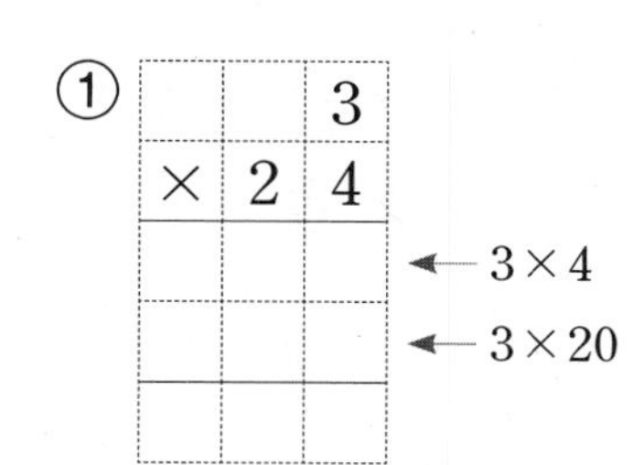

②

		5
×	2	1

← 5×1
← 5×20

3×24는 3×4와 3×20의 곱을 더해서 구해요.

3 4×45와 45×4의 계산 결과를 비교하여 알맞은 말에 ○표 하세요.

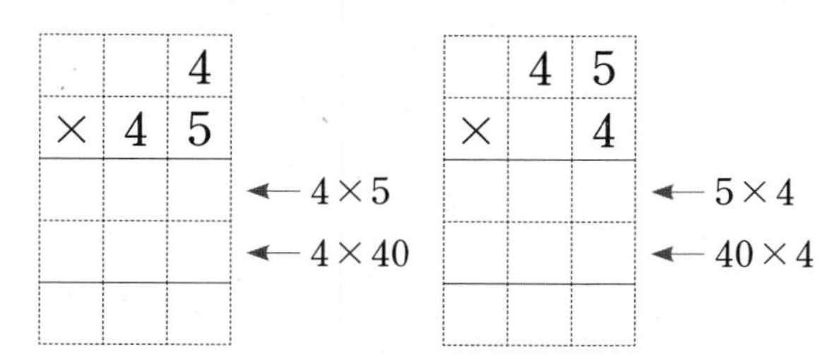

4×45와 45×4의 계산 결과는 (같습니다 , 다릅니다).

곱하는 두 수의 순서를 바꾸어 곱하면 계산 결과가 바뀌나요?

4 ☐ 안에 알맞은 수를 써넣으세요.

①

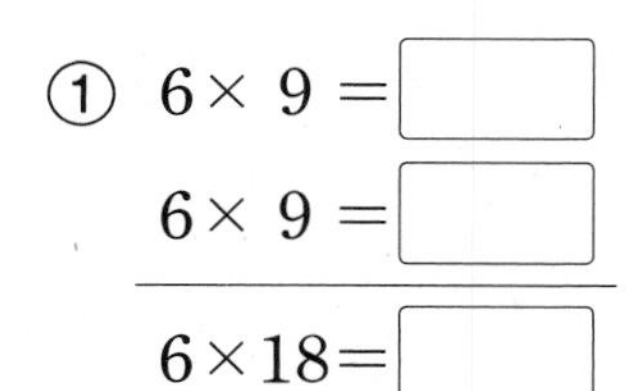

② $6\times8=$ ☐
$6\times10=$ ☐
$6\times18=$ ☐

6×18에서 곱하는 수 18을 $9+9$, $8+10$으로 가르기 해서 곱해요.

(몇십몇) × (몇십몇)

● **(몇십몇) × (몇십몇)**

• 36 × 12의 이해

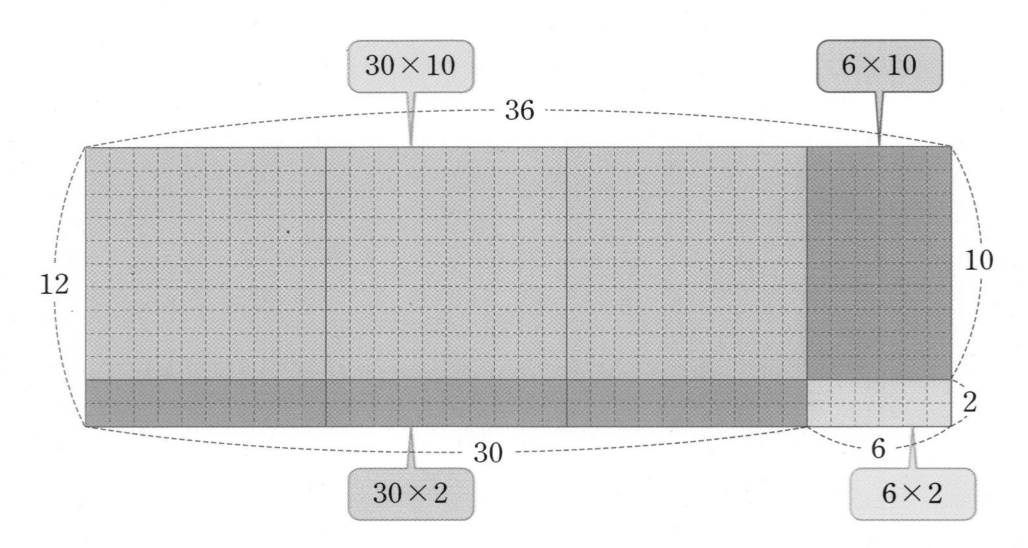

• 분홍색 모눈의 수: 30×10=300 (개)

• 파란색 모눈의 수: 6×10=60 (개)

• 초록색 모눈의 수: 30×2=60 (개)

• 노란색 모눈의 수: 6×2=12 (개)

➡ 36×12= 300 + 60 + 60 + 12 =432

• 36 × 12의 계산

$$\begin{array}{r} 36 \\ \times\ 12 \\ \hline \end{array} \rightarrow \begin{array}{r} \overset{1}{3}6 \\ \times\ 12 \\ \hline 72 \end{array} \rightarrow \begin{array}{r} 36 \\ \times\ 12 \\ \hline 72 \\ 360 \end{array} \rightarrow \begin{array}{rl} 36 & \\ \times\ 12 & \\ \hline 72 & \leftarrow 36\times 2 \\ 360 & \leftarrow 36\times 10 \\ \hline 432 & \end{array}$$

개념 자세히 보기

• **곱하는 수를 (몇)×(몇)으로 가르기 하여 계산할 수 있어요!**

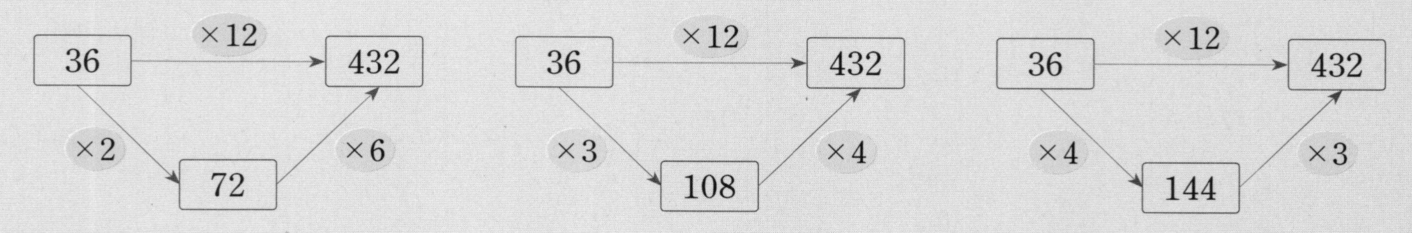

정답과 풀이 6쪽

1 색칠된 모눈의 수를 곱셈식으로 써넣고 27×12는 얼마인지 알아보세요.

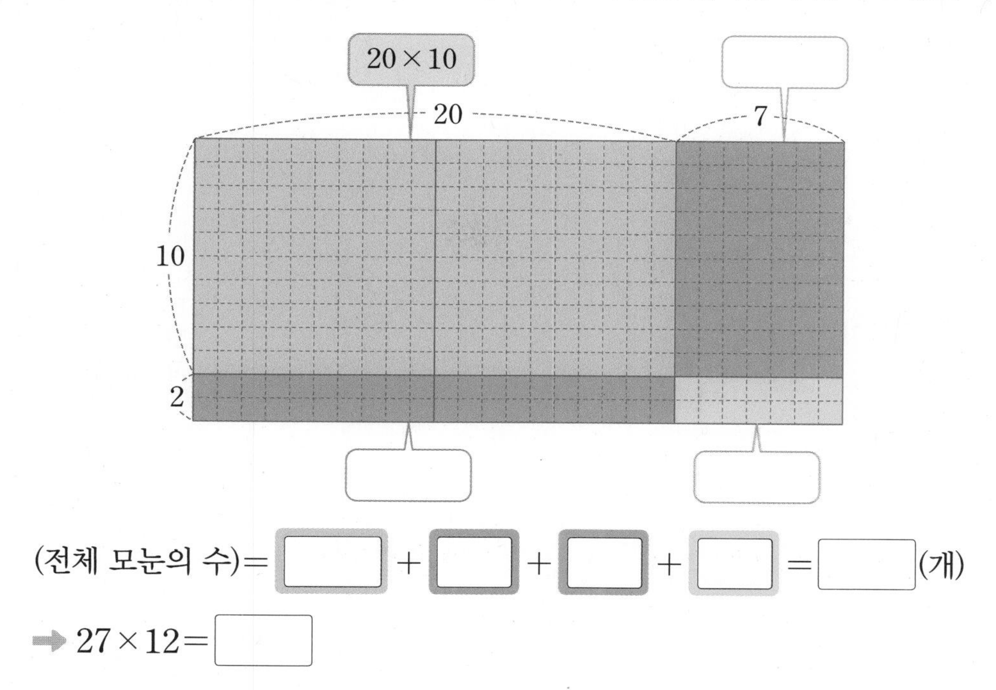

전체 모눈의 수는 분홍색, 파란색, 초록색, 노란색 모눈의 수의 합으로 구해요.

(전체 모눈의 수)= □ + □ + □ + □ = □(개)

➡ $27\times12=$ □

2 □ 안에 알맞은 수를 써넣으세요.

$$\begin{array}{r} 1\ 3 \\ \times\ 4\ 5 \\ \hline \end{array}$$

➡

	1	3
×	4	5
	□	□

➡

		1	3
×		4	5
		□	□
	□	□	□
	□	□	□

3 □ 안에 알맞은 수를 써넣으세요.

①

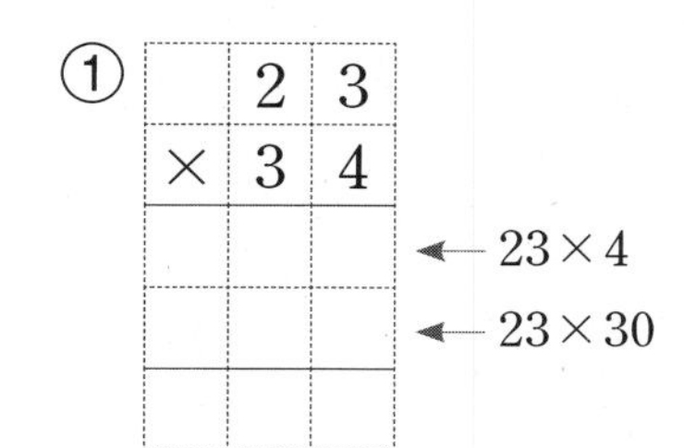

← 23×4

← 23×30

②

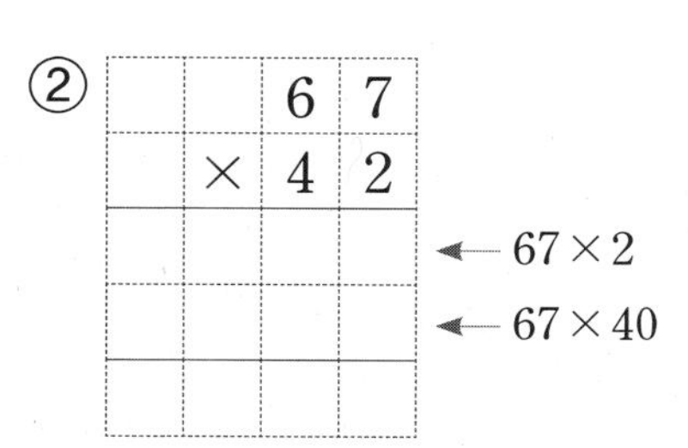

← 67×2

← 67×40

4 □ 안에 알맞은 수를 써넣으세요.

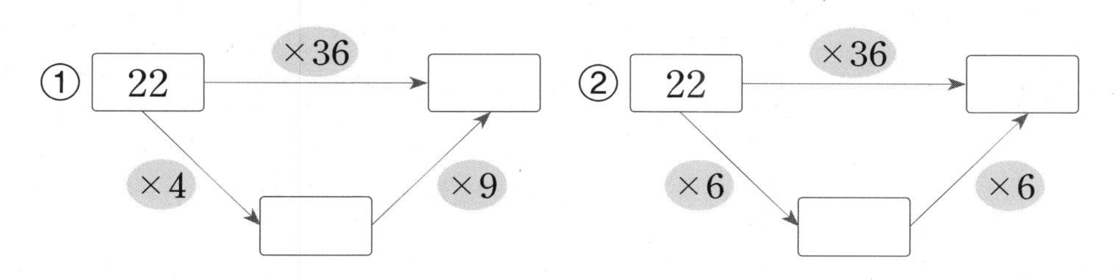

곱하는 수 36을 $36=4\times9$, $36=6\times6$으로 가르기 하여 곱할 수 있어요.

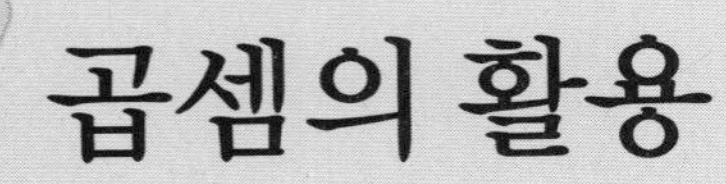

7 곱셈의 활용

STEP ❶
① 구하려는 것
② 주어진 조건
찾기

복숭아가 한 상자에 28개씩 들어 있습니다. 14상자에는 복숭아가 모두 몇 개 들어 있는지 알아보세요.

(한 상자에 28개씩: ② 주어진 조건 / 14상자: ② 주어진 조건 / 복숭아가 모두 몇 개: ① 구하려는 것)

① 구하려는 것: [14]상자에 들어 있는 [복숭아]의 수

② 주어진 조건: 한 상자에 들어 있는 [복숭아]의 수, [상자]의 수

STEP ❷
③ 필요한 계산식
세우기

③ 필요한 계산식: [28] × [14]

복숭아의 수?

STEP ❸
④ 문제 해결하기

④ 문제 해결하기: 14상자에 들어 있는 복숭아는 모두 [28] × [14] = [392](개)입니다.

STEP ❶
① 구하려는 것
② 주어진 조건
찾기

민주네 학교 3학년 전체 학생 수는 162명입니다. 3학년 전체 학생에게 초콜릿을 5개씩 나누어 주려고 합니다. 필요한 초콜릿은 모두 몇 개인지 알아보세요.

(전체 학생 수는 162명: ② 주어진 조건 / 5개씩: ② 주어진 조건 / 필요한 초콜릿은 모두 몇 개: ① 구하려는 것)

① 구하려는 것: 3학년 전체 학생에게 나누어 주기 위해 필요한 [초콜릿]의 수

② 주어진 조건: 3학년 전체 [학생] 수, 한 명에게 줄 [초콜릿]의 수

STEP ❷
③ 필요한 계산식
세우기

③ 필요한 계산식: [162] × [5]

필요한 초콜릿의 수?

STEP ❸
④ 문제 해결하기

④ 문제 해결하기: 필요한 초콜릿은 모두 [162] × [5] = [810](개)입니다.

정답과 풀이 6쪽

1 사과가 한 상자에 21개씩 들어 있습니다. 15상자에는 사과가 모두 몇 개 들어 있는지 구하려고 합니다. ☐ 안에 알맞은 수나 말을 써넣으세요.

전체 사과의 수는 한 상자에 들어 있는 사과의 수에 상자의 수를 곱해서 구해요.

① 구하려는 것: ☐상자에 들어 있는 ☐의 수

② 주어진 조건: 한 상자에 들어 있는 ☐의 수, ☐의 수

③ 필요한 계산식: ☐ × ☐

④ 문제 해결하기: 15상자에 들어 있는 사과는 모두

☐ × ☐ = ☐(개)입니다.

2 장미가 한 다발에 24송이씩 22다발 있습니다. 장미는 모두 몇 송이인지 구하려고 합니다. ☐ 안에 알맞은 수나 말을 써넣으세요.

전체 장미의 수는 한 다발에 들어 있는 장미의 수에 다발의 수를 곱해서 구해요.

① 구하려는 것: ☐다발에 들어 있는 ☐의 수

② 주어진 조건: 한 다발에 들어 있는 ☐의 수, 장미 ☐의 수

③ 필요한 계산식: ☐ × ☐

④ 문제 해결하기: 22다발에 들어 있는 장미는 모두

☐ × ☐ = ☐(송이)입니다.

3 성수네 학교 3학년 학생은 305명입니다. 한 명에게 연필을 8자루씩 주려면 필요한 연필은 모두 몇 자루일까요?

식 ☐ × 8 = ☐ 답

기본기 강화 문제

16 (몇십)×(몇십), (몇십몇)×(몇십) 연습(1)

• □ 안에 알맞은 수를 써넣으세요.

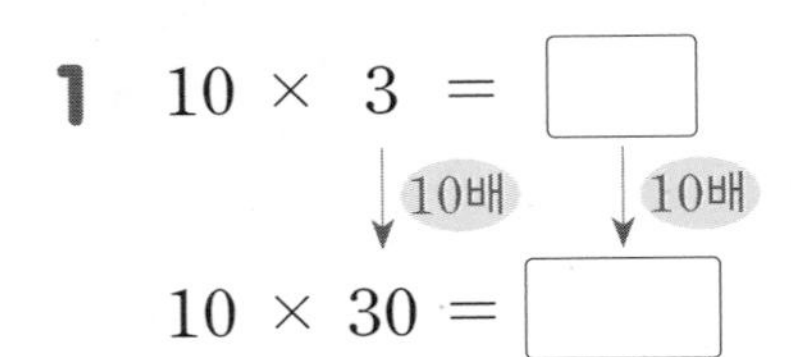

1 $10 \times 3 = \square$

$10 \times 30 = \square$

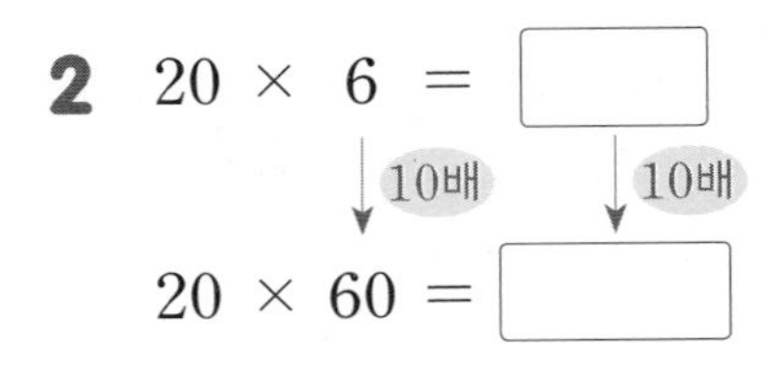

2 $20 \times 6 = \square$

$20 \times 60 = \square$

3 $30 \times 5 = \square$

(10배) (10배)

$30 \times 50 = \square$

4 $63 \times 5 = \square$

(10배) (10배)

$63 \times 50 = \square$

5 $72 \times 6 = \square$

(10배) (10배)

$72 \times 60 = \square$

6 $81 \times 3 = \square$

(10배) (10배)

$81 \times 30 = \square$

17 (몇십)×(몇십), (몇십몇)×(몇십) 연습(2)

• □ 안에 알맞은 수를 써넣으세요.

1 $20 \times 70 = 20 \times 7 \times 10$

$= \square \times 10 = \square$

2 $30 \times 90 = 30 \times 9 \times 10$

$= \square \times 10 = \square$

3 $40 \times 30 = 4 \times 3 \times 10 \times 10$

$= \square \times 100 = \square$

4 $60 \times 20 = 6 \times 2 \times 10 \times 10$

$= \square \times 100 = \square$

5 $26 \times 60 = 26 \times 6 \times 10$

$= \square \times 10 = \square$

6 $32 \times 80 = 32 \times 8 \times 10$

$= \square \times 10 = \square$

7 $76 \times 30 = 76 \times 10 \times 3$

$= \square \times 3 = \square$

8 $83 \times 40 = 83 \times 10 \times 4$

$= \square \times 4 = \square$

18 수를 가르기 하여 계산하기(2)

- □ 안에 알맞은 수를 써넣으세요.

1
$4\times20=\square$
$4\times\ 9=\square$
$4\times29=\square$

2
$3\times60=\square$
$3\times\ 8=\square$
$3\times68=\square$

3
$18\times20=\square$
$18\times\ 3=\square$
$18\times23=\square$

4
$24\times10=\square$
$24\times\ 6=\square$
$24\times16=\square$

5
$39\times40=\square$
$39\times\ 3=\square$
$39\times43=\square$

6
$93\times20=\square$
$93\times\ 8=\square$
$93\times28=\square$

19 색칠된 모눈의 수를 곱셈식으로 나타내기

- 색칠된 모눈의 수를 곱셈식으로 나타내어 보세요.

1

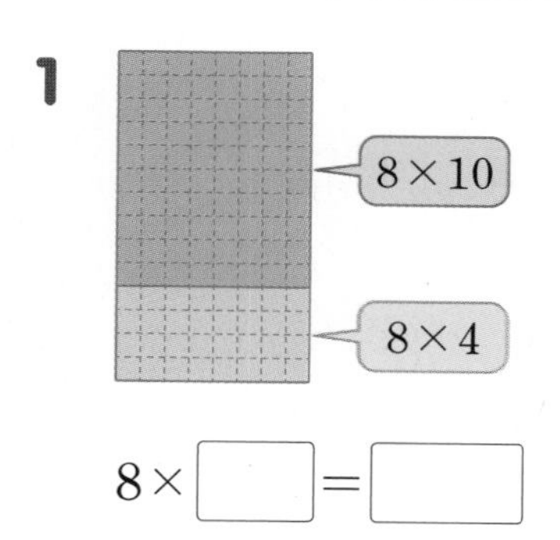

$8\times\square=\square$

2

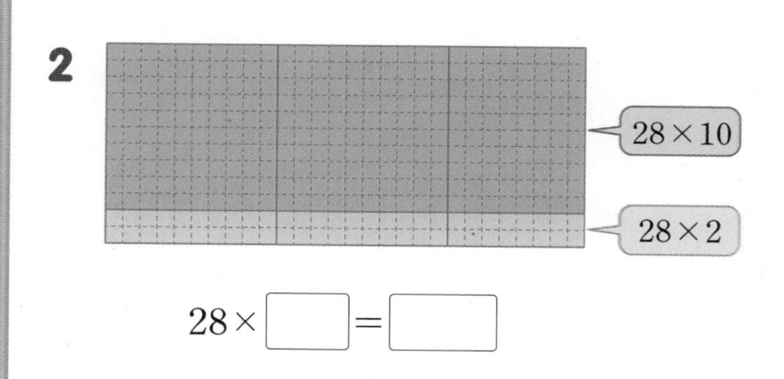

$28\times\square=\square$

3

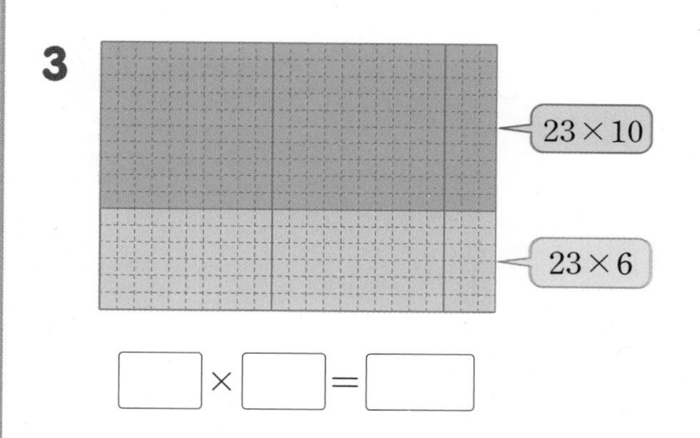

$\square\times\square=\square$

4

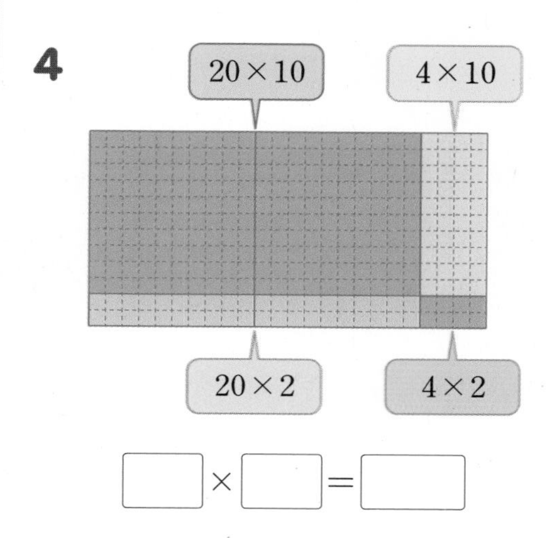

$\square\times\square=\square$

20 (몇)×(몇십몇), (몇십몇)×(몇십몇) 연습(1)

● 계산해 보세요.

1
$$\begin{array}{r} 4 \\ \times\ 52 \\ \hline \end{array}$$

2
$$\begin{array}{r} 7 \\ \times\ 24 \\ \hline \end{array}$$

3
$$\begin{array}{r} 9 \\ \times\ 33 \\ \hline \end{array}$$

4
$$\begin{array}{r} 17 \\ \times\ 31 \\ \hline \end{array}$$

5
$$\begin{array}{r} 22 \\ \times\ 26 \\ \hline \end{array}$$

6
$$\begin{array}{r} 39 \\ \times\ 47 \\ \hline \end{array}$$

7
$$\begin{array}{r} 62 \\ \times\ 57 \\ \hline \end{array}$$

8
$$\begin{array}{r} 53 \\ \times\ 73 \\ \hline \end{array}$$

9
$$\begin{array}{r} 86 \\ \times\ 52 \\ \hline \end{array}$$

10
$$\begin{array}{r} 34 \\ \times\ 99 \\ \hline \end{array}$$

21 (몇)×(몇십몇), (몇십몇)×(몇십몇) 연습(2)

● 세로셈으로 계산해 보세요.

1 3×88 ➡

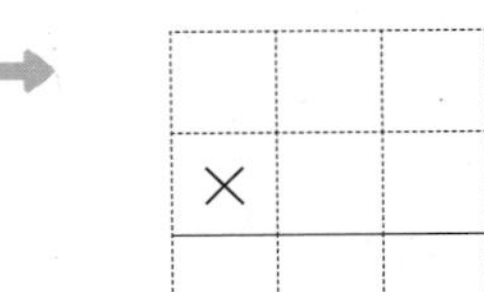

2 5×49 ➡

3 8×77 ➡

4 23×26 ➡

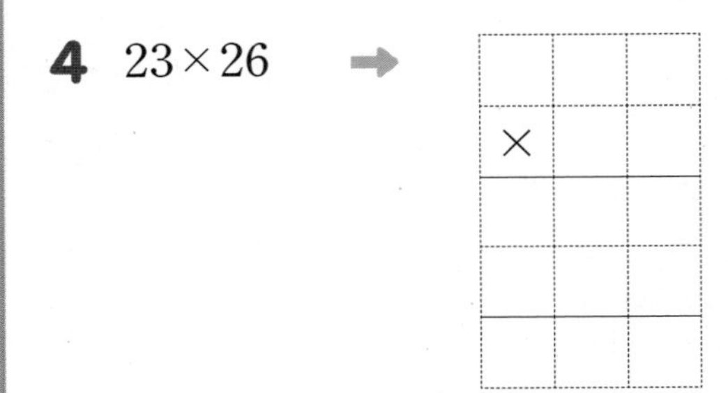

5 52×19 ➡

6 33×42 ➡

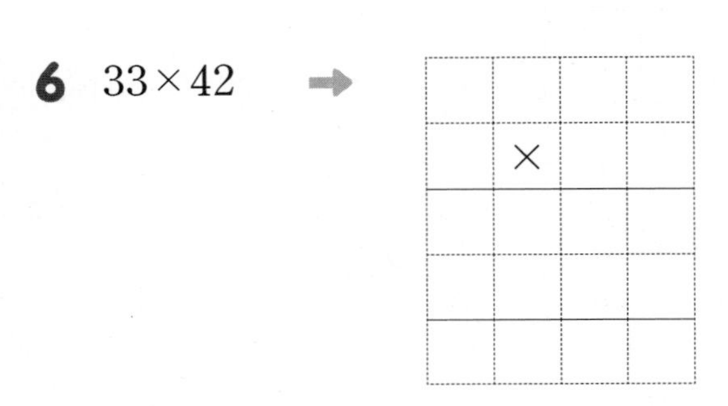

정답과 풀이 7쪽

22 네이피어 곱셈 방법

- 다음은 수학자 네이피어의 곱셈 방법입니다.

예 235×4의 계산

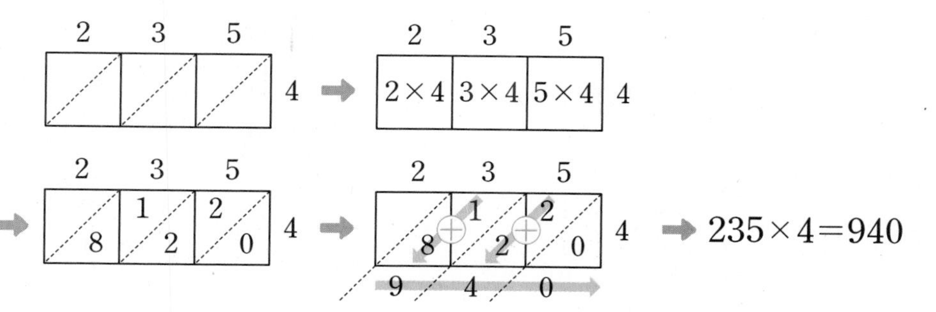

예 37×24의 계산

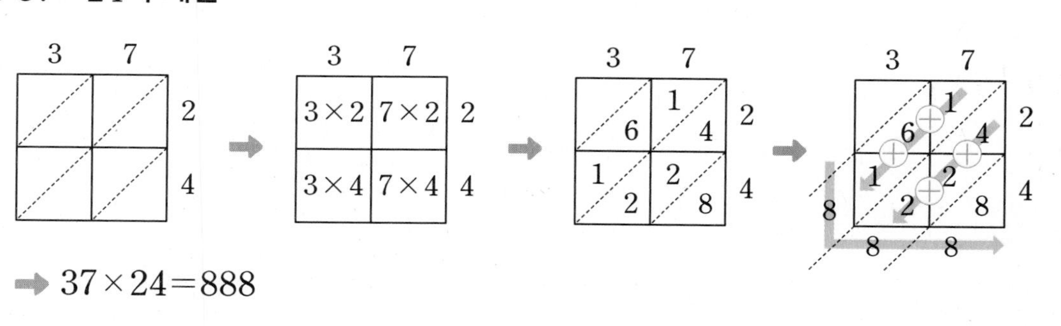

➡ $37 \times 24 = 888$

위와 같은 방법으로 곱셈을 해 보세요.

1

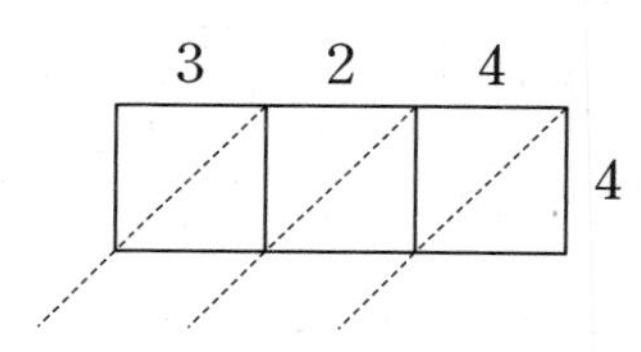

$324 \times 4 =$ ☐

2

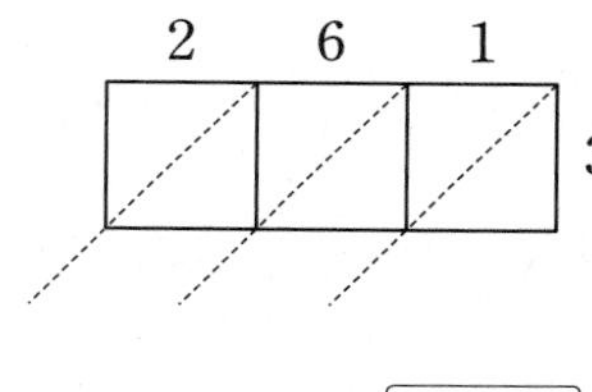

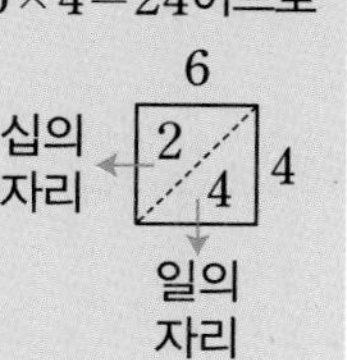

$261 \times 3 =$ ☐

3

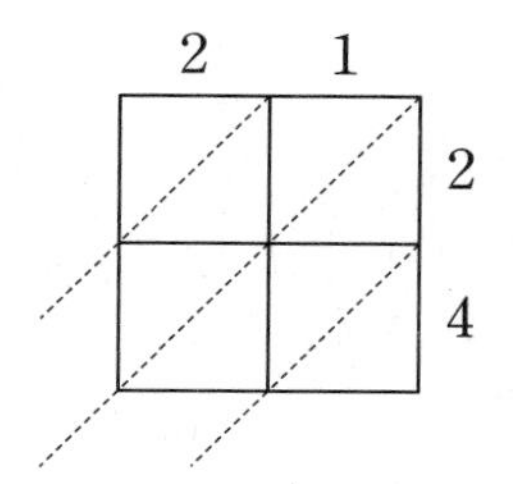

$21 \times 24 =$ ☐

4

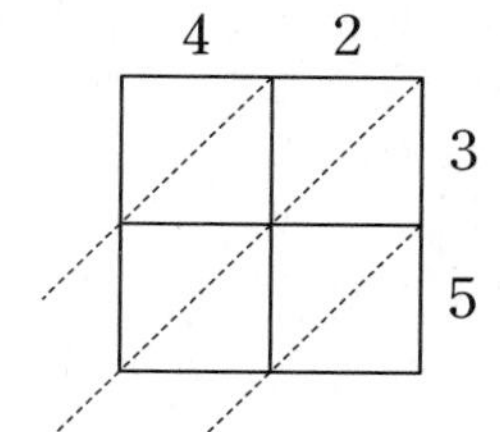

$42 \times 35 =$ ☐

23 곱셈 연습(2)

• 빈칸에 알맞은 수를 써넣으세요.

1

×	60	61	62
30			

2

×	13	14	15
17			

3

×	26	27	28
43			

4

×	19	18	17
32			

5

×	40	39	38
70			

6

×	25	24	23
83			

24 곱이 같은 곱셈(2)

• □ 안에 알맞은 수를 써넣으세요.

1 $20 \times 80 = \square$

↓ ×2 ↓ ÷2 ‖

$40 \times 40 = \square$

2 $30 \times 60 = \square$

↓ ×3 ↓ ÷3 ‖

$90 \times 20 = \square$

3 $25 \times 60 = \square$

↓ ×3 ↓ ÷3 ‖

$75 \times 20 = \square$

4 $9 \times 72 = \square$

↓ ×2 ↓ ÷2 ‖

$18 \times 36 = \square$

↓ ×3 ↓ ÷3 ‖

$54 \times 12 = \square$

5 $5 \times 66 = \square$

↓ ×2 ↓ ÷2 ‖

$10 \times 33 = \square$

↓ ×3 ↓ ÷3 ‖

$30 \times 11 = \square$

6 $16 \times 84 = \square$

↓ ×3 ↓ ÷3 ‖

$48 \times 28 = \square$

↓ ×2 ↓ ÷2 ‖

$96 \times 14 = \square$

➔ 정답과 풀이 8쪽

25 몇 배씩 커지는 곱셈

• □ 안에 알맞은 수를 써넣으세요.

1 $20\times30=$ □

$40\times30=$ □

$80\times30=$ □

2 $24\times40=$ □

$48\times40=$ □

$96\times40=$ □

3 $11\times20=$ □

$33\times20=$ □

$99\times20=$ □

4 $14\times13=$ □

$14\times26=$ □

$14\times52=$ □

5 $51\times17=$ □

$51\times34=$ □

$51\times68=$ □

26 잘못된 부분을 찾아 바르게 계산하기(2)

• 계산에서 잘못된 부분을 찾아 바르게 계산해 보세요.

1

$$\begin{array}{r} 7 \\ \times\ 4\ 2 \\ \hline 1\ 4 \\ 2\ 8 \\ \hline 4\ 2 \end{array}$$

➔ 

2

$$\begin{array}{r} 5 \\ \times\ 4\ 7 \\ \hline 2\ 0 \\ 3\ 5\ 0 \\ \hline 3\ 7\ 0 \end{array}$$

➔ □

3

$$\begin{array}{r} 5 \\ \times\ 3\ 9 \\ \hline 1\ 5\ 5 \end{array}$$

➔ □

4

$$\begin{array}{r} 2\ 4 \\ \times\ 1\ 4 \\ \hline 8\ 6 \\ 2\ 4\ 0 \\ \hline 3\ 2\ 6 \end{array}$$

➔ □

5

$$\begin{array}{r} 6\ 8 \\ \times\ 5\ 9 \\ \hline 6\ 1\ 2 \\ 3\ 4\ 0 \\ \hline 9\ 5\ 2 \end{array}$$

➔ □

27 곱셈 원리

• □ 안에 알맞은 수를 써넣으세요.

1 $6\times40=6\times39+\square$

2 $5\times16=5\times15+\square$

3 $58\times30=58\times29+\square$

4 $21\times72=21\times71+\square$

5 $98\times23=98\times22+\square$

6 $9\times19=9\times20-\square$

7 $8\times35=8\times36-\square$

8 $61\times27=61\times28-\square$

9 $45\times24=45\times25-\square$

10 $57\times49=57\times50-\square$

28 두 수를 바꾸어 곱하기

• □ 안에 알맞은 수를 써넣으세요.

1 $2\times23=\square=23\times\square$

2 $3\times42=\square=42\times\square$

3 $4\times71=\square=71\times\square$

4 $4\times36=\square=36\times\square$

5 $4\times19=\square=19\times\square$

6 $4\times35=\square=35\times\square$

7 $8\times24=\square=24\times\square$

8 $5\times67=\square=67\times\square$

9 $7\times23=\square=23\times\square$

10 $8\times92=\square=92\times\square$

정답과 풀이 8쪽

29 수를 나누어 곱하기(2)

- ☐ 안에 알맞은 수를 써넣으세요.

1

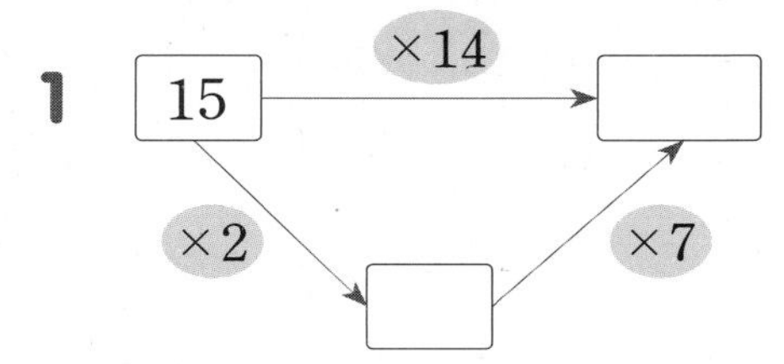

2

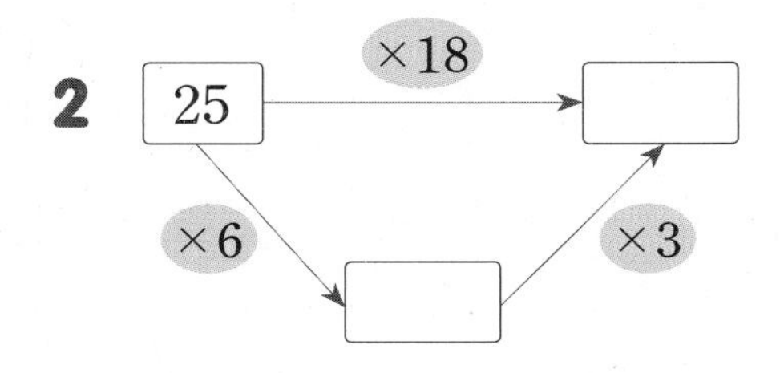

3

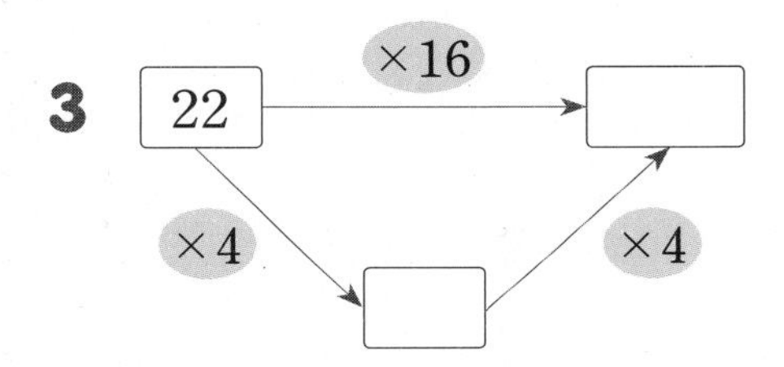

4

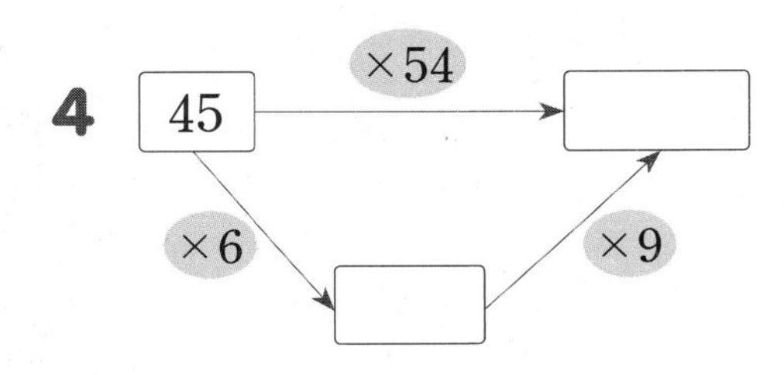

5

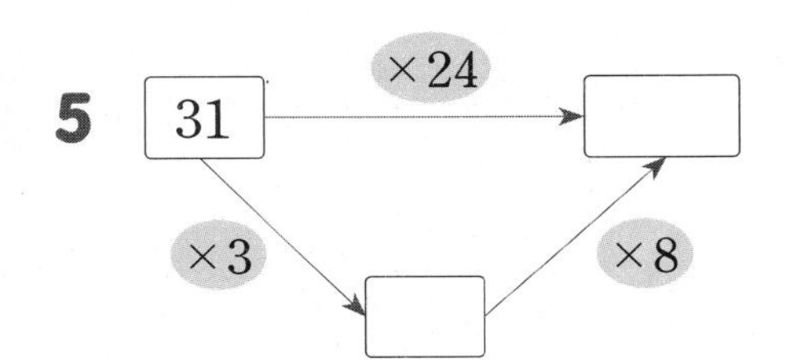

30 곱이 같은 곱셈식 만들기

- ☐ 안에 알맞은 수를 써넣으세요.

1 $24 \times 21 = 12 \times \square$

2 $36 \times 14 = 18 \times \square$

3 $38 \times 23 = 19 \times \square$

4 $51 \times 21 = 17 \times \square$

5 $46 \times 41 = 23 \times \square$

6 $84 \times 24 = 28 \times \square$

7 $26 \times 54 = 52 \times \square$

1

➜ 정답과 풀이 9쪽

31 가장 큰 수와 가장 작은 수의 곱 구하기

• 수 카드 4장을 한 번씩만 사용하여 가장 큰 두 자리 수와 가장 작은 두 자리 수를 만들었습니다. 만든 두 수의 곱을 구해 보세요.

1

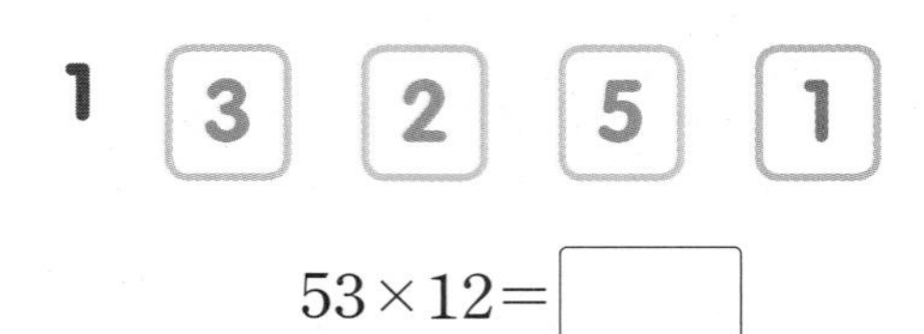

$53 \times 12 = \square$

2

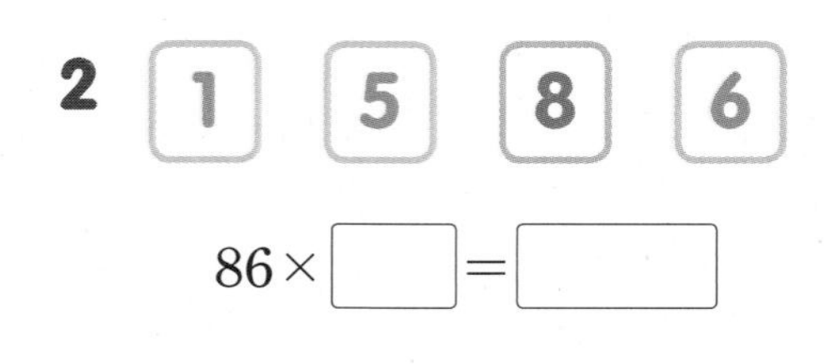

$86 \times \square = \square$

3

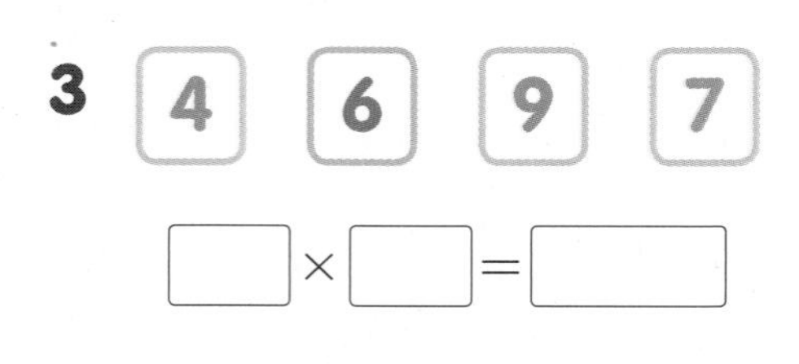

$\square \times \square = \square$

4

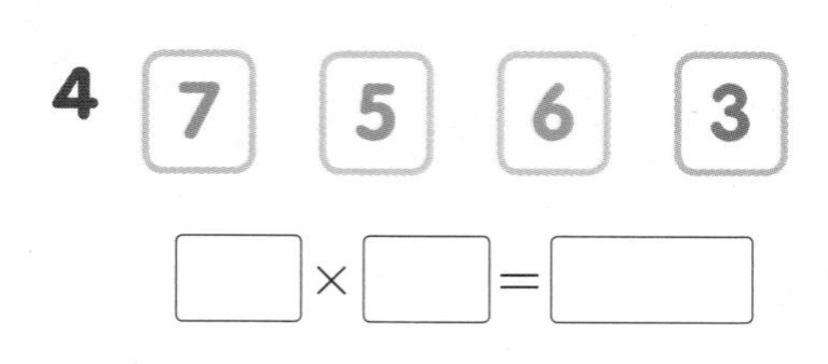

$\square \times \square = \square$

5

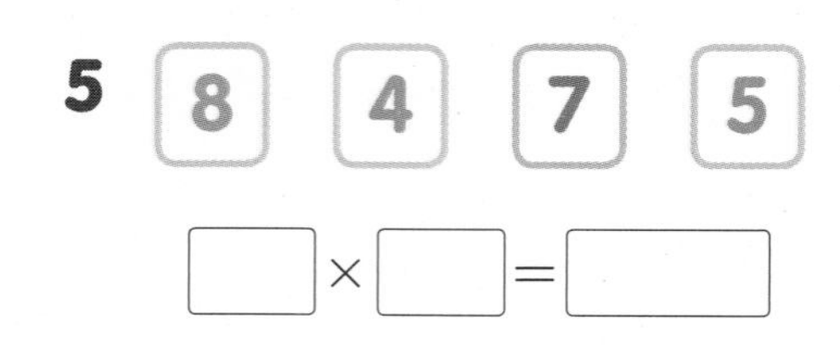

$\square \times \square = \square$

32 곱셈의 활용

1 지우는 방학에 가족들과 대만 여행을 다녀왔습니다. 대만 돈 1달러는 우리나라 돈 42원과 같았습니다. 대만 돈 8달러는 우리나라 돈으로 얼마인지 구해 보세요.

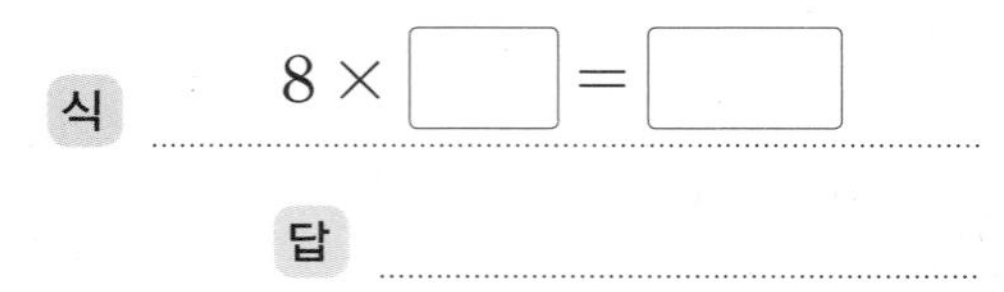

식 $8 \times \square = \square$

답

2 달걀이 한 판에 30개씩 20판 있습니다. 달걀은 모두 몇 개인지 구해 보세요.

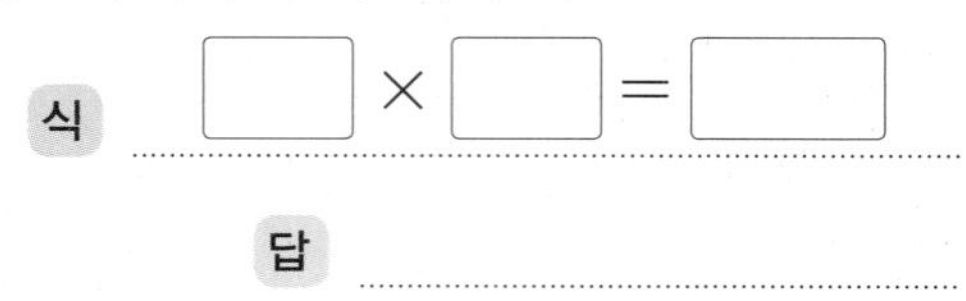

식 $\square \times \square = \square$

답

3 24시간은 몇 분인지 구해 보세요.

식

답

4 과일 가게에 자두가 한 봉지에 15개씩 16봉지, 사과가 한 상자에 12개씩 20상자 있습니다. 과일 가게에 있는 자두와 사과는 모두 몇 개인지 구해 보세요.

• 자두의 수: $\square \times 16 = \square$(개)

• 사과의 수: $\square \times 20 = \square$(개)

• 자두와 사과의 수:

$\square + \square = \square$(개)

단원 평가

점수 | 확인

1 □ 안에 알맞은 수를 써넣으세요.

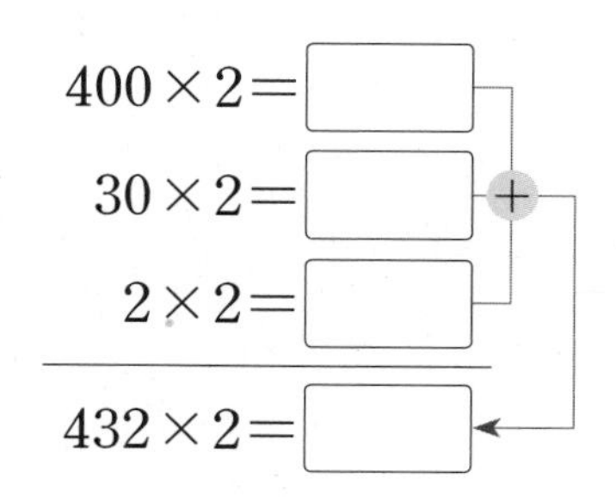

2 계산해 보세요.

(1)
$$\begin{array}{r} 121 \\ \times \quad 4 \\ \hline \end{array}$$

(2)
$$\begin{array}{r} 114 \\ \times \quad 3 \\ \hline \end{array}$$

3 □ 안에 알맞은 수를 써넣으세요.

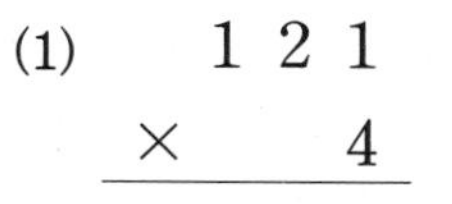

417×□=□

4 계산 결과를 비교하여 ○ 안에 >, =, <를 알맞게 써넣으세요.

(1) 643×5 ○ 3200

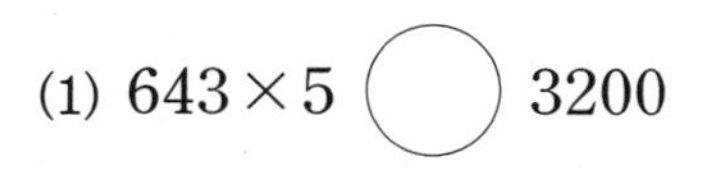

(2) 879×4 ○ 4000

5 □ 안에 알맞은 수를 써넣으세요.

40 × 8 = 320

↓10배 ↓10배

40 × 80 = □

6 빈칸에 알맞은 수를 써넣으세요.

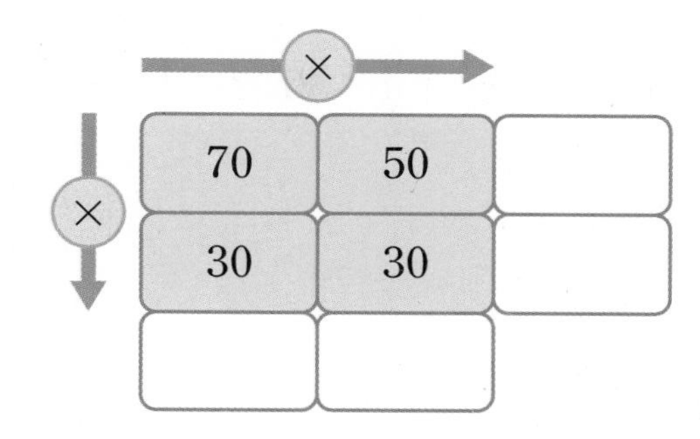

7 □ 안에 알맞은 수를 써넣으세요.

(1)

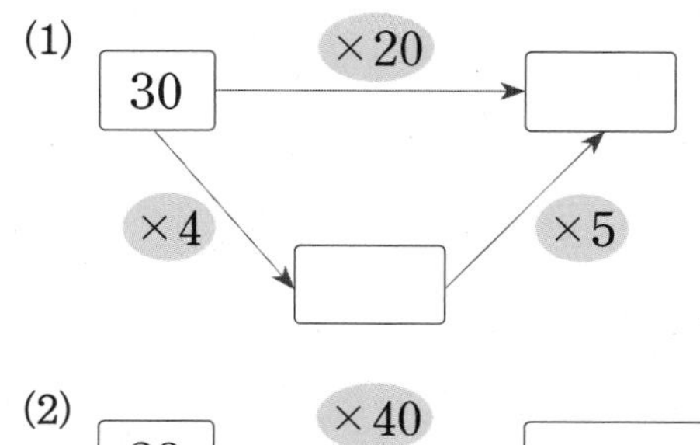

(2)

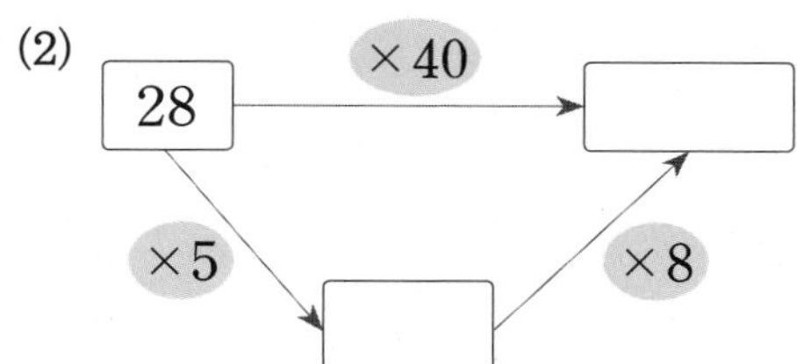

8 세로셈으로 계산해 보세요.

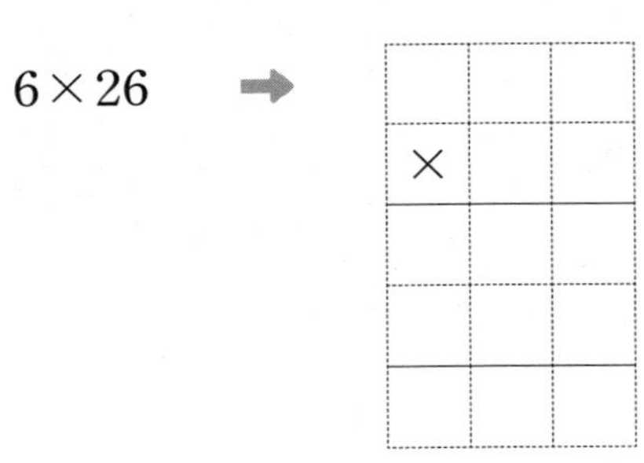

9 □ 안에 들어갈 수 있는 수 중에서 가장 큰 수를 구해 보세요.

$4 \times 36 > \square \times 28$

(　　　　　　　　)

10 □ 안에 알맞은 수를 써넣으세요.

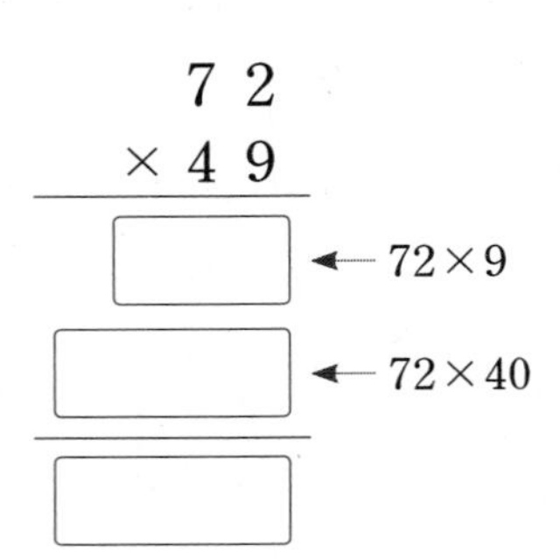

11 계산해 보세요.

(1) 9×78

(2) 25×73

12 색칠된 모눈의 수를 곱셈식으로 나타내어 보세요.

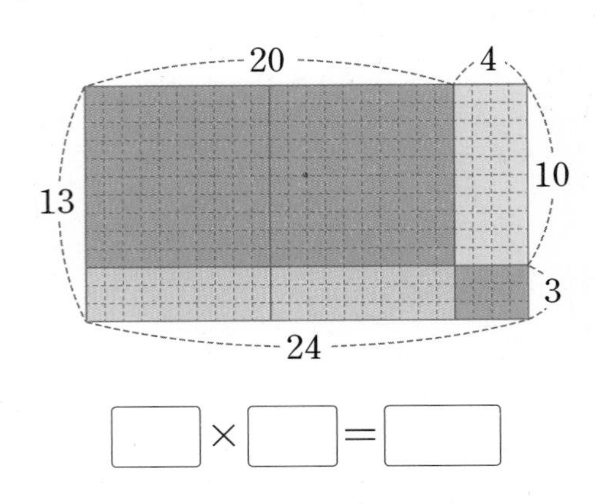

□×□=□

13 계산 결과가 같은 것끼리 이어 보세요.

123×5 •	• 53×16
424×2 •	• 45×81
729×5 •	• 41×15

14 가장 큰 수와 가장 작은 수의 곱을 구해 보세요.

33　20　54　39　43

(　　　　　　　　)

서술형 문제

정답과 풀이 10쪽

15 계산에서 잘못된 부분을 찾아 바르게 계산해 보세요.

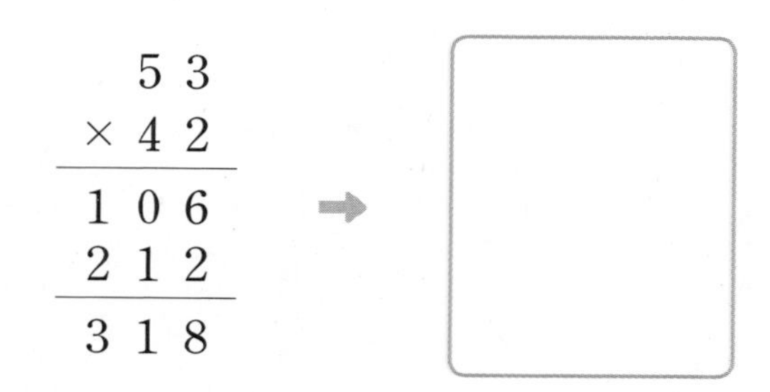

16 계산 결과가 큰 것부터 차례대로 기호를 써 보세요.

㉠ 125×3	㉡ 38×70	㉢ 31×94

(　　　　　　　　)

17 진선이네 과수원에서는 사과를 따서 한 상자에 37개씩 담았더니 70상자가 되었습니다. 상자에 담은 사과는 모두 몇 개일까요?

(　　　　　　　　)

18 수 카드 4장을 한 번씩만 사용하여 가장 큰 두 자리 수와 가장 작은 두 자리 수를 만들었습니다. 만든 두 수의 곱을 구해 보세요.

2　4　6　8

(　　　　　　　　)

19 상자 한 개를 포장하는 데 철사 132 cm, 색 테이프 249 cm가 필요합니다. 똑같은 상자 5개를 포장하는 데 필요한 색 테이프는 몇 cm인지 보기 와 같이 풀이 과정을 쓰고 답을 구해 보세요.

보기

상자 5개를 포장하는 데 필요한 철사는

$132 \times 5 = 660$ (cm)입니다.

답 660 cm

상자 5개를 포장하는 데 필요한 색 테이프는

답

20 한 상자에 9개씩 들어 있는 자몽이 24상자, 한 상자에 8개씩 들어 있는 멜론이 18상자 있습니다. 멜론은 모두 몇 개인지 보기 와 같이 풀이 과정을 쓰고 답을 구해 보세요.

보기

한 상자에 9개씩 24상자에 들어 있는 자몽은

모두 $9 \times 24 = 216$(개)입니다.

답 216개

한 상자에 8개씩

답

2 나눗셈

체험학습에서 딴 사과를 진호는 한 상자에 4개씩, 유리는 한 상자에 6개씩 담으려고 합니다.
각 상자에 담을 사과의 개수만큼 [상자]에 ○를 그리고, 남은 사과를 [쟁반]에 □로 그려 보세요.

1 (몇십) ÷ (몇)

● 내림이 없는 (몇십) ÷ (몇)

• 80 ÷ 4의 이해

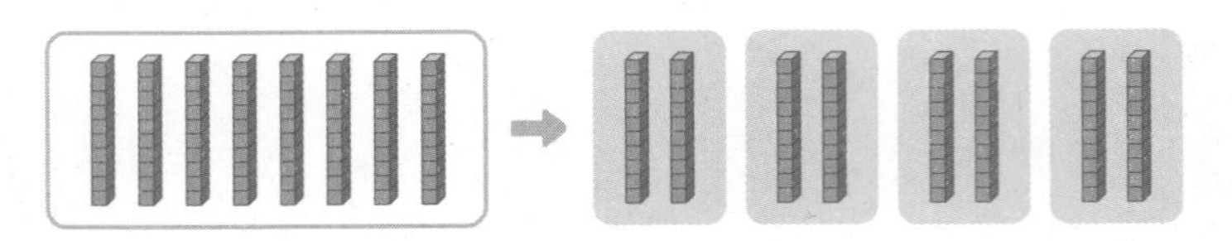

80 ÷ 4 = 20

8 ÷ 4=2

• 80 ÷ 4의 계산

$4\overline{)80}$ ➡ 2는 몫의 십의 자리 숫자! ×2, $4\overline{)80}$, −80 ➡

0 ÷ 4 = 0이니까 몫의 일의 자리에 0을 써야 해.

```
   2 0
4)8 0
  8 0
  ---
    0
```

● 내림이 있는 (몇십) ÷ (몇)

• 70 ÷ 5의 계산

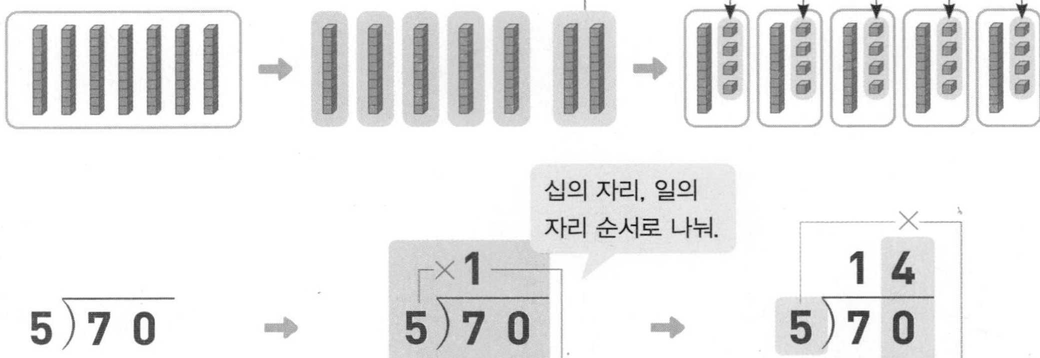

$5\overline{)70}$ ➡

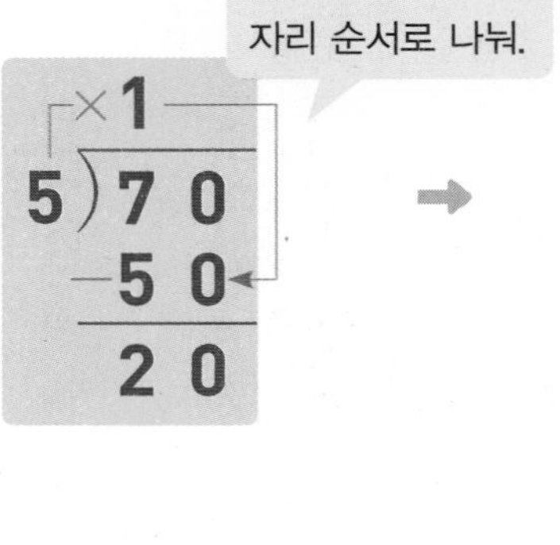

➡

```
   1 4
5)7 0
  5 0
  ---
  2 0
 −2 0
  ---
    0
```

개념 자세히 보기

• 8 ÷ 4와 80 ÷ 4의 관계를 알아보아요!

$8 \div 4 = 2$

10배 ↓ ↓ 10배

$80 \div 4 = 20$

• 나눗셈식을 세로로 쓰는 방법을 알아보아요!

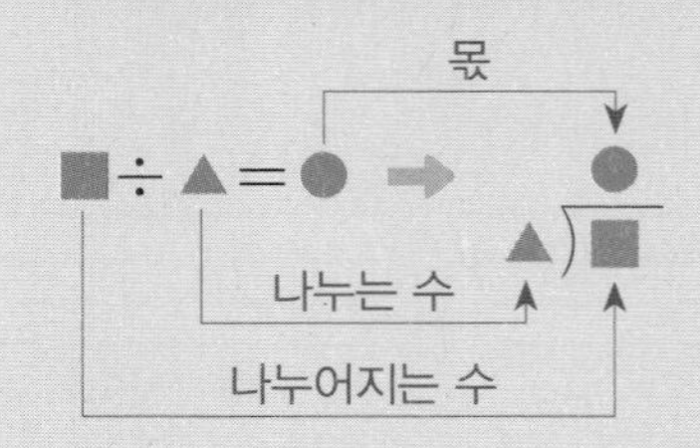

정답과 풀이 11쪽

3학년 1학기 때 배웠어요

$6 \div 3 = 2$

나누어지는 수 / 나누는 수 / 몫

1 수 모형을 보고 □ 안에 알맞은 수를 써넣으세요.

① 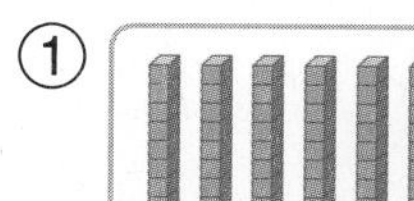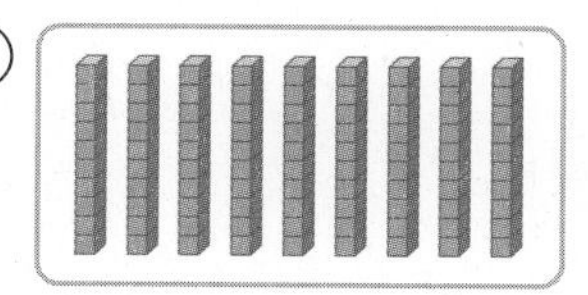 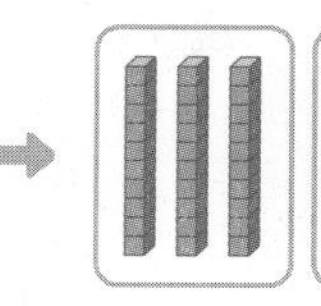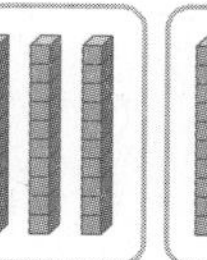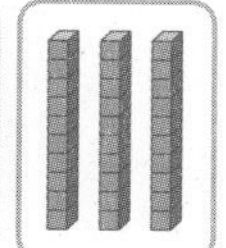

$90 \div 3 = \square\square$

$9 \div 3 = \square$

② 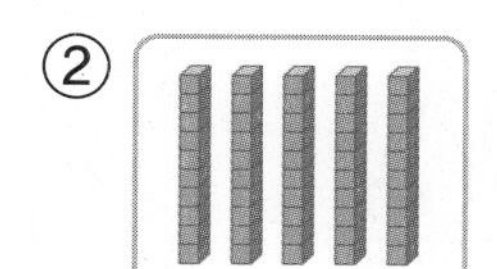 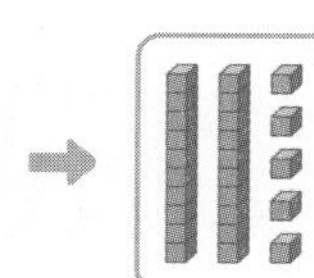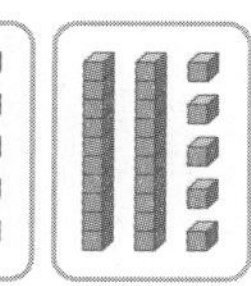

$50 \div 2 = \square$

2 □ 안에 알맞은 수를 써넣으세요.

① $5\overline{)5}$ → $5\overline{)50}$

② $2\overline{)8}$ → $2\overline{)80}$

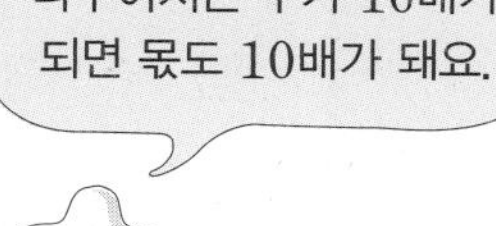

3 □ 안에 알맞은 수를 써넣으세요.

$2\overline{)30}$ → $2\overline{)30}$ (몫 □, □0, □□) → $2\overline{)30}$ (몫 □□, □0, □□, □□, 0)

4 □ 안에 알맞은 수를 써넣으세요.

① 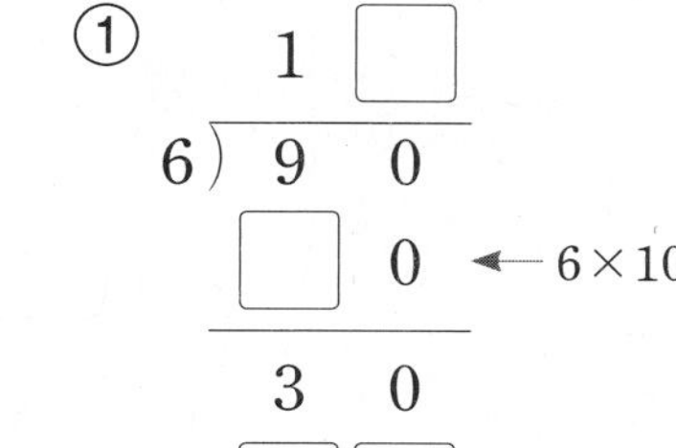

② 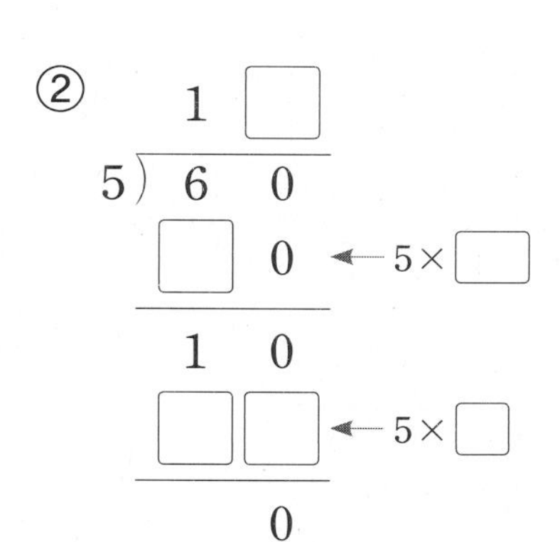

십의 자리에서 1번,
일의 자리에서 또 1번,
나눗셈을 2번 해요.

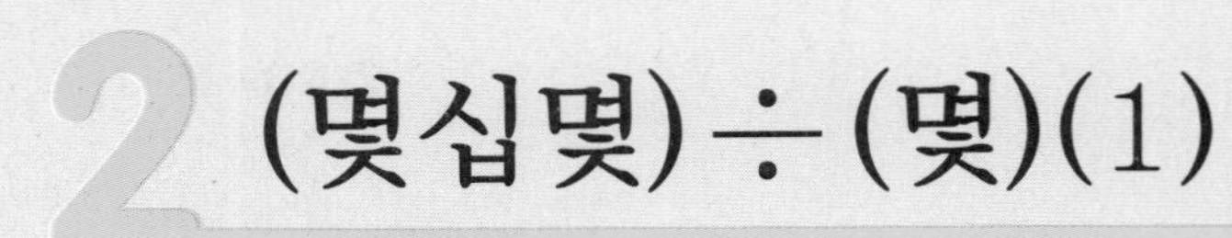

2 (몇십몇)÷(몇)(1)

● **내림이 없는 (몇십몇)÷(몇)**

• 36÷3의 계산

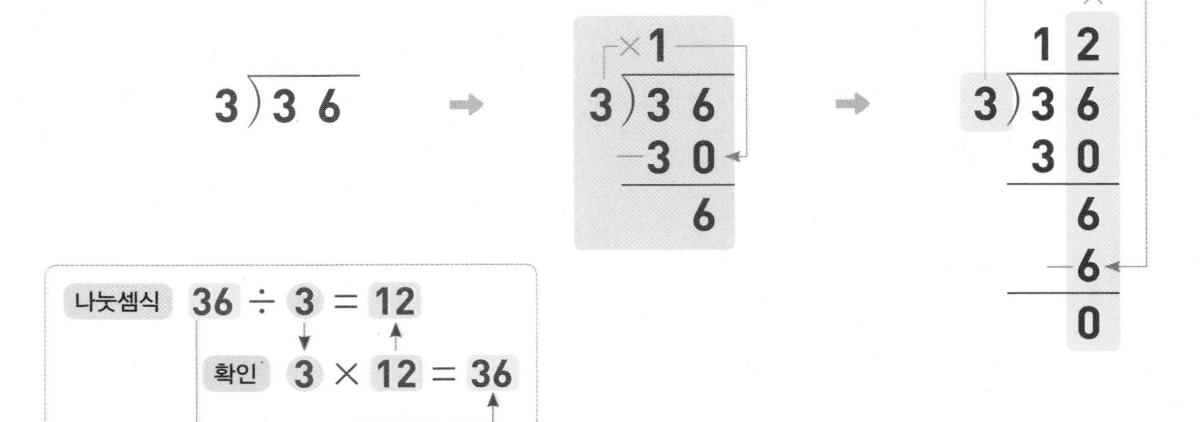

나눗셈식 36 ÷ 3 = 12

확인 3 × 12 = 36

● **내림이 있는 (몇십몇)÷(몇)**

• 45÷3의 계산

$$3\overline{)45} \rightarrow \begin{array}{r} 1 \\ 3\overline{)45} \\ -30 \\ \hline 15 \end{array} \rightarrow \begin{array}{r} 15 \\ 3\overline{)45} \\ 30 \\ \hline 15 \\ -15 \\ \hline 0 \end{array}$$

나눗셈식 45 ÷ 3 = 15

확인 3 × 15 = 45

개념 자세히 보기

• **곱셈과 나눗셈의 관계를 이용하여 나눗셈을 바르게 했는지 확인할 수 있어요!**

36 ÷3 → 12, 12 ×3 → 36

36÷3=12

12×3=36, 3×12=36

1 수 모형을 보고 □ 안에 알맞은 수를 써넣으세요.

①

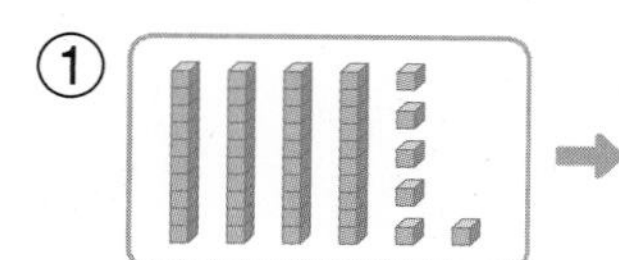 → 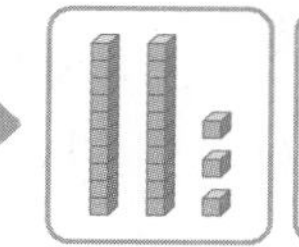 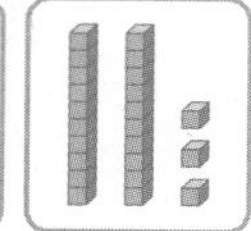

$46 \div 2 =$ □

②

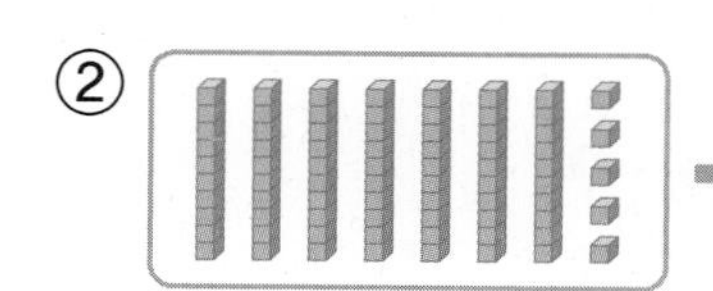 → 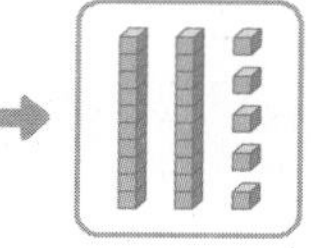 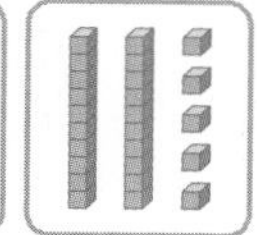

$75 \div 3 =$ □

2 □ 안에 알맞은 수를 써넣으세요.

① 3)96 →

```
      □
   ┌───────
 3 )  9   6
      □   0
   ───────
          □
```

→

```
      □   □
   ┌───────
 3 )  9   6
      □   0
   ───────
          □
          □
   ───────
          0
```

② 3)72 →

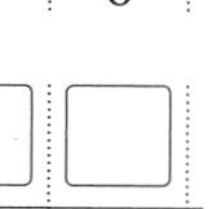

```
      □
   ┌───────
 3 )  7   2
      6   0
   ───────
      □   □
```

→

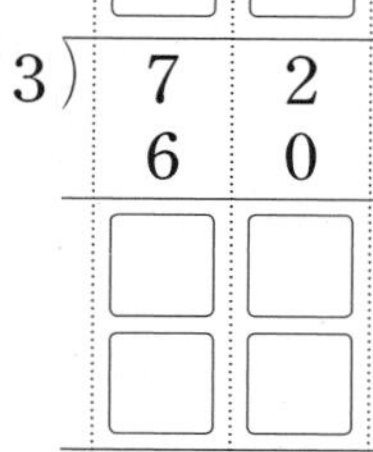
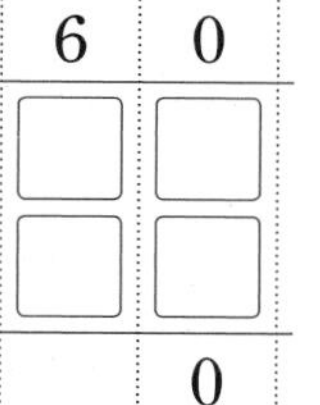

```
      □   □
   ┌───────
 3 )  7   2
      6   0
   ───────
      □   □
      □   □
   ───────
          0
```

3 □ 안에 알맞은 수를 써넣으세요.

①

```
      □   □
   ┌───────
 4 )  4   8
      □   0   ← 4×□
   ───────
          8
          □   ← 4×□
   ───────
          0
```

②

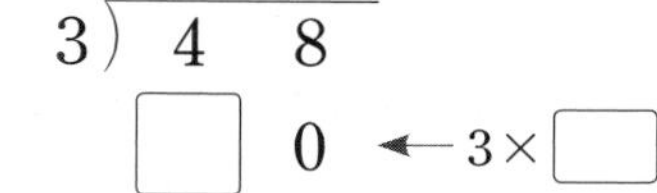
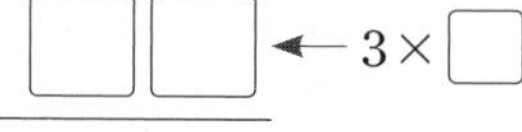

```
      □   □
   ┌───────
 3 )  4   8
      □   0   ← 3×□
   ───────
      1   8
      □   □   ← 3×□
   ───────
          0
```

3 (몇십몇)÷(몇)(2)

내림이 없고 나머지가 있는 (몇십몇)÷(몇)

• 59÷8의 계산

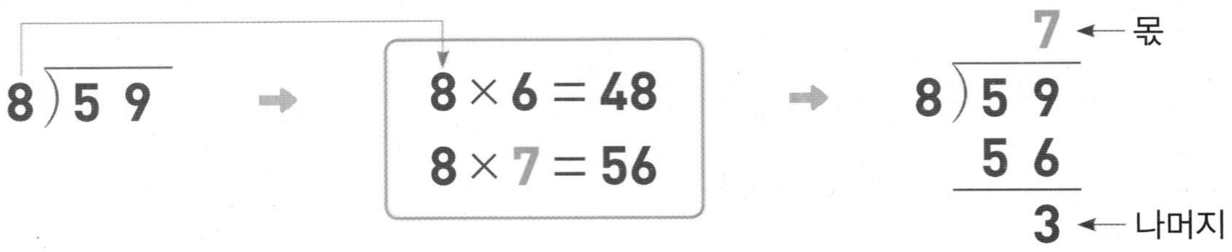

8)59 → $8\times6=48$, $8\times7=56$ → 8)59, 56, 3 (몫: 7, 나머지: 3)

나눗셈식 $59\div8=7\cdots3$ (몫 7, 나머지 3)

확인 $8\times7=56$ → $56+3=59$

내림이 있고 나머지가 있는 (몇십몇)÷(몇)

• 98÷4의 계산

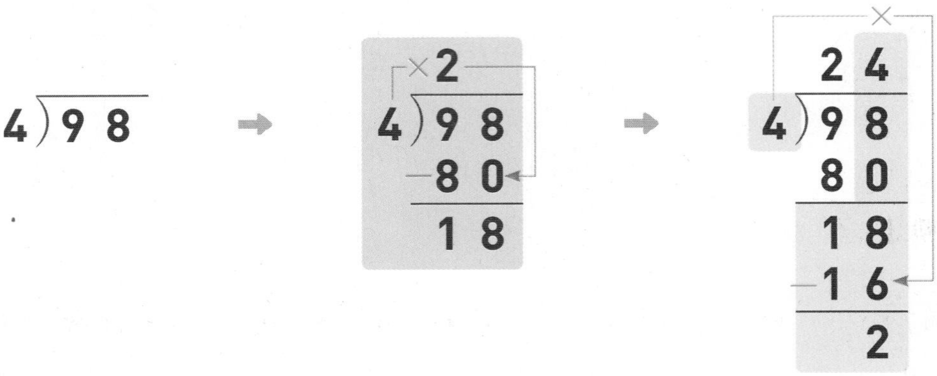

4)98 → ×2: 4)98, −80, 18 → ×4: 24, 4)98, 80, 18, −16, 2

나눗셈식 $98\div4=24\cdots2$ (몫 24, 나머지 2)

확인 $4\times24=96$ → $96+2=98$

개념 자세히 보기

나머지에 대해 알아보아요!

• 나머지가 0일 때 **나누어떨어진다**고 합니다.

$36\div3=12$ → 몫: 12, 나머지: 0

• 나머지는 나누는 수보다 항상 작습니다.

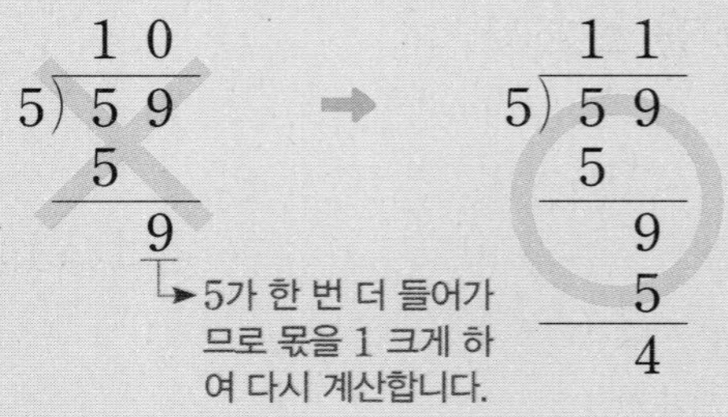

✗ 10: 5)59, 5, 9 → ○ 11: 5)59, 5, 9, 5, 4

5가 한 번 더 들어가므로 몫을 1 크게 하여 다시 계산합니다.

➲ 정답과 풀이 12쪽

1 □ 안에 알맞은 수를 써넣으세요.

①

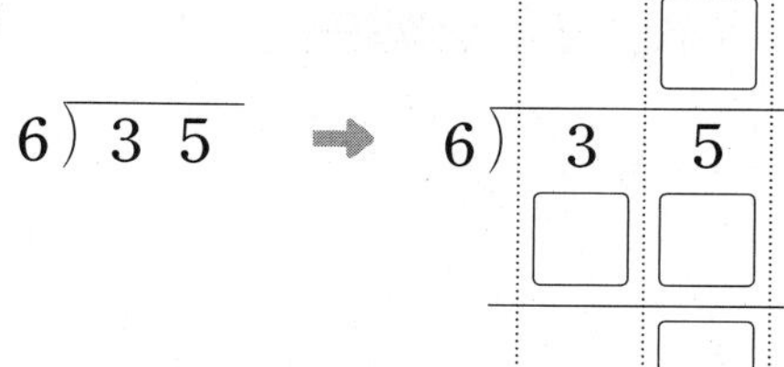

②

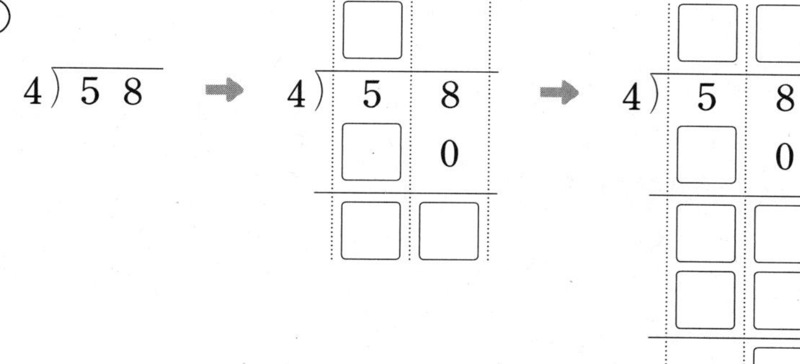

• 나눗셈을 한 번 해요.

$4\overline{)15}$ ← 4단 곱셈구구에 가까운 수

• 나눗셈을 2번 해요.

$4\overline{)95}$ ← 4단 곱셈구구보다 큰 수

2 □ 안에 알맞은 수를 써넣으세요.

①

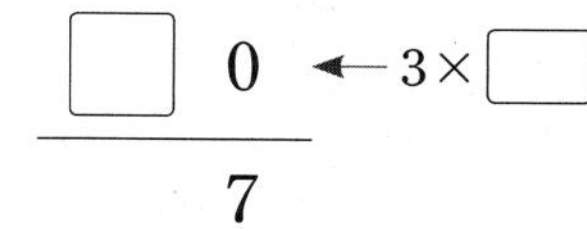

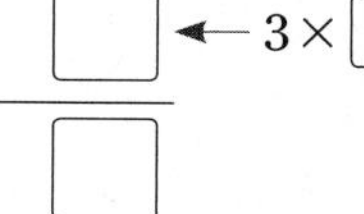

② 5)62, □0 ← 5×□, 12, □□ ← 5×□, □

나눗셈을 2번 한다는 말은 내림이 있다는 말이에요.

$$\begin{array}{r} 23 \\ 4\overline{)95} \\ \underline{8} \\ 15 \\ \underline{12} \\ 3 \end{array}$$

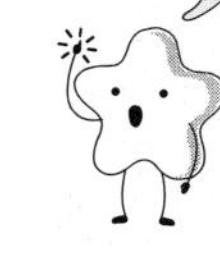

3 나눗셈식을 보고 몫과 나머지를 각각 써 보세요.

① $39 \div 3 = 13$

몫 (　　　　　)

나머지 (　　　　　)

② $71 \div 4 = 17 \cdots 3$

몫 (　　　　　)

나머지 (　　　　　)

나머지가 0이면 나누어떨어진다고 해요.

기본기 강화 문제

① 나누어지는 수가 10배일 때 몫 알아보기

• □ 안에 알맞은 수를 써넣으세요.

1
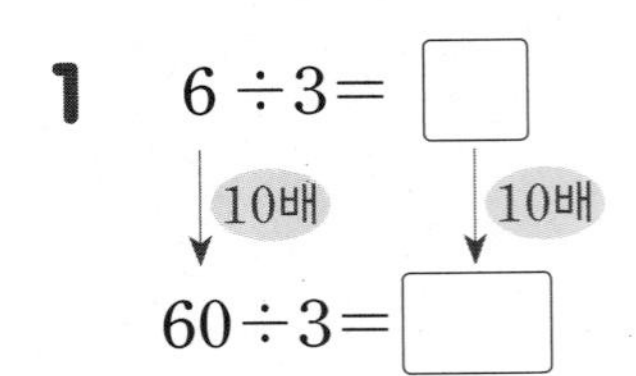

2
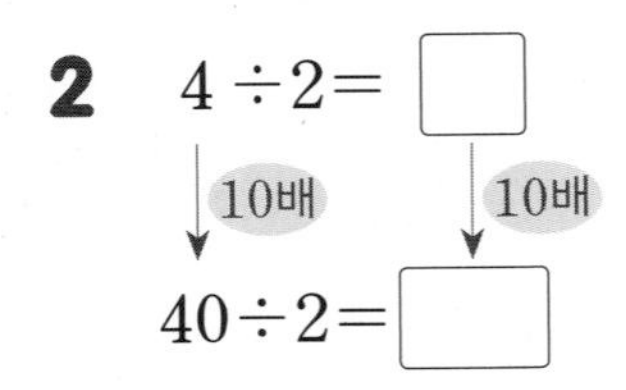

3
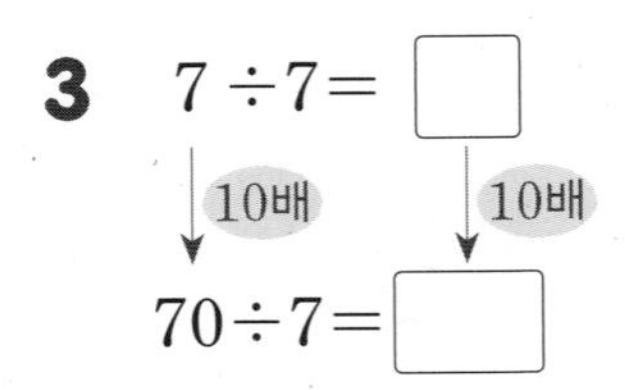

4 $8 \div 4 = \square$

(10배) (10배)

$80 \div 4 = \square$

5 $9 \div 3 = \square$

(10배) (10배)

$90 \div 3 = \square$

6 $9 \div 9 = \square$

(10배) (10배)

$90 \div 9 = \square$

② 수를 가르기 하여 나눗셈하기(1)

• □ 안에 알맞은 수를 써넣으세요.

1 $30 \div 3 = \square$

$3 \div 3 = \square$ (+)

$33 \div 3 = \square$

2
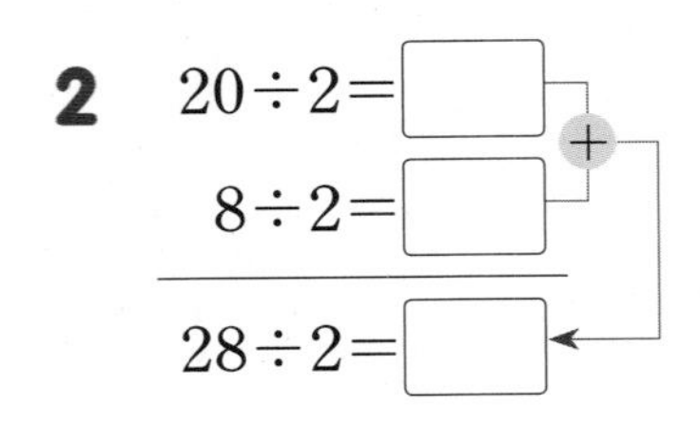

3
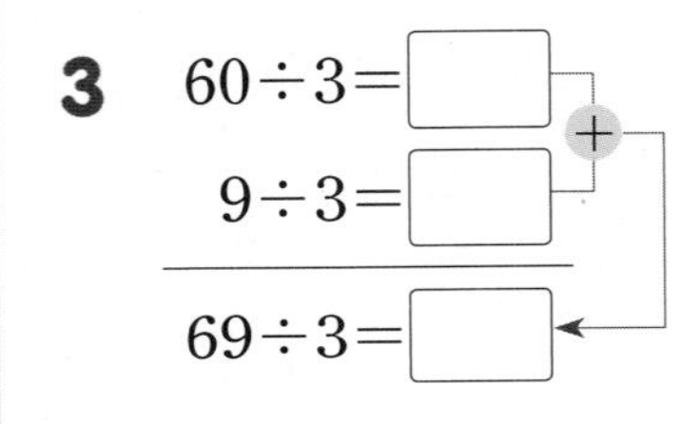

4 $80 \div 4 = \square$

$4 \div 4 = \square$ (+)

$84 \div 4 = \square$

5 $90 \div 9 = \square$

$9 \div 9 = \square$ (+)

$99 \div 9 = \square$

3 (몇십)÷(몇), (몇십몇)÷(몇) 연습(1)

• 계산해 보세요.

1 $2\overline{)70}$

2 $5\overline{)70}$

3 $5\overline{)90}$

4 $2\overline{)22}$

5 $2\overline{)44}$

6 $3\overline{)66}$

7 $2\overline{)68}$

8 $2\overline{)62}$

9 $3\overline{)93}$

10 $8\overline{)88}$

4 (몇십)÷(몇), (몇십몇)÷(몇) 연습(2)

• 계산해 보세요.

1 $30 \div 3$

2 $60 \div 6$

3 $80 \div 5$

4 $90 \div 6$

5 $60 \div 5$

6 $26 \div 2$

7 $39 \div 3$

8 $64 \div 2$

9 $82 \div 2$

10 $77 \div 7$

11 $88 \div 4$

12 $99 \div 3$

13 $66 \div 6$

14 $88 \div 2$

15 $96 \div 3$

16 $48 \div 4$

5 수를 가르기 하여 나눗셈하기(2)

• □ 안에 알맞은 수를 써넣으세요.

1
$20\div2=\square$
$16\div2=\square$
$36\div2=\square$

2
$40\div4=\square$
$16\div4=\square$
$56\div4=\square$

3
$30\div3=\square$
$27\div3=\square$
$57\div3=\square$

4
$50\div5=\square$
$10\div5=\square$
$60\div5=\square$

5
$40\div4=\square$
$24\div4=\square$
$64\div4=\square$

6
$50\div5=\square$
$25\div5=\square$
$75\div5=\square$

7
$60\div3=\square$
$15\div3=\square$
$75\div3=\square$

8
$30\div3=\square$
$12\div3=\square$
$42\div3=\square$

9
$40\div4=\square$
$32\div4=\square$
$72\div4=\square$

10
$50\div5=\square$
$30\div5=\square$
$80\div5=\square$

6 수를 가르기 하여 나눗셈하기(3)

• 나눗셈을 하여 □ 안에는 몫을, ○ 안에는 나머지를 써넣으세요.

1
$40\div2=\square$
$7\div2=\square\cdots\bigcirc$
$47\div2=\square\cdots\bigcirc$

2
$20\div2=\square$
$9\div2=\square\cdots\bigcirc$
$29\div2=\square\cdots\bigcirc$

3
$80\div4=\square$
$15\div4=\square\cdots\bigcirc$
$95\div4=\square\cdots\bigcirc$

4
$80\div8=\square$
$13\div8=\square\cdots\bigcirc$
$93\div8=\square\cdots\bigcirc$

5
$60\div6=\square$
$19\div6=\square\cdots\bigcirc$
$79\div6=\square\cdots\bigcirc$

정답과 풀이 13쪽

7 (몇십몇)÷(몇) 연습(1)

- 계산해 보세요.

1 $3\overline{)51}$

2 $2\overline{)78}$

3 $2\overline{)54}$

4 $5\overline{)95}$

5 $3\overline{)43}$

6 $5\overline{)63}$

7 $2\overline{)35}$

8 $5\overline{)81}$

9 $7\overline{)94}$

10 $6\overline{)79}$

8 (몇십몇)÷(몇) 연습(2)

- 계산해 보세요.

1 $34 \div 2$

2 $65 \div 5$

3 $76 \div 4$

4 $84 \div 6$

5 $91 \div 7$

6 $38 \div 2$

7 $42 \div 3$

8 $57 \div 4$

9 $82 \div 7$

10 $99 \div 4$

11 $37 \div 2$

12 $46 \div 3$

13 $59 \div 3$

14 $61 \div 4$

15 $80 \div 6$

16 $94 \div 7$

9 등식 완성하기(1)

• '='의 양쪽이 같게 되도록 □ 안에 알맞은 수를 써넣으세요.

1 $22 \div 2 = 44 \div \square$

2 $28 \div 2 = 56 \div \square$

3 $36 \div 3 = 72 \div \square$

4 $24 \div 2 = \square \div 6$

5 $33 \div 3 = \square \div 9$

6 $96 \div 6 = 32 \div \square$

7 $84 \div 6 = 42 \div \square$

8 $66 \div 6 = 22 \div \square$

9 $60 \div 4 = \square \div 2$

10 $52 \div 4 = \square \div 2$

10 같은 수를 나누기(1)

• 나눗셈의 몫을 구해 보세요.

1

60	÷	3	
		5	
		6	

2

80	÷	2	
		4	
		5	

3

48	÷	2	
		3	
		4	

4

72	÷	3	
		4	
		6	

5

96	÷	3	
		4	
		6	

정답과 풀이 14쪽

11 계산하지 않고 몫의 크기 비교하기(1)

• 계산하지 않고 몫이 가장 큰 나눗셈식을 찾아 ○표 하세요.

1

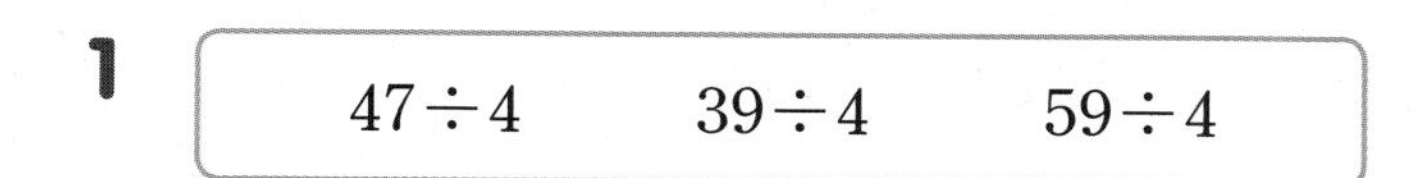

47÷4 39÷4 59÷4

2 51÷2 94÷2 86÷2

3 52÷3 61÷3 72÷3

4 58÷4 58÷6 58÷3

5 73÷2 73÷3 73÷5

6 88÷6 88÷8 88÷5

12 잘못된 부분을 찾아 바르게 계산하기(1)

• 계산이 잘못된 부분을 찾아 바르게 계산해 보세요.

1

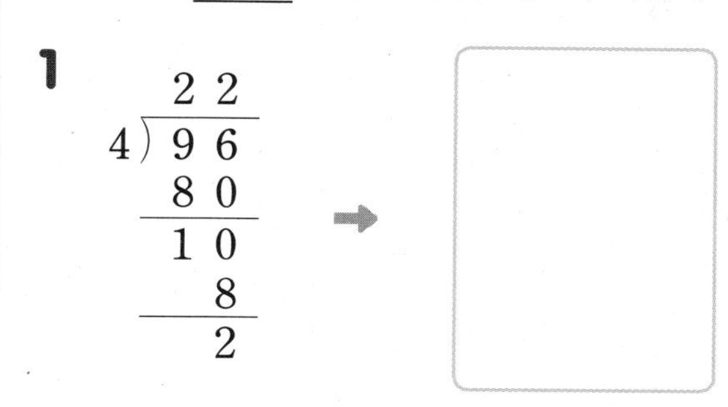

```
   2 2
4) 9 6
   8 0
   1 0
     8
     2
```
→

2

```
   2 4
2) 5 1
   4 0
   1 1
     8
     3
```
→

3

```
   1 5
4) 6 2
   4 0
   2 0
   2 0
     0
```
→

4

```
   1 4
5) 7 8
   5 0
   2 8
   2 0
     8
```
→

13 나머지가 가장 작은 나눗셈식 찾기

• 나머지가 가장 작은 것을 찾아 기호를 써 보세요.

1

㉠ $66 \div 5$	㉡ $54 \div 4$
㉢ $74 \div 4$	㉣ $53 \div 3$

(　　　　　　　　)

2

㉠ $35 \div 3$	㉡ $41 \div 3$
㉢ $78 \div 4$	㉣ $57 \div 2$

(　　　　　　　　)

3

㉠ $83 \div 3$	㉡ $53 \div 4$
㉢ $77 \div 6$	㉣ $94 \div 5$

(　　　　　　　　)

4

㉠ $98 \div 8$	㉡ $56 \div 3$
㉢ $64 \div 3$	㉣ $75 \div 6$

(　　　　　　　　)

5

㉠ $63 \div 4$	㉡ $93 \div 2$
㉢ $76 \div 6$	㉣ $69 \div 5$

(　　　　　　　　)

14 곱셈과 나눗셈의 관계(1)

• □ 안에 알맞은 수를 써넣으세요.

1 $\square \div 5 = 11$ ⟷ $5 \times 11 = \square$

2 $\square \div 4 = 21$ ⟷ $4 \times 21 = \square$

3 $\square \div 3 = 32$ ⟷ $3 \times 32 = \square$

4 $\square \div 6 = 12$ ⟷ $6 \times 12 = \square$

5 $\square \div 3 = 27$ ⟷ $3 \times 27 = \square$

6 $\square \div 4 = 15$ ⟷ $4 \times 15 = \square$

15 계산 결과가 맞는지 확인하기(1)

- 계산해 보고 계산 결과가 맞는지 확인해 보세요.

1

$7\overline{)\,6\;7}$

몫 (　　　　　　)
나머지 (　　　　　　)

확인 ....

2

$4\overline{)\,7\;8}$

몫 (　　　　　　)
나머지 (　　　　　　)

확인 ....

3

$6\overline{)\,8\;5}$

몫 (　　　　　　)
나머지 (　　　　　　)

확인 ....

4

$8\overline{)\,9\;9}$

몫 (　　　　　　)
나머지 (　　　　　　)

확인 ....

16 계산 결과로 가는 길 찾기

- 계산 결과로 가는 길을 찾아 선을 그어 보세요.

1

66　÷2
72　÷3
→ 36

2

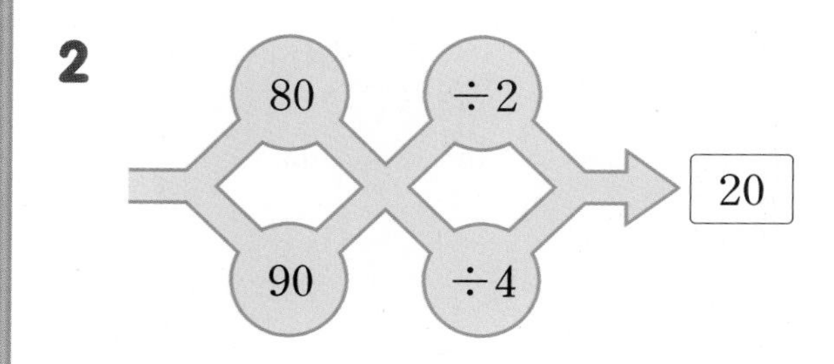

3

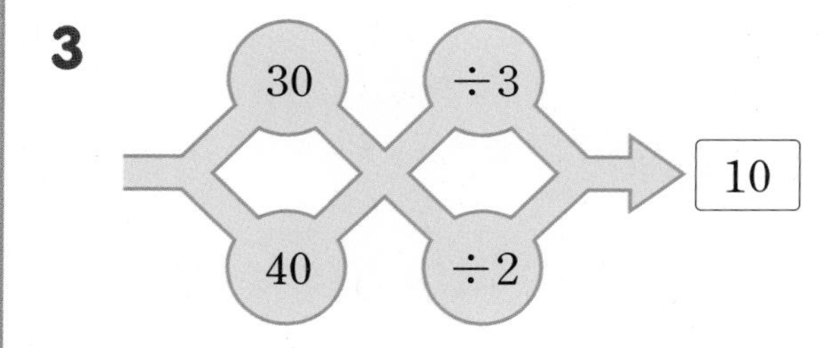

4

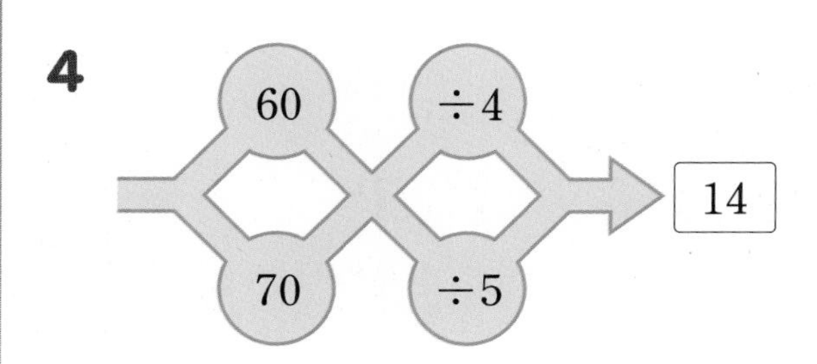

5

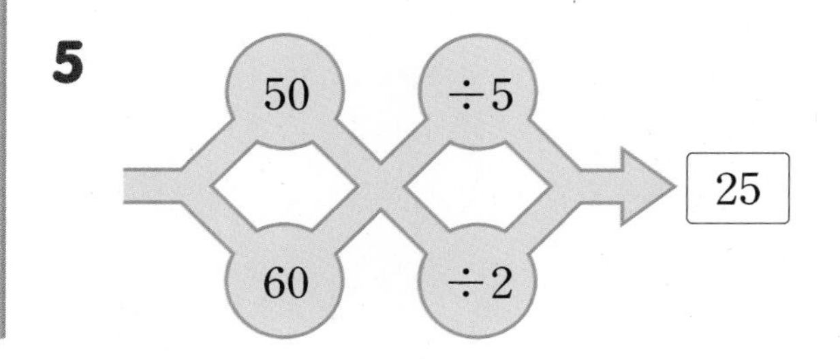

(세 자리 수)÷(한 자리 수)(1)

● 나머지가 없는 (세 자리 수)÷(한 자리 수)

• $480 \div 3$의 계산

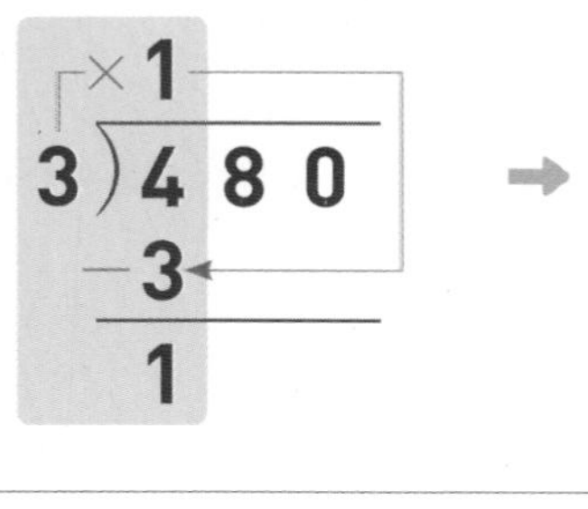

→

```
    1 6
3)4 8 0
  3
  1 8
 −1 8
    0
```

→

```
    1 6 0
3)4 8 0
  3
  1 8
  1 8
      0
```

0÷3=0이니까 몫의 일의 자리에 0을 써야 해.

나눗셈식 $480 \div 3 = 160$

확인 $3 \times 160 = 480$

• $272 \div 4$의 계산

```
4)2 7 2
```

2에 4가 들어갈 수 없으므로 몫은 두 자리 수!

→

```
  ×6
4)2 7 2
 −2 4
    3
```

→

```
      6 8
4)2 7 2
  2 4
    3 2
   −3 2
      0
```

나눗셈식 $272 \div 4 = 68$

확인 $4 \times 68 = 272$

개념 자세히 보기

● 몫이 몇 자리 수인지 알아보아요!

• ■●▲÷★에서

① ■>★이면 몫은 세 자리 수

예
```
    1 6 0
2)3 2 0
  2
  1 2
  1 2
      0
```

② ■=★이면 몫은 세 자리 수

예
```
    1 2 3
2)2 4 6
  2
    4
    4
      6
      6
      0
```

③ ■<★이면 몫은 두 자리 수

예
```
      6 7
4)2 6 8
  2 4
    2 8
    2 8
      0
```

➲ 정답과 풀이 16쪽

1 몫이 세 자리 수인 나눗셈에 ○표 하세요.

400÷5	476÷7	604÷4
(　　　)	(　　　)	(　　　)

480÷3
➡ 4>3(몫이 세 자리 수)
272÷4
➡ 2<4(몫이 두 자리 수)

2 □ 안에 알맞은 수를 써넣으세요.

①

3)540: 몫 □ / □ / 2 ➡ 3)540: 몫 □□ / □ / 24 / □□ / 0 ➡ 3)540: 몫 □□□ / □ / 24 / □□ / 0

십의 자리에서 계산이 끝났을 때 몫의 일의 자리에 0을 써야 해요.

②

6)342: 몫 □ / □□ / 4 ➡ 6)342: 몫 □□ / □□ / 42 / □□ / 0

3 □ 안에 알맞은 수를 써넣으세요.

①

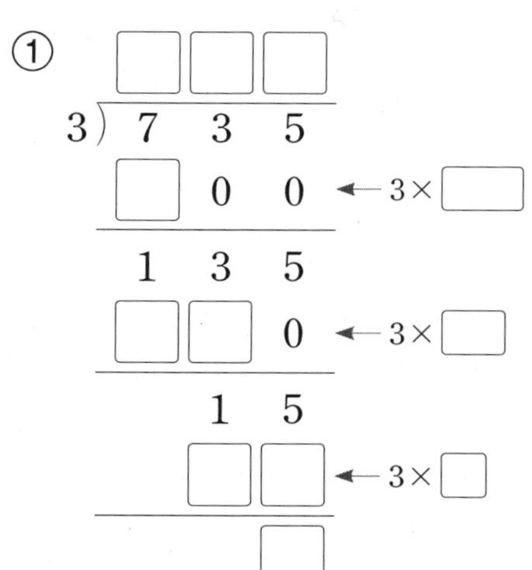

②

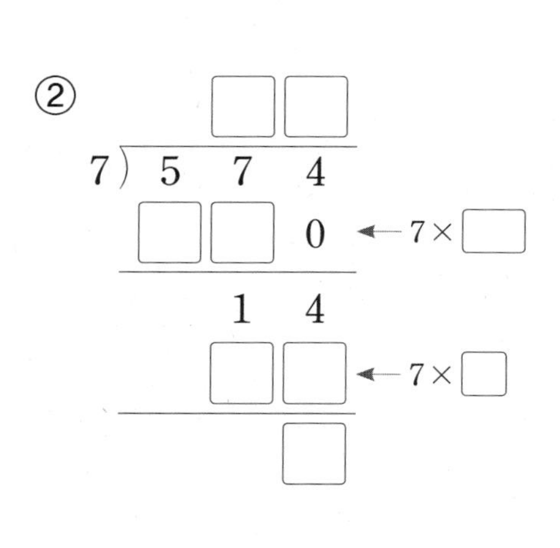

(세 자리 수)÷(한 자리 수)(2)

● 나머지가 있는 (세 자리 수)÷(한 자리 수)

• 407÷4의 계산

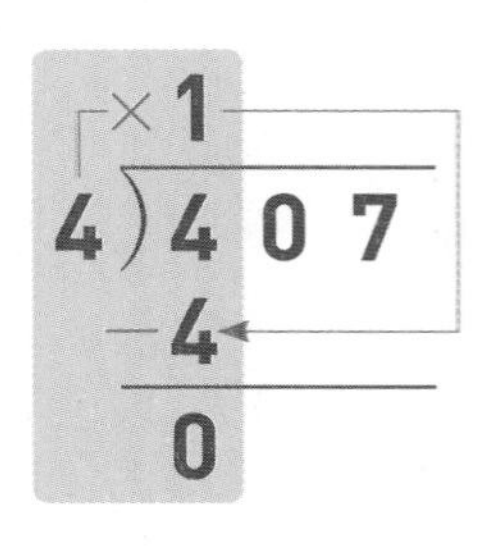

→

0÷4=0이므로 몫의 십의 자리에 0을 씁니다.

$$\begin{array}{r} 10 \\ 4\overline{)407} \\ 4 \\ \hline 0 \end{array}$$

→

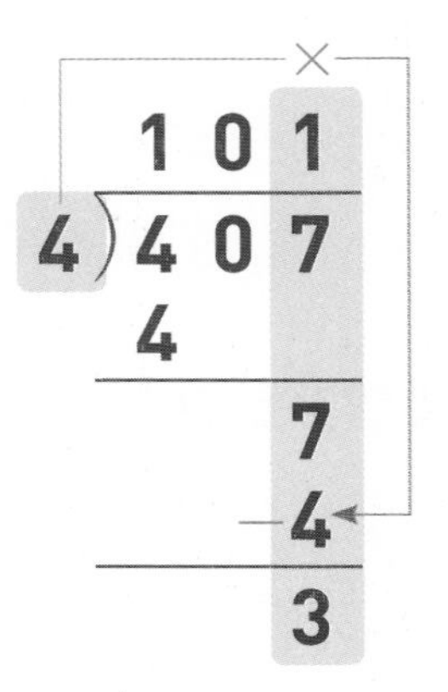

나눗셈식 407 ÷ 4 = 101 ··· 3

확인 4 × 101 = 404 → 404 + 3 = 407

• 348÷5의 계산

$$5\overline{)348}$$

3에 5가 들어갈 수 없으므로 몫은 두 자리 수!

→

$$\begin{array}{r} 6 \\ 5\overline{)348} \\ -30 \\ \hline 4 \end{array}$$

→

$$\begin{array}{r} 69 \\ 5\overline{)348} \\ 30 \\ \hline 48 \\ -45 \\ \hline 3 \end{array}$$

나눗셈식 348 ÷ 5 = 69 ··· 3

확인 5 × 69 = 345 → 345 + 3 = 348

개념 자세히 보기

● 수를 가르기 하여 계산해 보아요!

• 407÷4의 계산

400 ÷ 4 = 100
7 ÷ 4 = 1 ··· 3
407 ÷ 4 = 101 ··· 3

• 348÷5의 계산

300 ÷ 5 = 60
48 ÷ 5 = 9 ··· 3
348 ÷ 5 = 69 ··· 3

300 ÷ 5 = 60
40 ÷ 5 = 8
8 ÷ 5 = 1 ··· 3
348 ÷ 5 = 69 ··· 3

➡ 정답과 풀이 16쪽

1 □ 안에 알맞은 수를 써넣으세요.

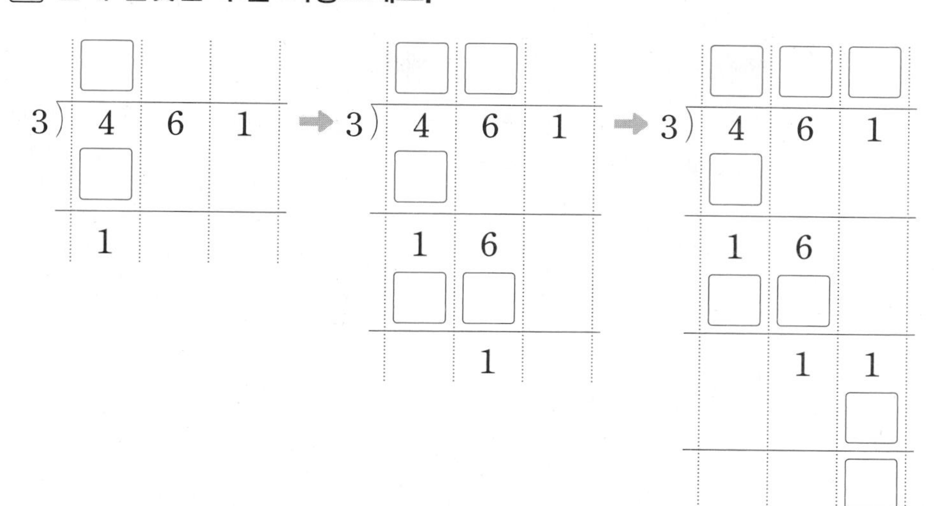

몫의 각 자리 수를 구하고 남은 수는 내림하여 계산해요.

2 □ 안에 알맞은 수를 써넣으세요.

① $2\overline{)387}$

몫: □□□

□ 0 0 ← 2×□

1 8 7

□□ 0 ← 2×□

7

□ ← 2×□

□

② $4\overline{)179}$

몫: □□

□□ 0 ← 4×□

1 9

□□ ← 4×□

□

3 나눗셈식을 보고 계산이 맞는지 확인해 보세요.

① $249 \div 5 = 49 \cdots 4$

확인 $5\times$□$=$□ ➡ □$+$□$=$□

② $472 \div 3 = 157 \cdots 1$

확인 $3\times$□$=$□ ➡ □$+$□$=$□

기본기 강화 문제

17 나누어지는 수가 몇 배일 때 몫 알아보기

• □ 안에 알맞은 수를 써넣으세요.

1
$2 \div 2 = \square$
$20 \div 2 = \square$
$200 \div 2 = \square$

2
$4 \div 2 = \square$
$40 \div 2 = \square$
$400 \div 2 = \square$

3
$6 \div 3 = \square$
$60 \div 3 = \square$
$600 \div 3 = \square$

4
$8 \div 4 = \square$
$80 \div 4 = \square$
$800 \div 4 = \square$

5
$9 \div 3 = \square$
$90 \div 3 = \square$
$900 \div 3 = \square$

18 (세 자리 수)÷(한 자리 수) 연습(1)

• 계산해 보세요.

1 $2\overline{)230}$

2 $3\overline{)504}$

3 $5\overline{)395}$

4 $9\overline{)648}$

5 $3\overline{)389}$

6 $2\overline{)553}$

7 $8\overline{)417}$

8 $6\overline{)491}$

9 $9\overline{)775}$

10 $7\overline{)604}$

19 (세 자리 수)÷(한 자리 수) 연습(2)

• 계산해 보세요.

1 $314 \div 2$

2 $420 \div 4$

3 $177 \div 3$

4 $444 \div 6$

5 $268 \div 4$

6 $468 \div 3$

7 $282 \div 6$

8 $337 \div 2$

9 $461 \div 3$

10 $511 \div 4$

11 $649 \div 7$

12 $713 \div 8$

20 같은 수로 나누기(1)

• □ 안에 알맞은 수를 써넣으세요.

1 $800 \div 2 = \square$

$802 \div 2 = \square$

$804 \div 2 = \square$

2 $504 \div 3 = \square$

$507 \div 3 = \square$

$510 \div 3 = \square$

3 $615 \div 5 = \square$

$620 \div 5 = \square$

$625 \div 5 = \square$

4 $258 \div 6 = \square$

$264 \div 6 = \square$

$270 \div 6 = \square$

5 $189 \div 7 = \square$

$196 \div 7 = \square$

$203 \div 7 = \square$

21 같은 수로 나누기(2)

• 나눗셈을 하여 □ 안에는 몫을, ○ 안에는 나머지를 써넣으세요.

1 $417 \div 4 = \square \cdots \bigcirc$

$418 \div 4 = \square \cdots \bigcirc$

$419 \div 4 = \square \cdots \bigcirc$

2 $829 \div 7 = \square \cdots \bigcirc$

$830 \div 7 = \square \cdots \bigcirc$

$831 \div 7 = \square \cdots \bigcirc$

3 $356 \div 6 = \square \cdots \bigcirc$

$357 \div 6 = \square \cdots \bigcirc$

$358 \div 6 = \square \cdots \bigcirc$

4 $436 \div 8 = \square \cdots \bigcirc$

$437 \div 8 = \square \cdots \bigcirc$

$438 \div 8 = \square \cdots \bigcirc$

5 $572 \div 9 = \square \cdots \bigcirc$

$573 \div 9 = \square \cdots \bigcirc$

$574 \div 9 = \square \cdots \bigcirc$

22 같은 수를 나누기(2)

• 나눗셈을 하여 □ 안에는 몫을, ○ 안에는 나머지를 써넣으세요.

1 $295 \div 2 = \square \cdots \bigcirc$

$295 \div 3 = \square \cdots \bigcirc$

$295 \div 4 = \square \cdots \bigcirc$

2 $658 \div 3 = \square \cdots \bigcirc$

$658 \div 4 = \square \cdots \bigcirc$

$658 \div 5 = \square \cdots \bigcirc$

3 $179 \div 4 = \square \cdots \bigcirc$

$179 \div 5 = \square \cdots \bigcirc$

$179 \div 6 = \square \cdots \bigcirc$

4 $523 \div 6 = \square \cdots \bigcirc$

$523 \div 7 = \square \cdots \bigcirc$

$523 \div 8 = \square \cdots \bigcirc$

5 $263 \div 7 = \square \cdots \bigcirc$

$263 \div 8 = \square \cdots \bigcirc$

$263 \div 9 = \square \cdots \bigcirc$

정답과 풀이 18쪽

23 등식 완성하기(2)

- '='의 양쪽이 같게 되도록 □ 안에 알맞은 수를 써넣으세요.

1 $306 \div 2 = 150 + \square$

2 $620 \div 5 = 120 + \square$

3 $110 \div 2 = 50 + \square$

4 $192 \div 6 = 30 + \square$

5 $816 \div 4 = 210 - \square$

6 $912 \div 8 = 120 - \square$

7 $215 \div 5 = 50 - \square$

8 $434 \div 7 = 70 - \square$

24 계산하지 않고 몫의 크기 비교하기(2)

- 계산하지 않고 몫이 가장 큰 나눗셈식을 찾아 ○표 하세요.

1 $120 \div 3$ $150 \div 3$ $240 \div 3$

2 $350 \div 5$ $200 \div 5$ $150 \div 5$

3 $180 \div 2$ $150 \div 2$ $170 \div 2$

4 $240 \div 3$ $240 \div 4$ $240 \div 8$

5 $360 \div 9$ $360 \div 6$ $360 \div 4$

6 $720 \div 8$ $720 \div 6$ $720 \div 3$

25 곱셈과 나눗셈의 관계(2)

● □ 안에 알맞은 수를 써넣으세요.

1 $310 \div 5 = \square \leftrightarrow 5 \times \square = 310$

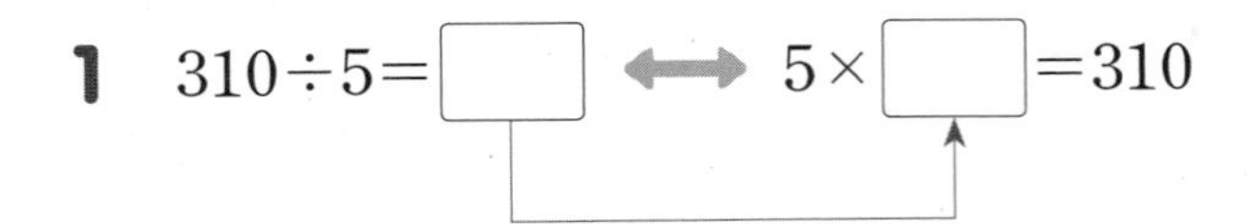

2 $106 \div 2 = \square \leftrightarrow 2 \times \square = 106$

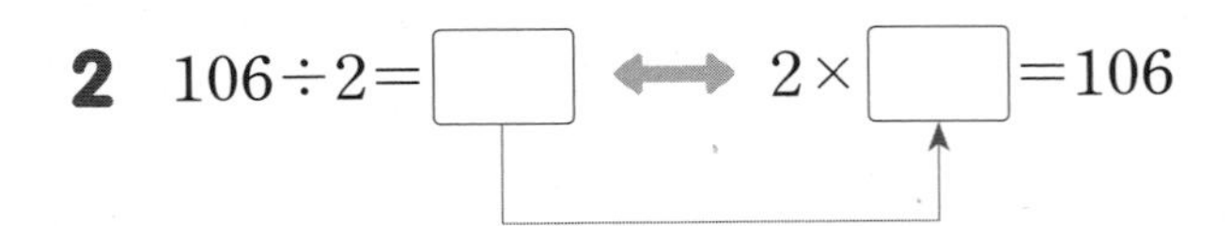

3 $552 \div 4 = \square \leftrightarrow 4 \times \square = 552$

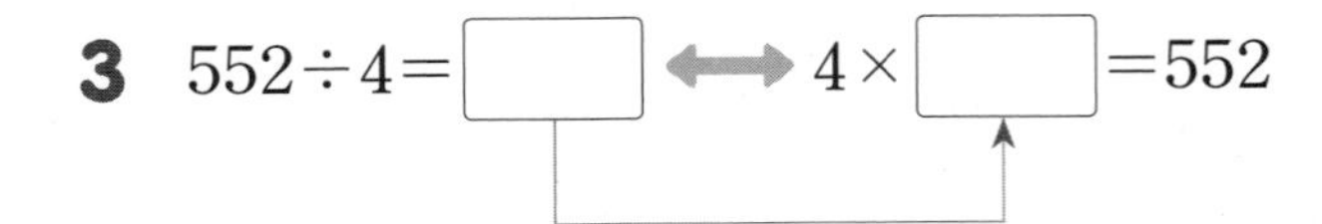

4 $672 \div 3 = \square \leftrightarrow 3 \times \square = 672$

5 $495 \div 9 = \square \leftrightarrow 9 \times \square = 495$

6 $294 \div 6 = \square \leftrightarrow 6 \times \square = 294$

7 $504 \div 7 = \square \leftrightarrow 7 \times \square = 504$

8 $702 \div 3 = \square \leftrightarrow 3 \times \square = 702$

26 구슬의 무게 구하기

● 구슬의 무게가 각각 같을 때 구슬 한 개의 무게를 구해 보세요.

1

□ g

2

□ g

3

□ g

4

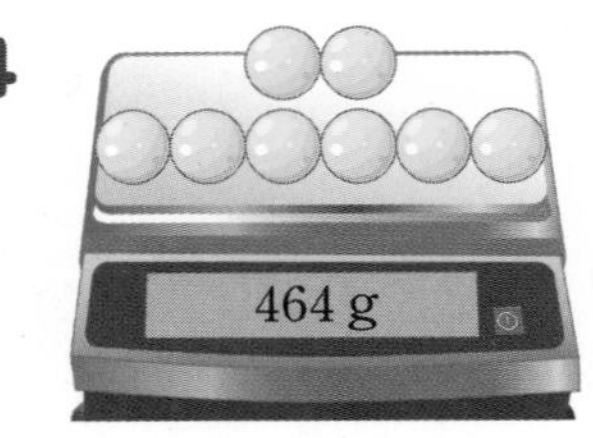

□ g

5

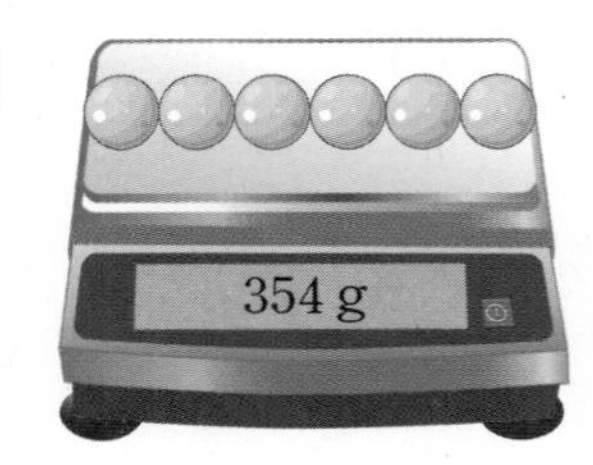

□ g

6

□ g

정답과 풀이 18쪽

27 나눗셈의 몫을 따라 가기

• 나눗셈의 몫을 따라 길을 가려고 합니다. 어느 곳에서 출발해도 도착하는 곳이 같다고 합니다. 도착하는 곳의 기호를 써 보세요.

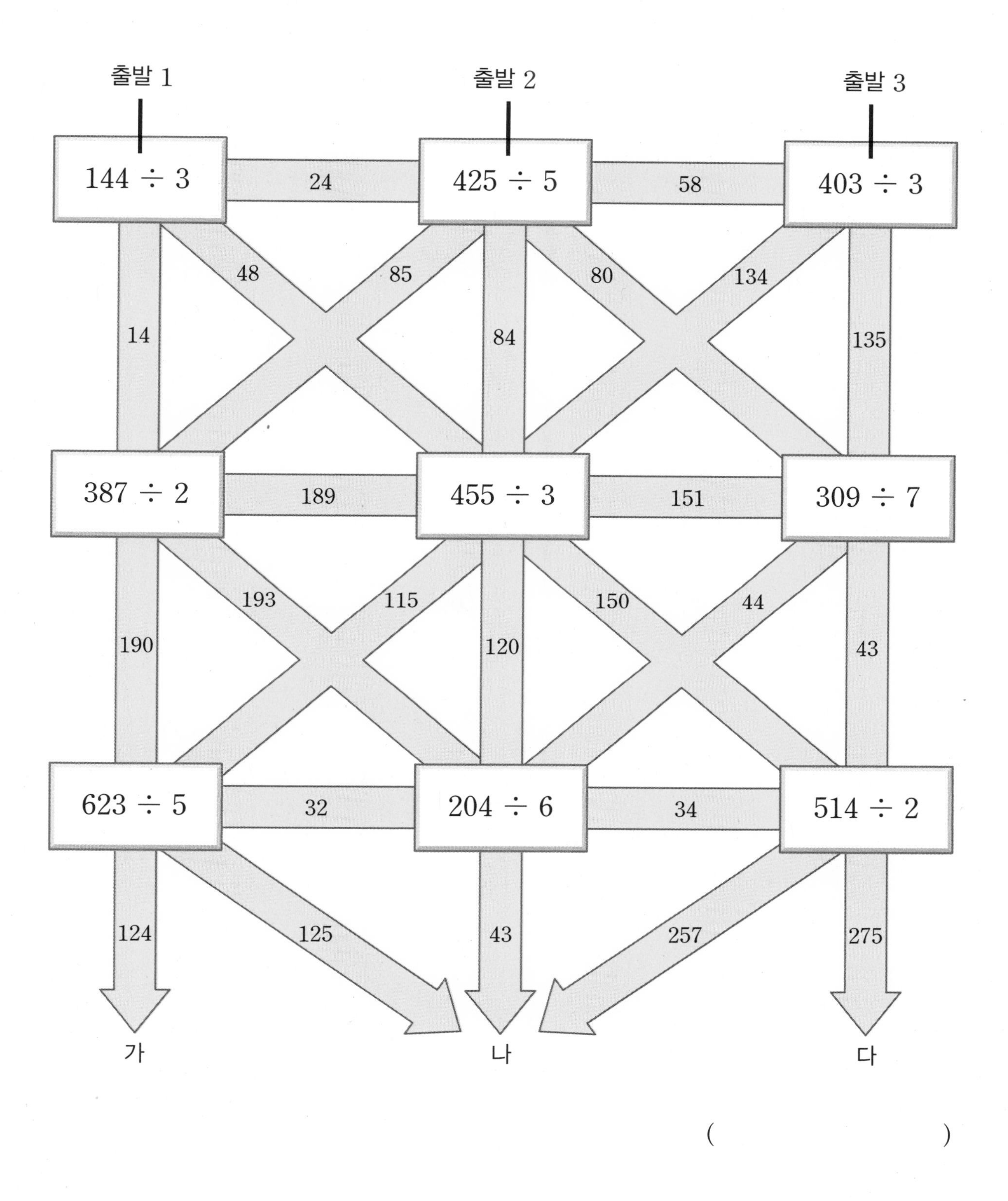

( )

28 잘못된 부분을 찾아 바르게 계산하기(2)

• 계산이 잘못된 부분을 찾아 바르게 계산해 보세요.

1

```
     1 9 9
  2) 5 7 2
     2
     3 7
     1 8
     1 9 2
       1 8
     1 7 4
```

➡ 

2

```
     8 0 5
  5) 4 2 5
     4 0
       2 5
       2 5
         0
```

➡

3

```
       6 5
  6) 3 9 7
     3 6
       3 0
       3 0
         0
```

➡

4

```
     1 6 0
  7) 7 4 8
     7
       4 8
       4 2
         6
```

➡

29 계산 결과가 맞는지 확인하기(2)

• 계산해 보고 계산 결과가 맞는지 확인해 보세요.

1

$9 \overline{)\,8\;8\;9}$

몫 ( )
나머지 ( )

확인 ....

2

$2 \overline{)\,3\;5\;1}$

몫 ( )
나머지 ( )

확인 ....

3

$6 \overline{)\,4\;5\;9}$

몫 ( )
나머지 ( )

확인 ....

4

$4 \overline{)\,3\;7\;1}$

몫 ( )
나머지 ( )

확인 ....

단원 평가

점수 확인

1 □ 안에 알맞은 수를 써넣으세요.

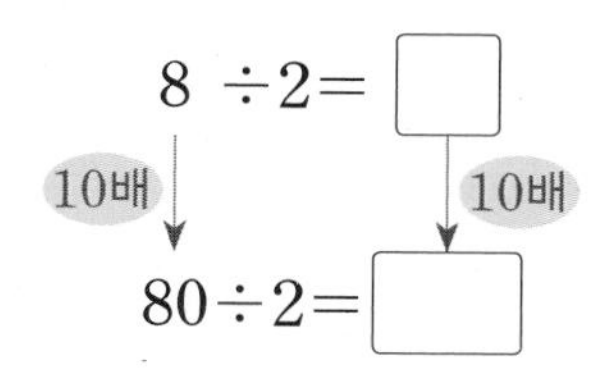

2 계산해 보세요.

(1) $70 \div 5 =$ □ (2) $75 \div 3 =$ □

3 □ 안에 알맞은 수를 써넣으세요.

$20 \div 2 =$ □

$10 \div 2 =$ □

$30 \div 2 =$ □

4 몫이 다른 하나를 찾아 기호를 써 보세요.

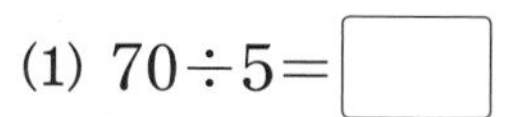

㉠ $60 \div 2$ ㉡ $80 \div 4$ ㉢ $90 \div 3$

( )

5 그림을 보고 □ 안에 알맞은 수를 써넣으세요.

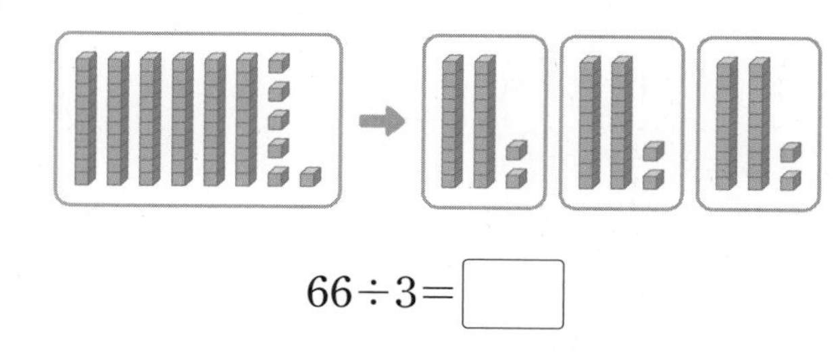

$66 \div 3 =$ □

6 몫의 크기를 비교하여 ○ 안에 >, =, <를 알맞게 써넣으세요.

(1) $48 \div 4$ ○ $36 \div 3$

(2) $55 \div 5$ ○ $39 \div 3$

7 □ 안에 알맞은 수를 써넣으세요.

$48 \div 2 =$ □ ⟷ $2 \times$ □ $=$ □

8 운동장에 학생이 93명 있습니다. 똑같이 3모둠으로 나누어 피구를 하려면 한 모둠의 학생은 몇 명이 되어야 할까요?

( )

2

9 □ 안에 알맞은 수를 써넣으세요.

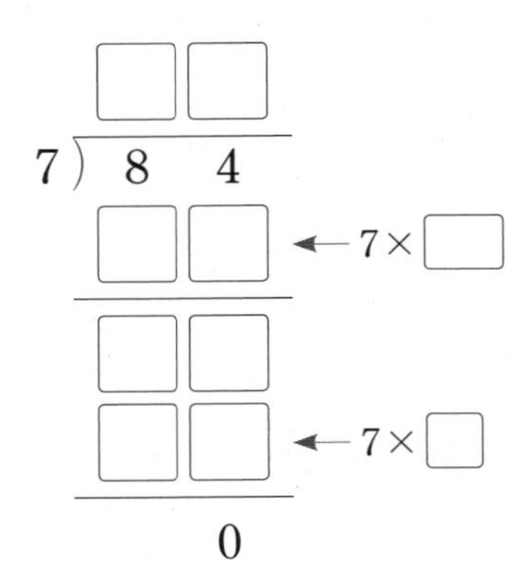

10 □ 안에 알맞은 수를 써넣고 몫과 나머지를 구해 보세요.

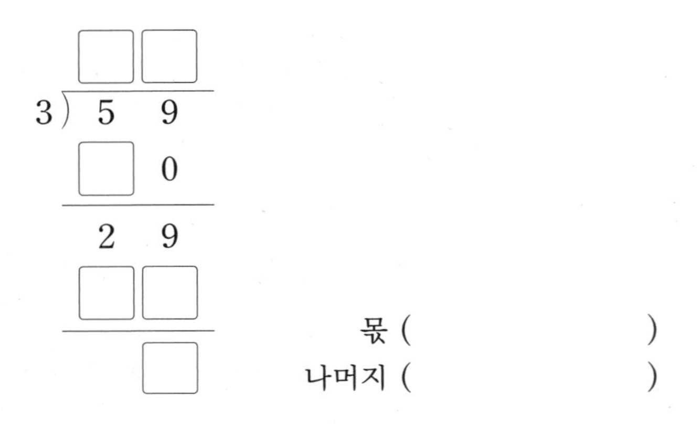

몫 (　　　　)
나머지 (　　　　)

11 어떤 수를 8로 나눌 때 나머지가 될 수 없는 것은 어느 것일까요? (　　　)

① 1　② 3　③ 5
④ 7　⑤ 9

12 나눗셈식을 보고 계산이 맞는지 확인해 보세요.

$23 \div 4 = 5 \cdots 3$

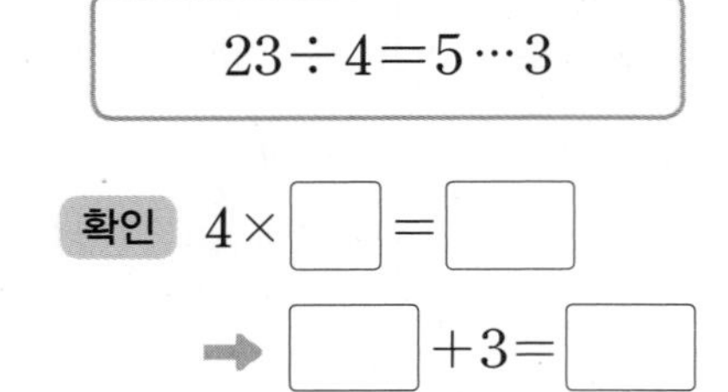

13 □ 안에 알맞은 수를 써넣으세요.

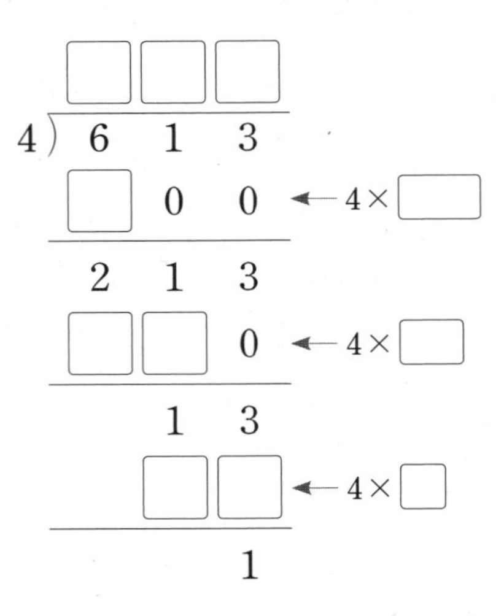

14 나눗셈을 하여 □ 안에는 몫을, ○ 안에는 나머지를 써넣으세요.

$447 \div 9 = \square \cdots \bigcirc$

$448 \div 9 = \square \cdots \bigcirc$

$449 \div 9 = \square \cdots \bigcirc$

15 계산이 잘못된 부분을 찾아 바르게 계산해 보세요.

```
    2 8 4
 3) 8 5 7
    6
    2 5
    2 4
      1 7
      1 2
        5
```

➡ □

서술형 문제

정답과 풀이 20쪽

16 귤 193개를 6상자에 똑같이 나누어 담으려고 합니다. 한 상자에 귤을 몇 개씩 담을 수 있고 몇 개가 남는지 차례로 써 보세요.

( ), ( )

17 수 카드를 한 번씩만 사용하여 몫이 가장 큰 (세 자리 수)÷(한 자리 수)를 만들고 계산해 보세요.

5 9 4 8

$\square \div \square = \square \cdots \bigcirc$

18 어떤 수를 8로 나누었더니 몫이 7이고 나머지가 3이 되었습니다. 어떤 수는 얼마인지 구해 보세요.

( )

19 $60 \div 2$의 몫은 $6 \div 2$의 몫의 몇 배인지 보기 와 같이 풀이 과정을 쓰고 답을 구해 보세요.

보기

$80 \div 4$의 몫은 $8 \div 4$의 몫의 몇 배인지 구하기

80은 8의 10배이므로 $80 \div 4$의 몫은 $8 \div 4$의 몫의 10배입니다.

답 10배

60은 6의

답

20 볼펜 46자루와 연필 84자루를 각각 8명에게 똑같이 나누어 주려고 합니다. 한 사람이 연필을 몇 자루씩 가질 수 있고 몇 자루가 남는지 보기 와 같이 풀이 과정을 쓰고 답을 구해 보세요.

보기

$46 \div 8 = 5 \cdots 6$이므로 한 사람이 볼펜을 5자루씩 가질 수 있고 6자루가 남습니다.

답 5자루 , 6자루

$84 \div 8 =$

답 ,

2

3 원

수애와 윤호는 크기가 점점 커지는 원 3개를 서로 다른 모양으로 그리고 있어요.
수애와 윤호의 그림을 완성해 보세요.

1 원의 중심, 반지름, 지름 알아보기

● 누름 못과 띠 종이를 이용하여 원 그리기

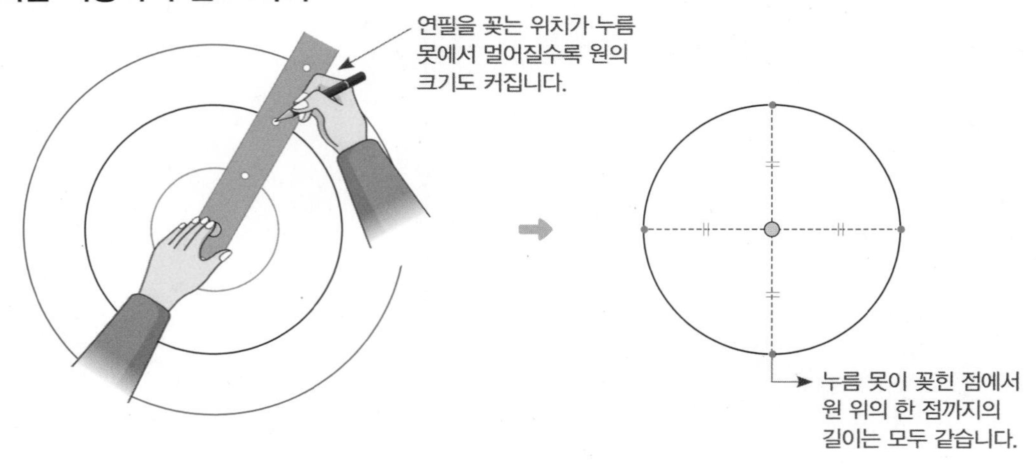

● 원의 중심, 반지름, 지름 알아보기

- **원의 중심**: 원을 그릴 때에 누름 못이 꽂혔던 점 ㅇ (→ 한 원에서 원의 중심은 한 개입니다.)
- 원의 **반지름**: 원의 중심 ㅇ과 원 위의 한 점을 이은 선분
- 원의 **지름**: 원 위의 두 점을 이은 선분 중 원의 중심 ㅇ을 지나는 선분

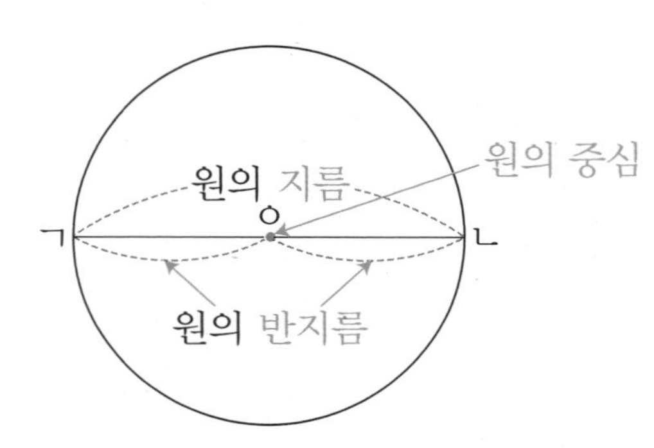

- 선분 ㅇㄱ과 선분 ㅇㄴ은 원의 반지름이고, 선분 ㄱㄴ은 원의 지름입니다.
- 한 원에서 반지름(지름)을 무수히 많이 그을 수 있고, 반지름(지름)은 길이가 모두 같습니다.

개념 자세히 보기

● 원의 반지름이 길어질수록 원의 크기도 커져요!

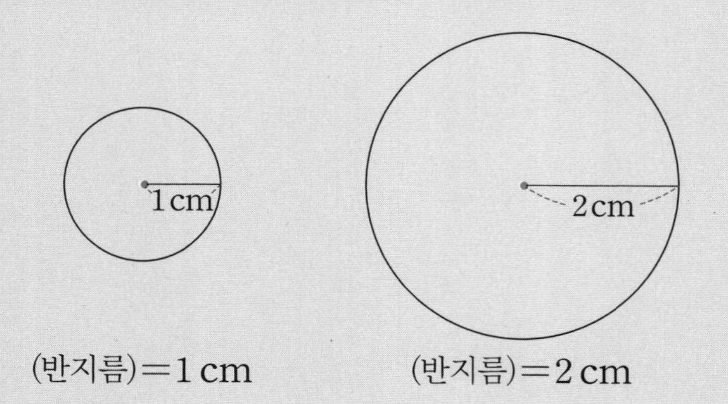

● 원의 지름은 항상 원의 중심을 지나요!

원 위의 두 점을 이은 선분 중 원의 중심을 지나는 선분만이 원의 지름입니다.

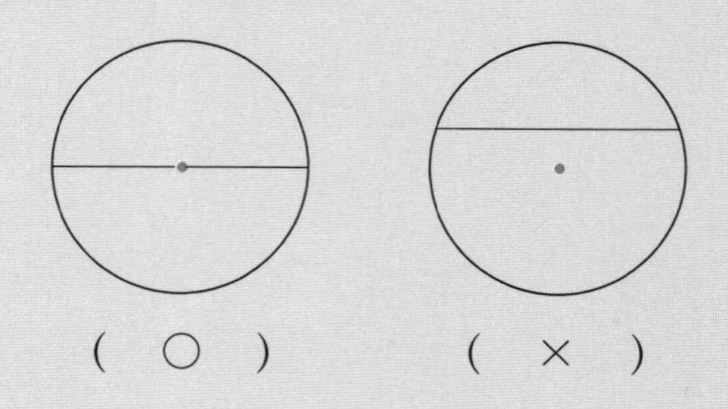

➲ 정답과 풀이 21쪽

1 누름 못과 띠 종이를 이용하여 원을 그렸습니다. 그림을 보고 □ 안에 알맞은 말을 써넣으세요.

누름 못이 꽂힌 점에서 원 위의 한 점까지의 길이는 모두 같아요.

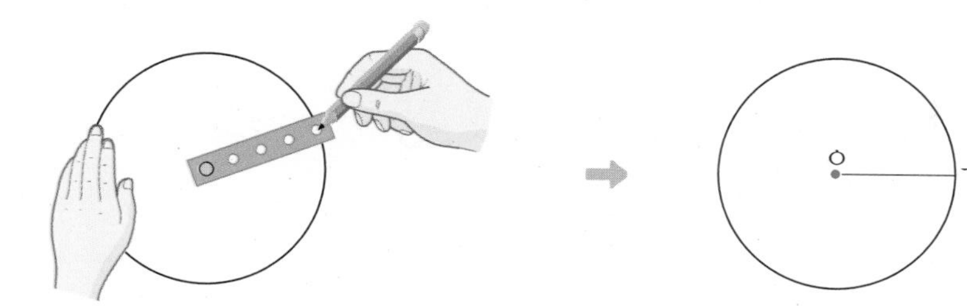

① 원을 그릴 때에 누름 못이 꽂혔던 점 ㅇ을 원의 □(이)라고 합니다.

② 원의 중심과 원 위의 한 점을 이은 선분 ㅇㄱ을 원의 □(이)라고 합니다.

2 누름 못과 띠 종이를 이용하여 가장 큰 원을 그리려면 어느 칸에 연필을 꽂고 원을 그려야 하는지 기호를 써 보세요.

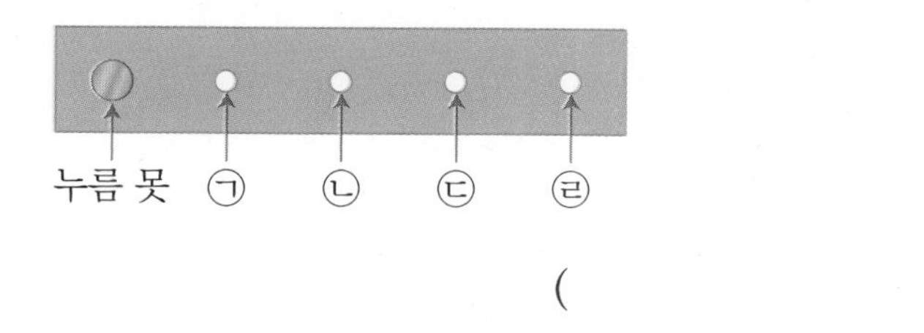

(　　　　　　　)

3 누름 못과 띠 종이를 이용하여 크기가 같은 원을 그려 보세요.

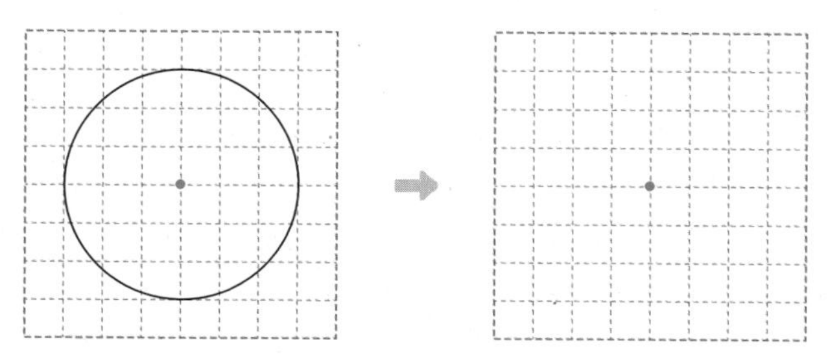

중심에서 원 위의 한 점까지의 길이는 모눈 3칸이에요.

4 원의 반지름과 지름을 각각 1개씩 그어 보세요.

①

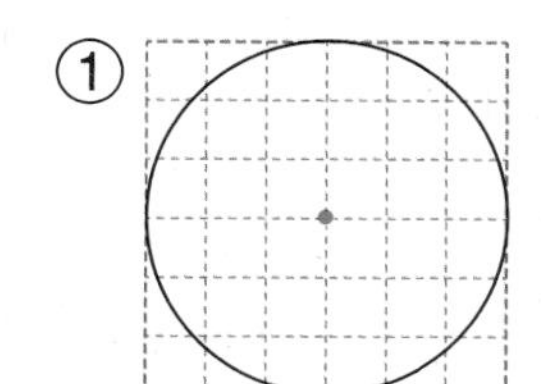

②

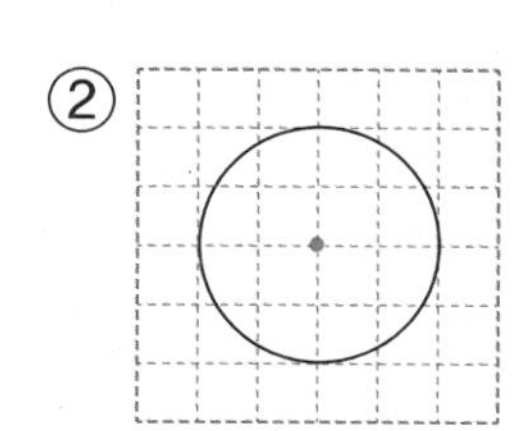

원의 지름은 항상 원의 중심을 지나요.

원의 성질 알아보기

원의 지름의 성질 알아보기

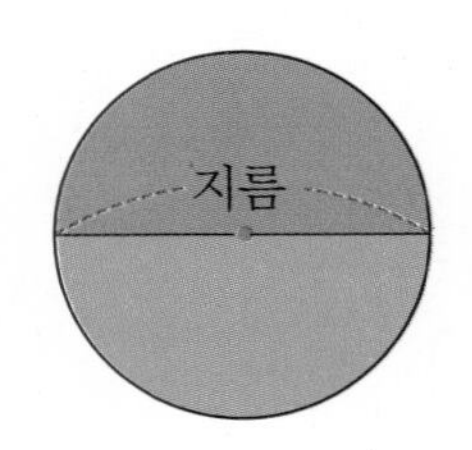

원의 지름은 원을 똑같이 둘로 나눕니다.

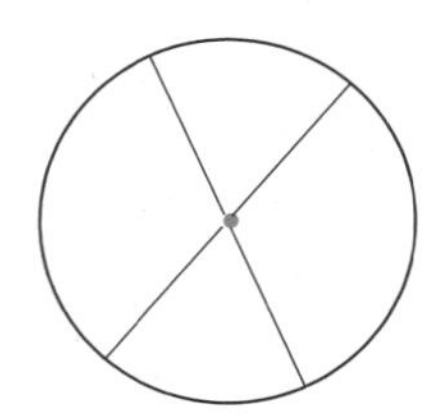

원의 지름은 항상 원의 중심을 지납니다.

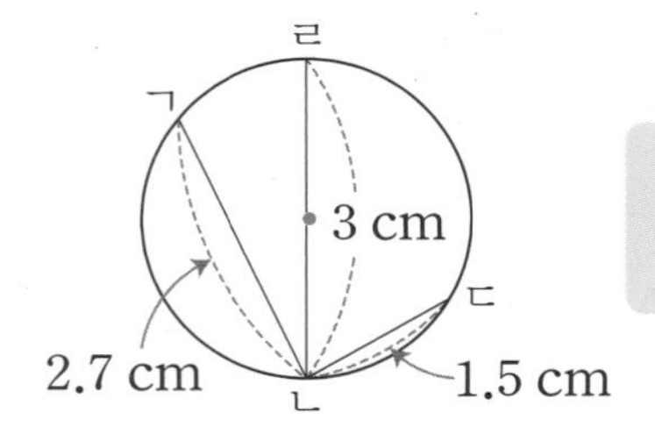

원의 지름은 원 위의 두 점을 이은 선분 중 가장 깁니다.

→ (선분 ㄹㄴ)=(원의 지름)>(선분 ㄱㄴ)>(선분 ㄴㄷ)

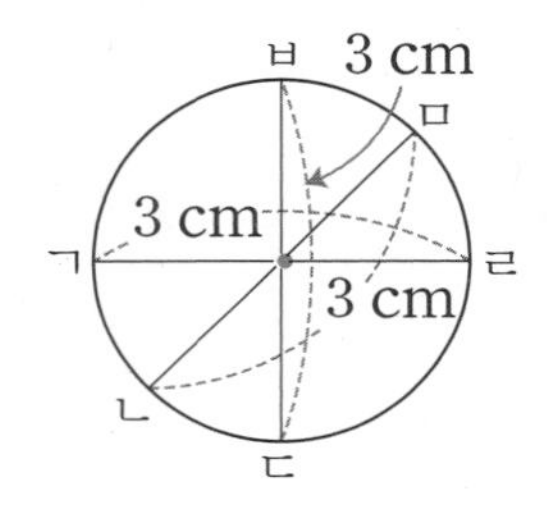

한 원에서 지름은 길이가 모두 같습니다.

→ (선분 ㄱㄹ)=(선분 ㄴㅁ)=(선분 ㄷㅂ)=3cm

원의 지름과 반지름의 관계 알아보기

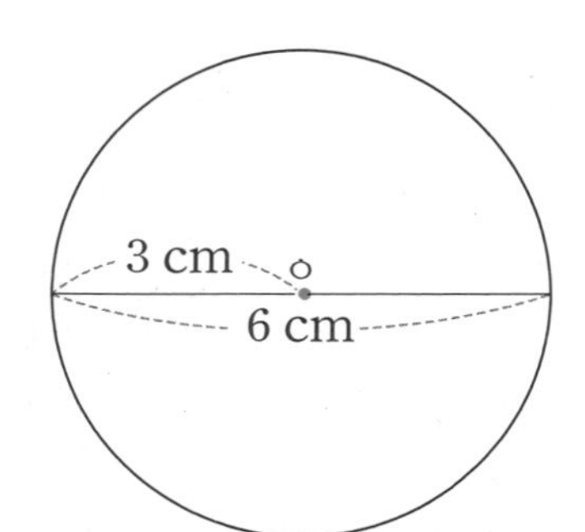

(원의 지름)=(원의 반지름)×2 → 6(cm)=3×2

(원의 반지름)=(원의 지름)÷2 → 3(cm)=6÷2

➔ 정답과 풀이 21쪽

1 □ 안에 알맞은 말을 써넣으세요.

① 원 위의 두 점을 이은 선분이 원의 중심을 지날 때 이 선분 ㄱㄴ을 원의 □(이)라고 합니다.

② 원의 □은/는 원을 똑같이 둘로 나눕니다.

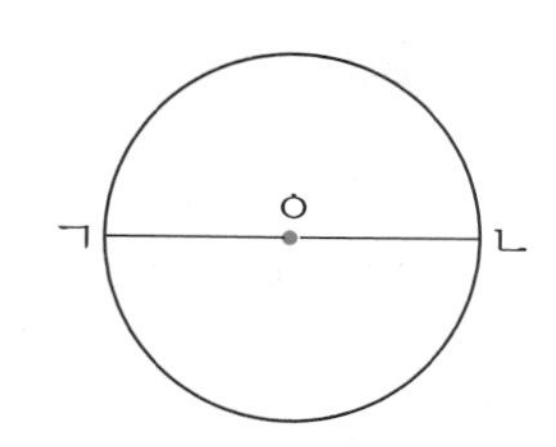

2 그림을 보고 물음에 답하세요.

① 길이가 가장 긴 선분은 어느 것일까요?

( )

② 원의 지름은 어느 선분일까요?

( )

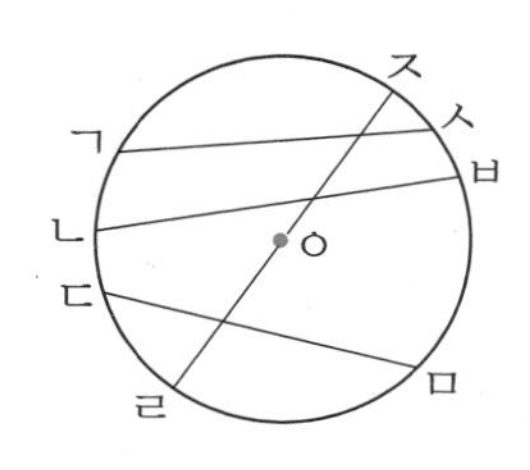

원의 지름은 항상 원의 중심을 지나요.

3 □ 안에 알맞은 수를 써넣으세요.

①

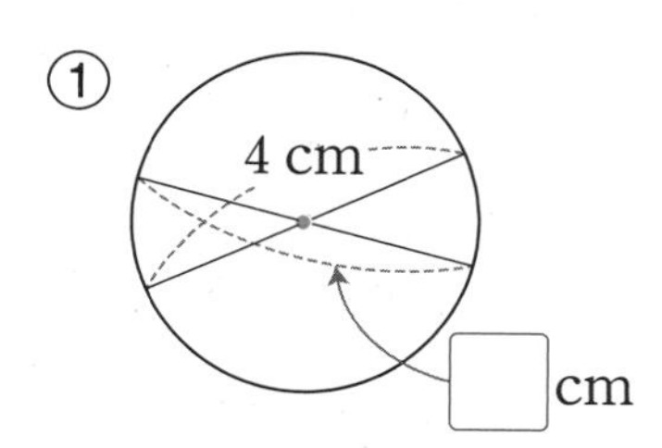

②

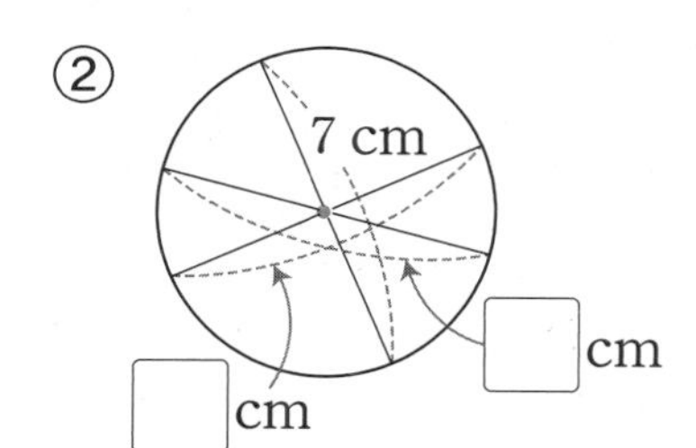

원 위의 두 점과 원의 중심을 지나는 선분은 모두 지름이에요.

4 □ 안에 알맞은 수를 써넣으세요.

①

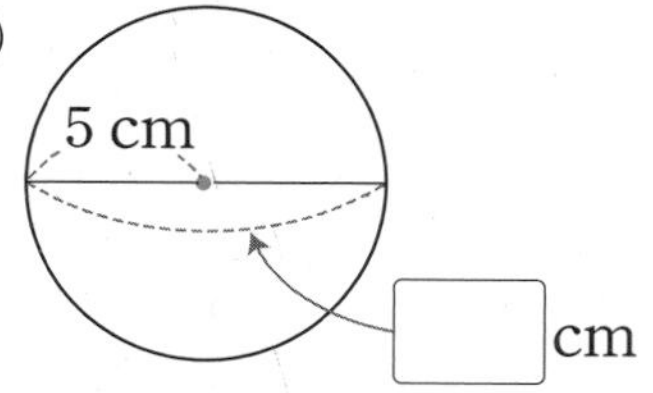

②

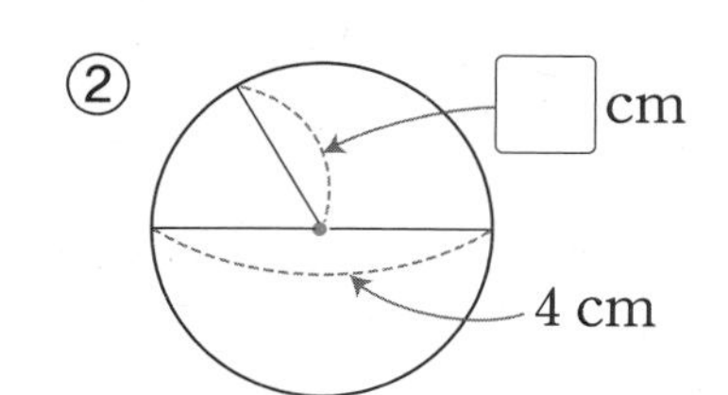

한 원에서 지름은 반지름의 2배예요.

컴퍼스를 이용하여 원 그리기, 원을 이용하여 여러 가지 모양 그려 보기

컴퍼스를 이용하여 주어진 원과 크기가 같은 원 그리기

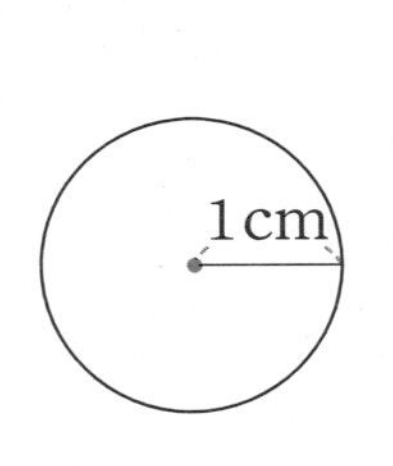

① 원의 중심이 되는 점 ㅇ을 정합니다.

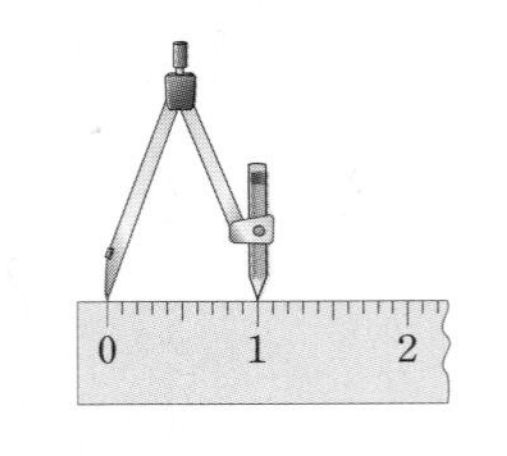

② 컴퍼스를 원의 반지름 만큼 벌립니다.

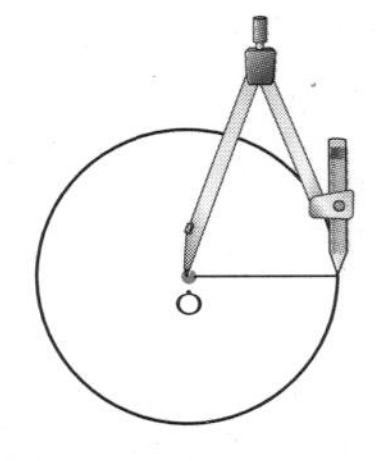

③ 컴퍼스의 침을 점 ㅇ에 꽂고 원을 그립니다.

원을 이용하여 여러 가지 모양 그려 보기

• 규칙에 따라 원 그리기

원의 중심이 같은 경우	원의 중심이 모두 다른 경우	
반지름이 일정하게 늘어납니다.	반지름이 모두 같습니다.	반지름이 일정하게 늘어납니다.

• 주어진 모양과 똑같이 그리기

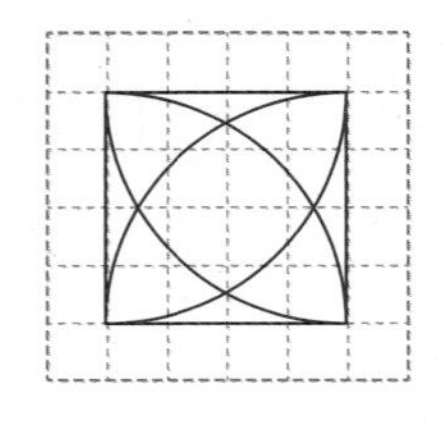

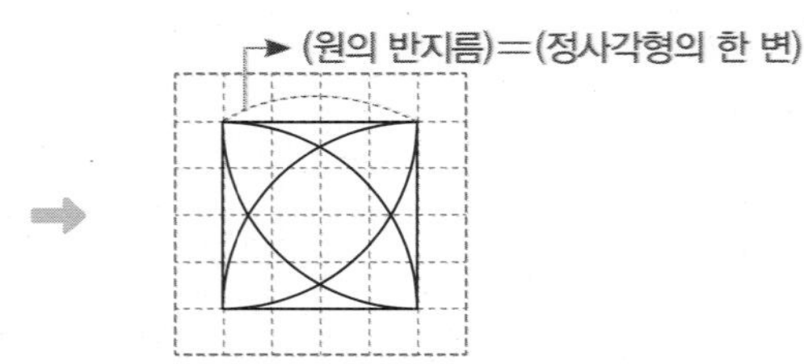

① 정사각형을 그립니다.

② 정사각형의 꼭짓점이 원의 중심이 되도록 원의 일부분을 4개 그립니다.

개념 자세히 보기

컴퍼스를 이용하는 방법을 알아보아요!

컴퍼스의 침 끝과 연필의 끝을 같게 맞춥니다.

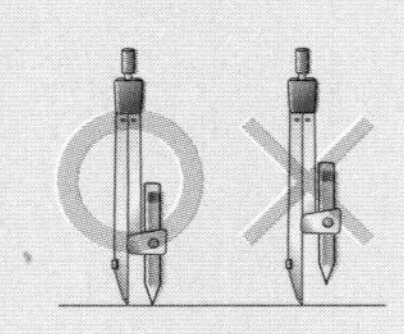

컴퍼스를 돌릴 때에는 컴퍼스의 침과 연필 끝 사이의 벌어진 정도가 달라지지 않도록 주의합니다.

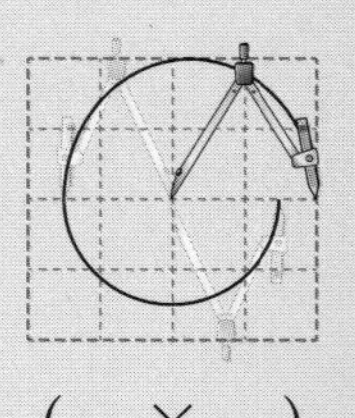

(×)

정답과 풀이 22쪽

1

컴퍼스를 이용하여 주어진 원과 크기가 같은 원을 그리려고 합니다. 물음에 답하세요.

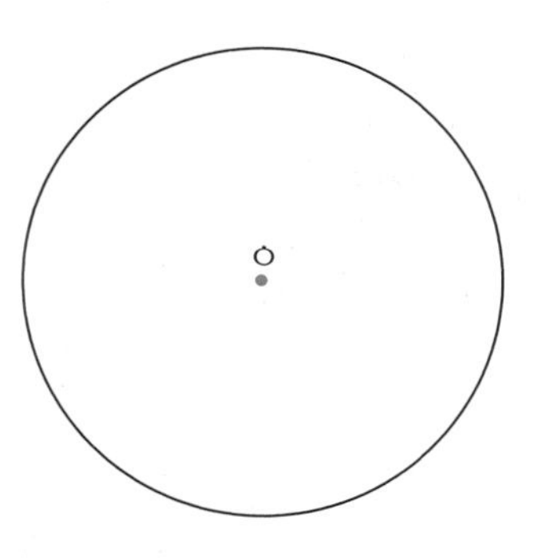

① 원의 반지름을 그어 보세요.

② 원의 반지름을 재어 보세요.

( )

③ 주어진 원을 그릴 수 있도록 컴퍼스를 바르게 벌린 것을 찾아 기호를 써 보세요.

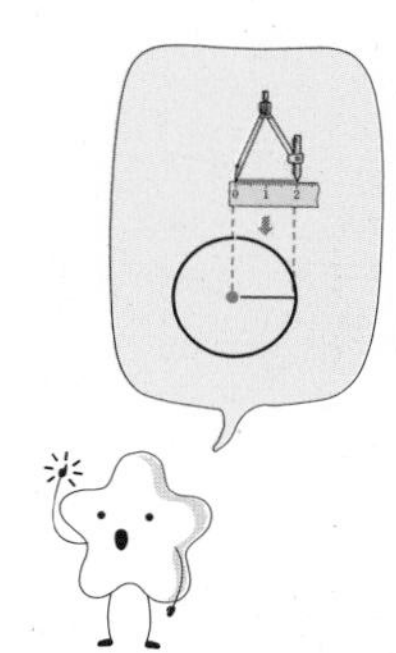

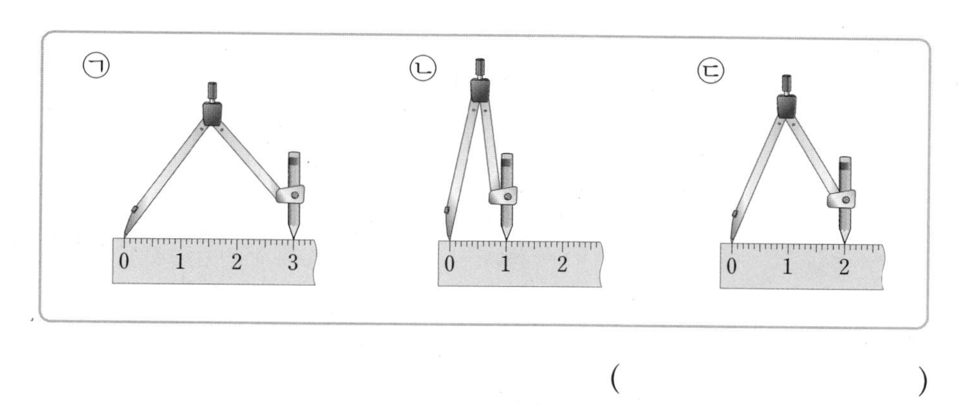

( )

2

원의 중심을 모두 같게 하여 그린 모양을 찾아 기호를 써 보세요.

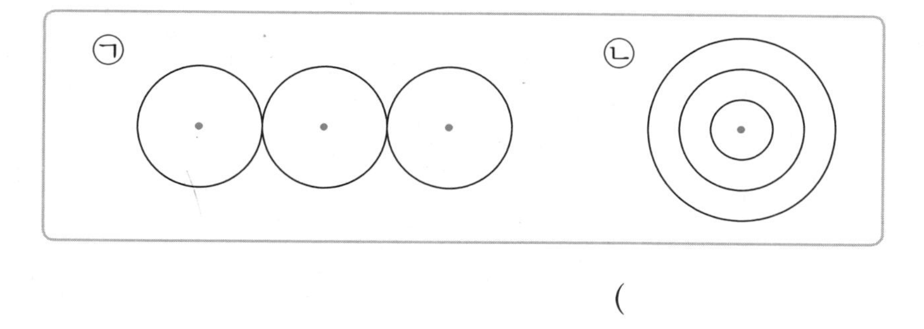

( )

3

원을 이용하여 다음과 같은 모양을 그리는 방법을 알아보려고 합니다. □ 안에 알맞은 수나 말을 써넣으세요.

정사각형의 꼭짓점을 원의 중심으로 하는 원을 이용하여 그린 것이에요.

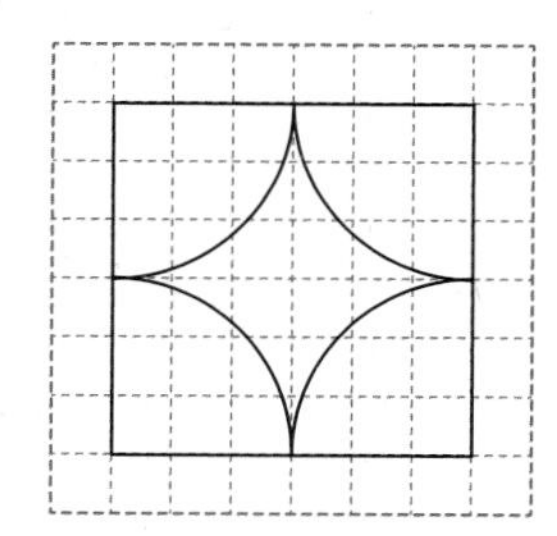

정사각형을 그리고 정사각형의 □을 원의 중심으로 하는 □개의 원을 이용하여 그립니다.

기본기 강화 문제

1 원의 중심 알아보기

• 원의 중심을 찾아 써 보세요.

1

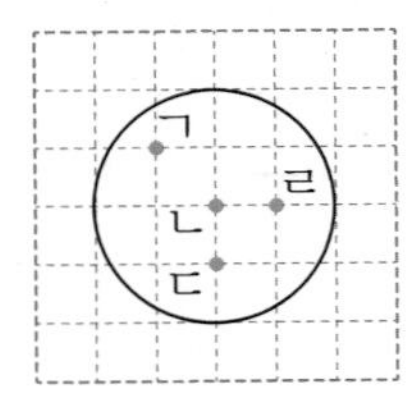

(　　　　　　　　　　)

2

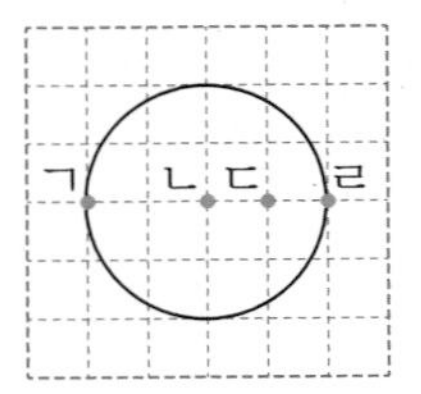

(　　　　　　　　　　)

3

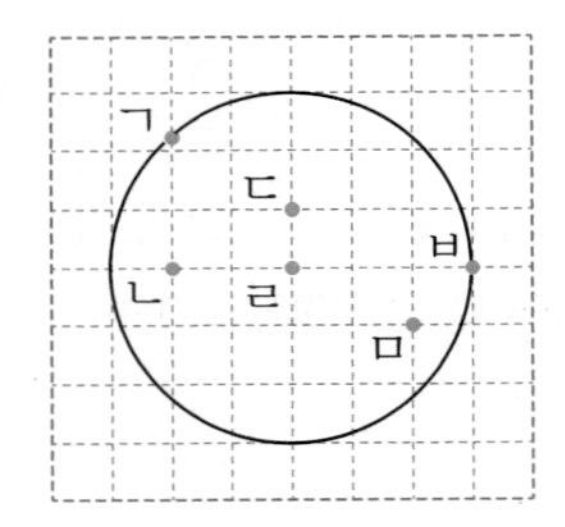

(　　　　　　　　　　)

4

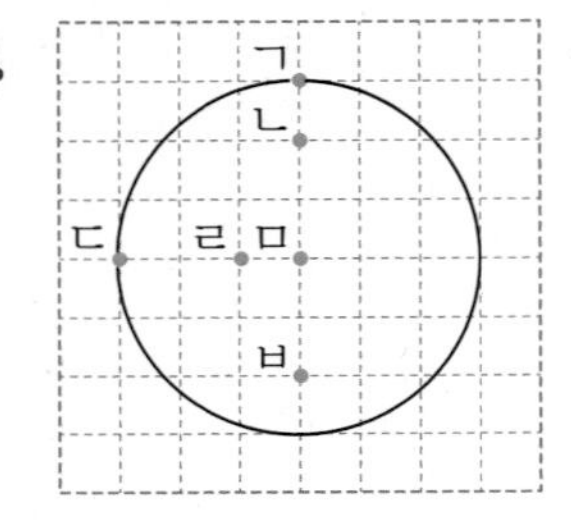

(　　　　　　　　　　)

2 원의 반지름을 나타내는 선분 찾아보기

• 원의 반지름을 나타내는 선분을 찾아 써 보세요.

1

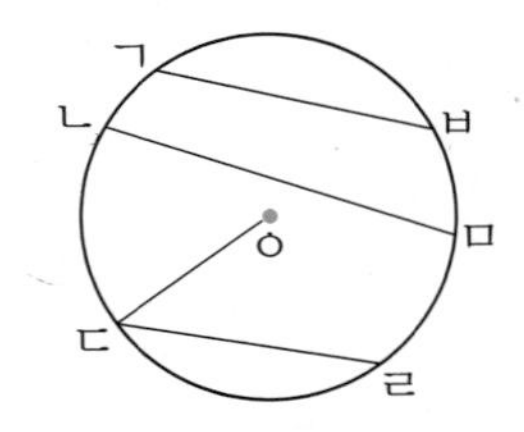

(　　　　　　　　　　)

2

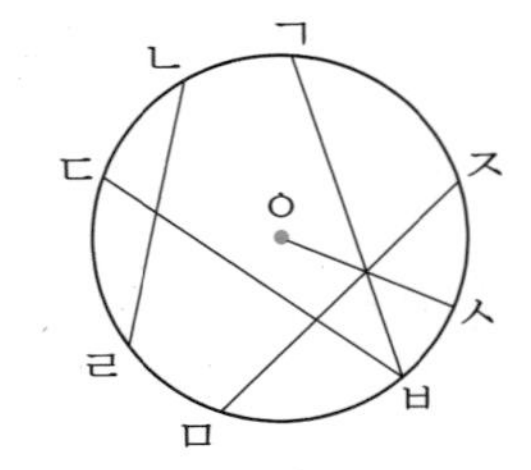

(　　　　　　　　　　)

3

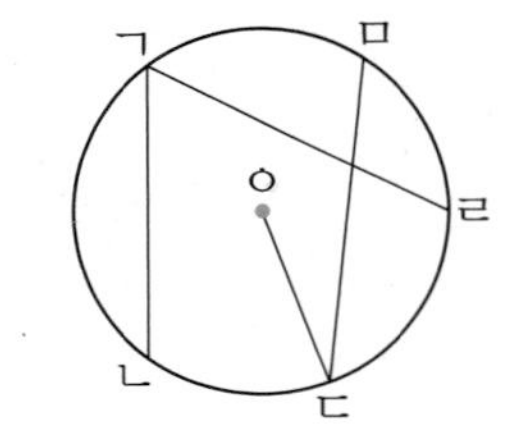

(　　　　　　　　　　)

4

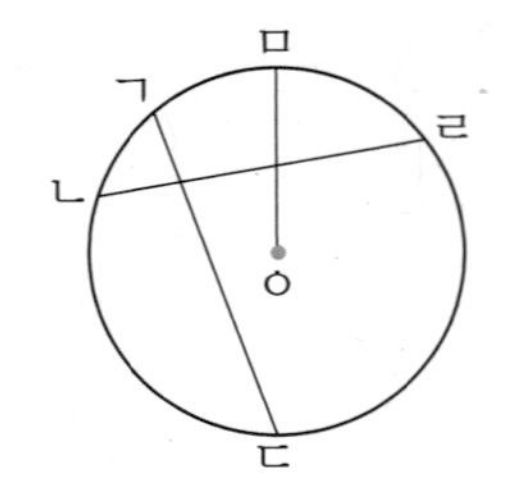

(　　　　　　　　　　)

3 원의 반지름을 긋고, 길이 재어 보기

- 원에 반지름을 3개씩 그어 보고, 원의 반지름을 재어 보세요.

1

(   )

2

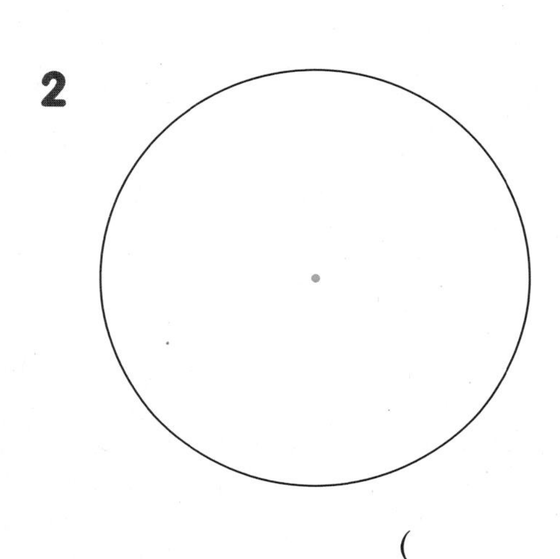

(   )

3

(   )

4

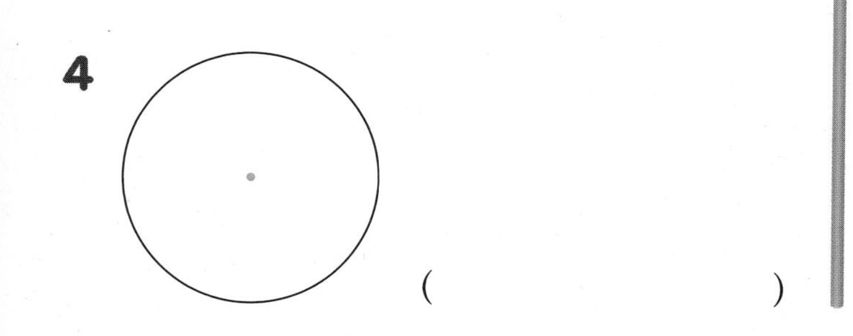

(   )

4 원의 지름을 나타내는 선분 찾아보기

- 원의 지름을 나타내는 선분을 찾아 써 보세요.

1

(   )

2

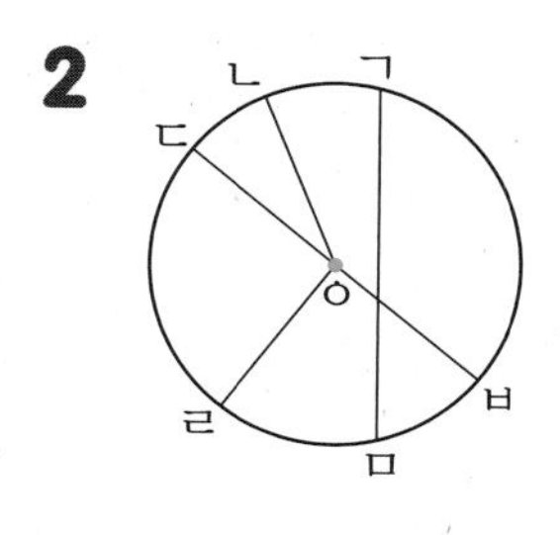

(   )

3

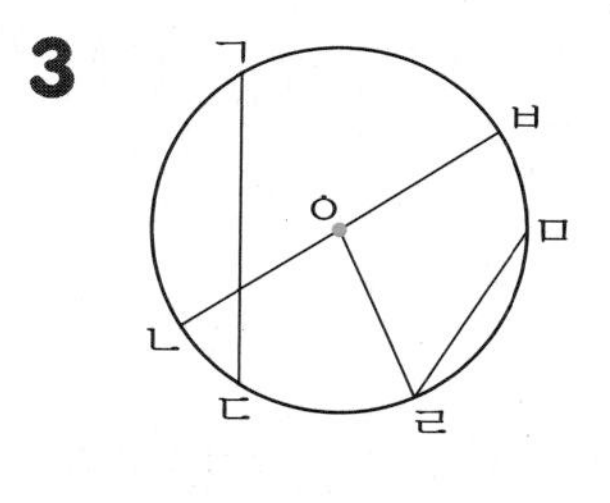

(   )

4

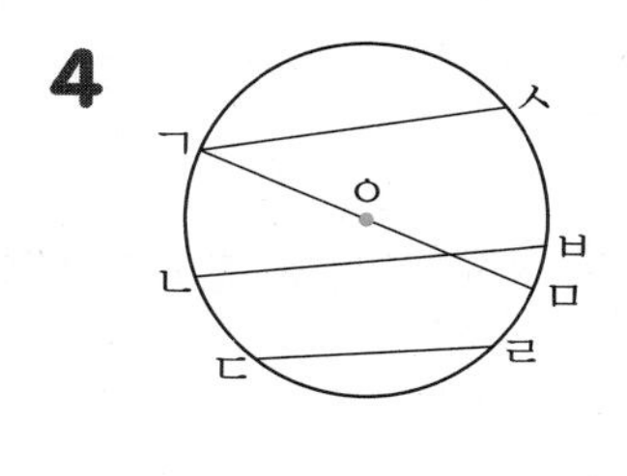

(   )

5 원의 반지름과 지름의 관계 알아보기

• □ 안에 알맞은 수를 써넣으세요.

1

3cm

원의 지름: □ cm

2

7cm

원의 지름: □ cm

3

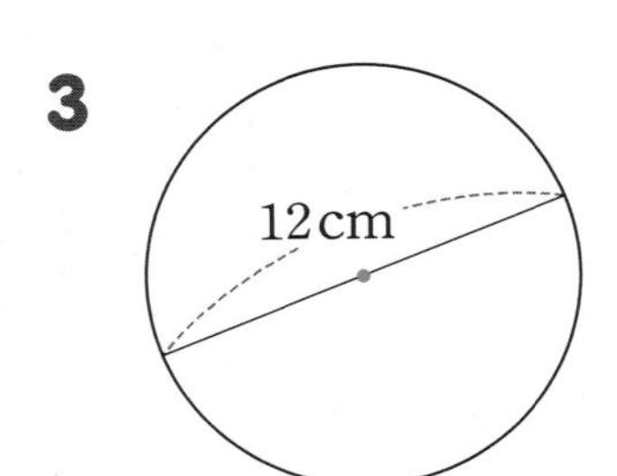

원의 반지름: □ cm

4

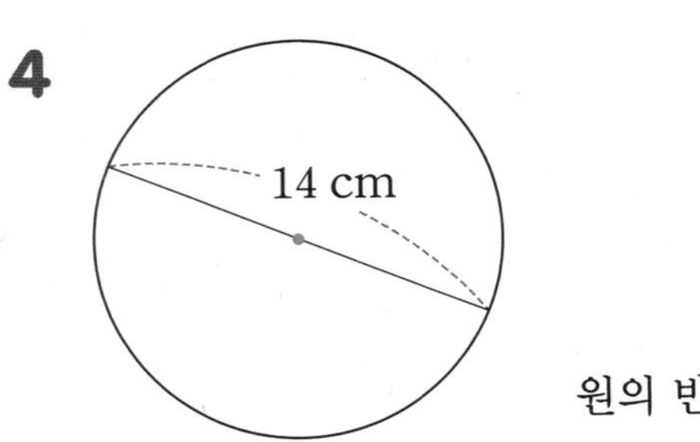

원의 반지름: □ cm

5

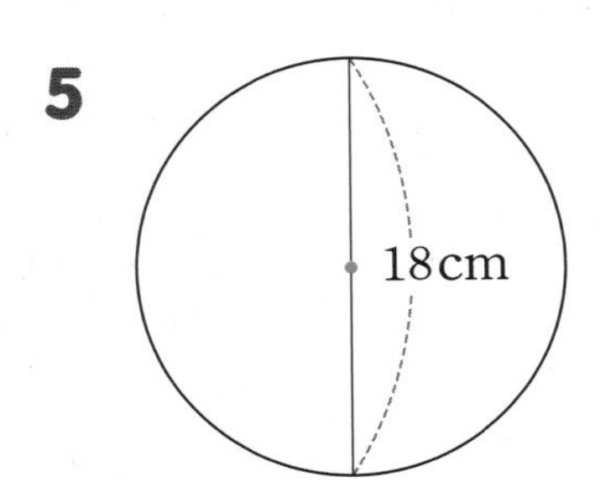

원의 반지름: □ cm

6 선분의 길이 구하기(1)

• 점 ㄱ, 점 ㄴ은 각각 원의 중심입니다. 주어진 선분의 길이를 구해 보세요.

1

8cm 6cm ㄱ ㄴ

선분 ㄱㄴ의 길이 (   )

2

2cm ㄷ ㄱ ㄴ ㄹ

선분 ㄷㄹ의 길이 (   )

3

ㄱ ㄴ 6cm ㄷ

선분 ㄱㄷ의 길이 (   )

4

20cm ㄱ ㄴ

선분 ㄱㄴ의 길이 (   )

➲ 정답과 풀이 22쪽

7 가장 큰 원 찾기

• 가장 큰 원을 찾아 기호를 써 보세요.

1

㉠ 지름이 5 cm인 원
㉡ 반지름이 3 cm인 원
㉢ 지름이 4 cm인 원

( )

2

㉠ 반지름이 2 cm인 원
㉡ 지름이 8 cm인 원
㉢ 반지름이 5 cm인 원

( )

3

㉠ 반지름이 9 cm인 원
㉡ 지름이 12 cm인 원
㉢ 반지름이 7 cm인 원

( )

4

㉠ 지름이 13 cm인 원
㉡ 지름이 11 cm인 원
㉢ 반지름이 6 cm인 원

( )

5

㉠ 지름이 15 cm인 원
㉡ 반지름이 18 cm인 원
㉢ 지름이 20 cm인 원

( )

8 컴퍼스를 벌려 그린 원의 반지름 또는 지름 구하기

• 컴퍼스를 그림만큼 벌려 그린 원의 반지름 또는 지름은 몇 cm인지 구해 보세요.

1

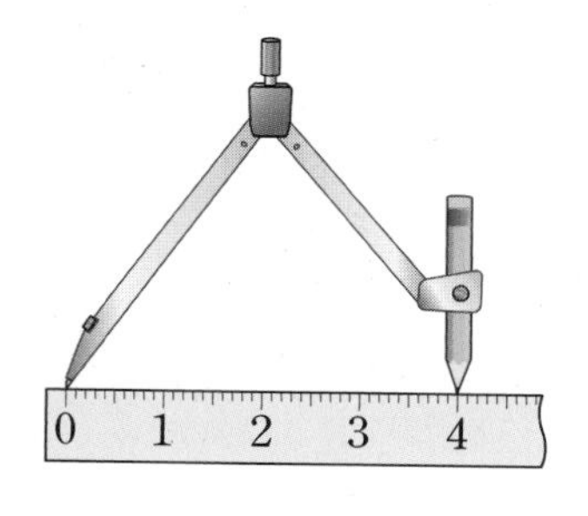

반지름 ( )

2

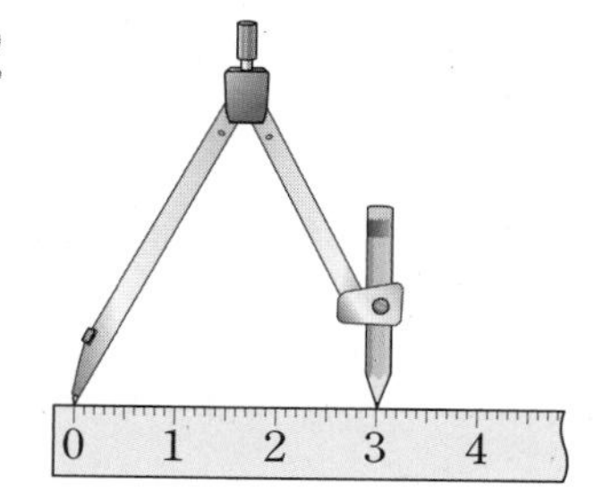

반지름 ( )

3

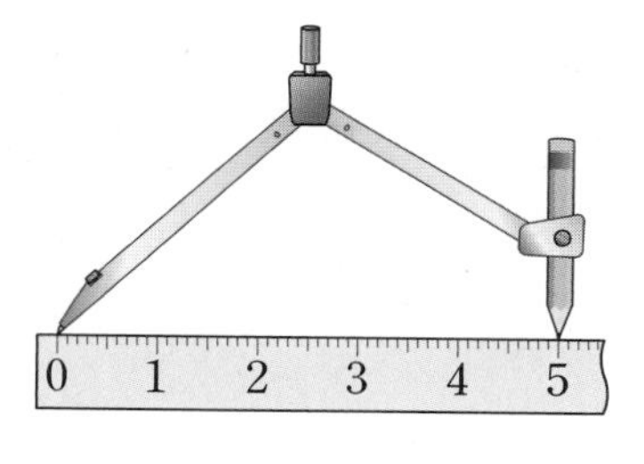

지름 ( )

4

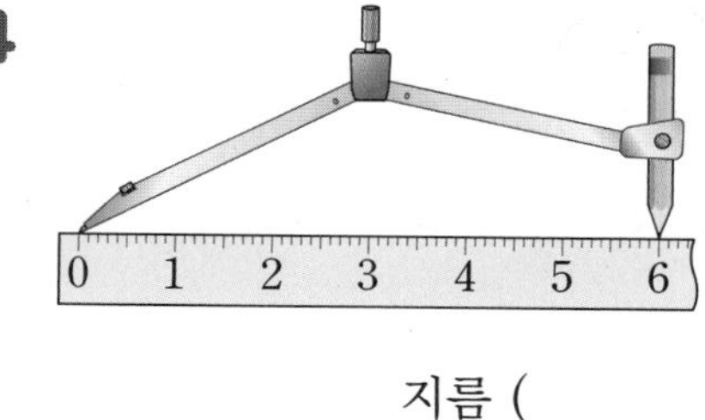

지름 ( )

9 반지름 또는 지름이 주어질 때 원 그리기

- 점 ㅇ을 중심으로 하여 반지름과 지름이 다음과 같은 원을 그려 보세요.

1 반지름: 1 cm

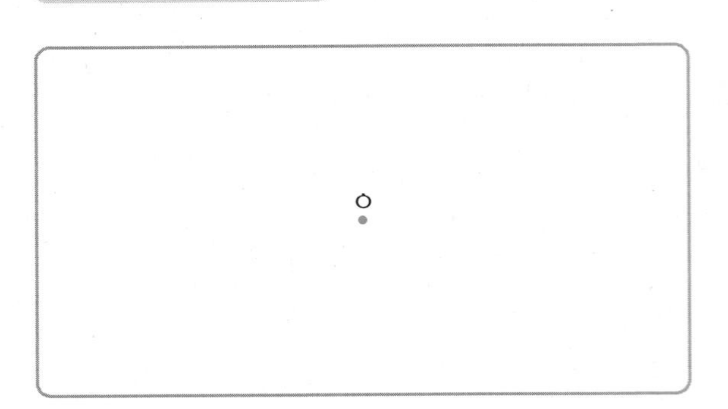

2 반지름: 1.5 cm

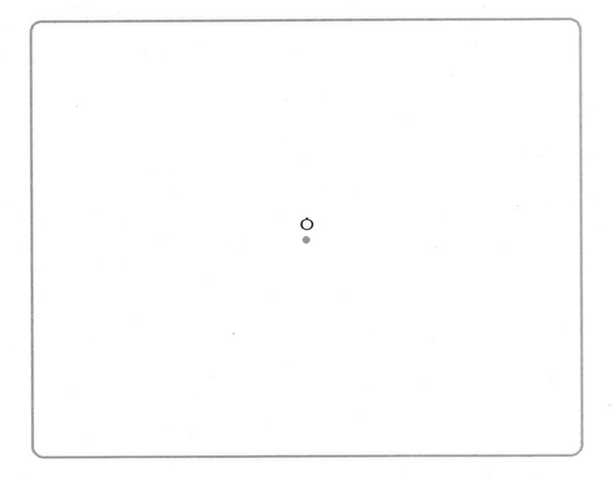

3 지름: 6 cm

10 주어진 모양에서 컴퍼스의 침을 꽂아야 할 곳 표시하기

- 주어진 모양을 그리기 위해 컴퍼스의 침을 꽂아야 할 곳을 모눈종이에 모두 표시해 보세요.

1

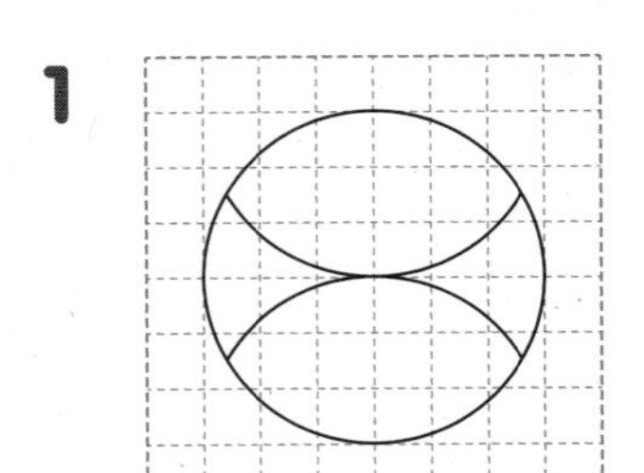

2

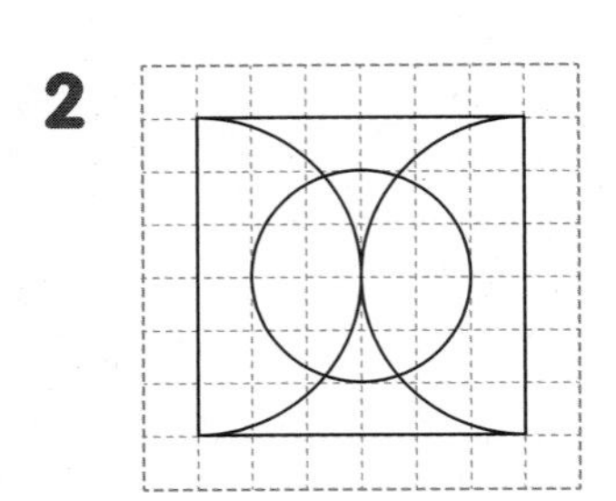

3

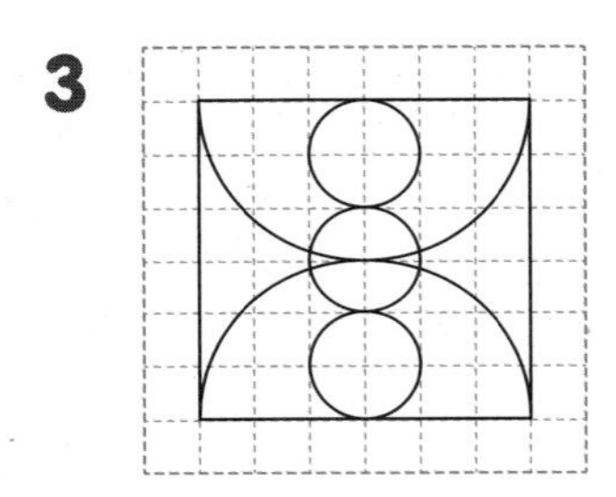

4

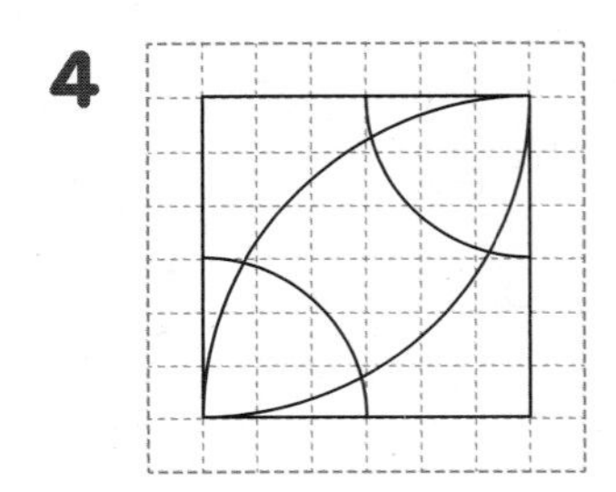

5

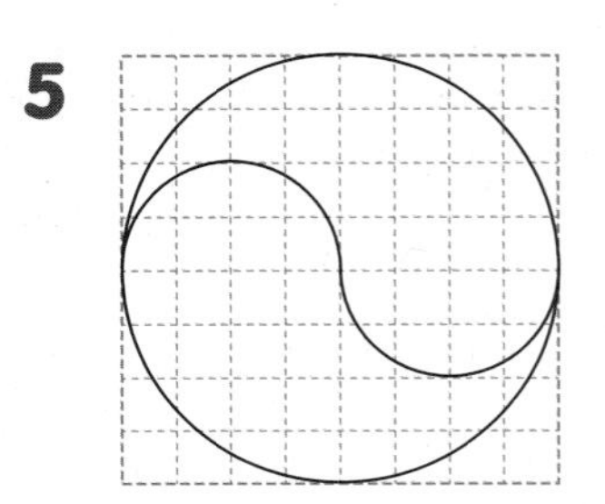

➔ 정답과 풀이 23쪽

11 주어진 모양과 똑같이 그려 보기

• **주어진 모양과 똑같이 완성해 보세요.**

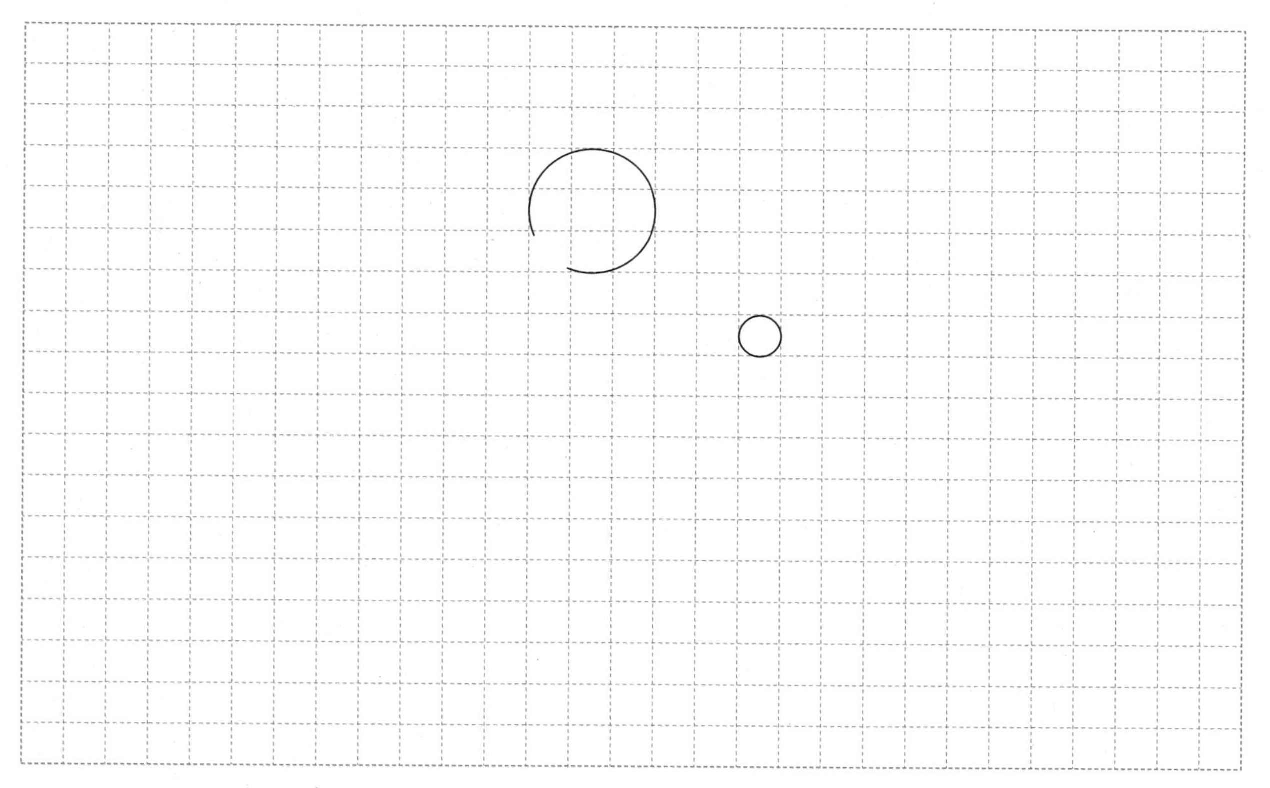

12 원을 이용하여 그린 모양을 보고 규칙 찾기

• 원을 이용하여 어떤 규칙으로 그린 모양인지 □ 안에 알맞은 수를 써넣고, 규칙에 따라 원을 1개 더 그려 보세요.

1

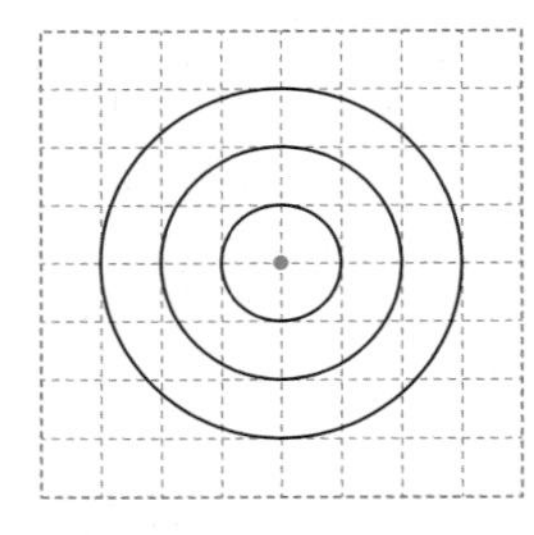

규칙 원의 중심은 같고, 원의 반지름은 1칸, 2칸, □칸……으로 □칸씩 늘어납니다.

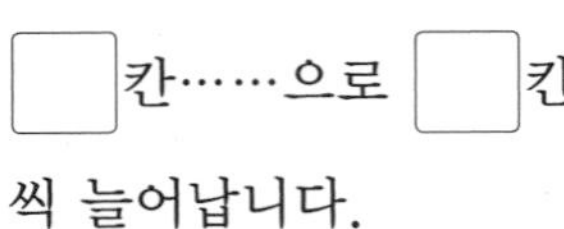

2

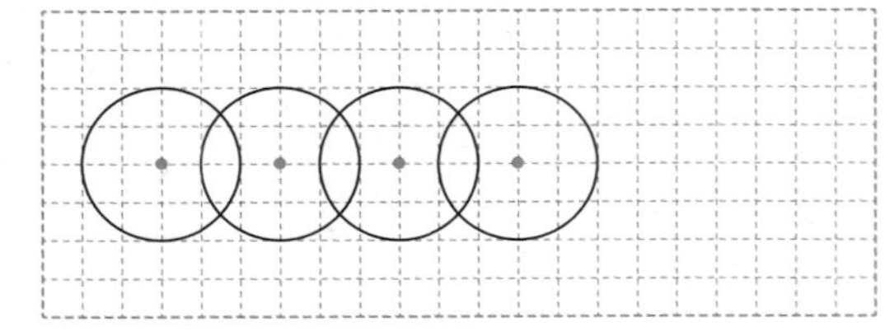

규칙 원의 중심은 오른쪽으로 □칸씩 이동하고, 원의 반지름은 □칸으로 모두 같습니다.

3

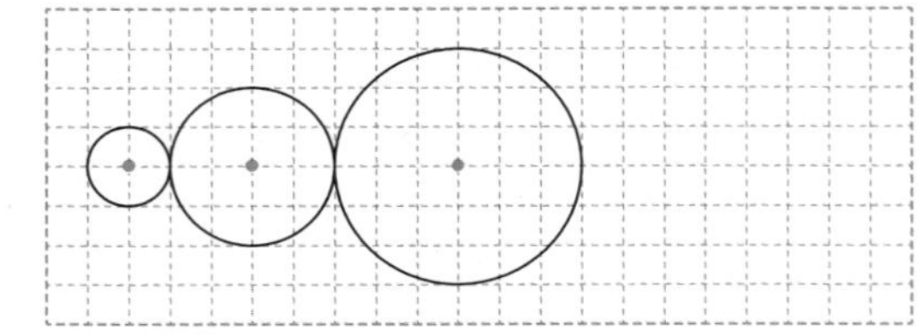

규칙 원의 중심은 오른쪽으로 3칸, □칸…… 이동하고, 원의 반지름은 1칸, 2칸, □칸……으로 □칸씩 늘어납니다.

4

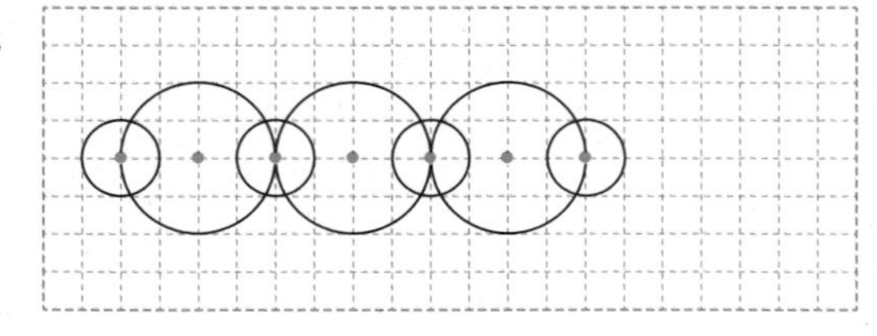

규칙 원의 중심은 오른쪽으로 □칸씩 이동하고, 원의 반지름은 1칸, □칸이 반복됩니다.

13 선분의 길이 구하기(2)

• 크기가 같은 원을 여러 개 이용하여 그린 것입니다. 다음 길이를 구해 보세요.

1

4 cm
ㄱ ㄴ

선분 ㄱㄴ의 길이 (　　　　　　)

2

6 cm
ㄱ ㄴ

선분 ㄱㄴ의 길이 (　　　　　　)

3

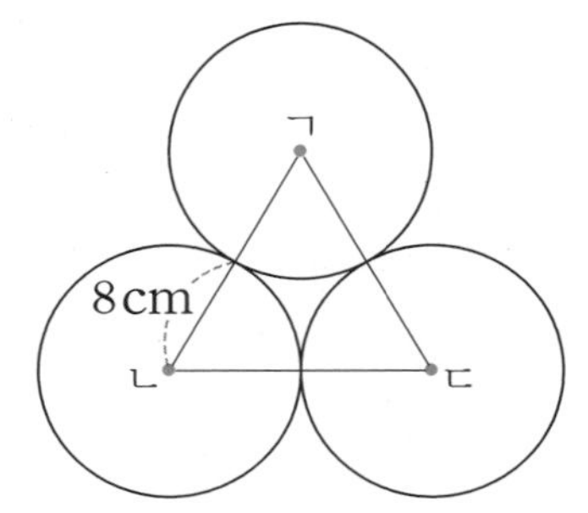

삼각형 ㄱㄴㄷ의 세 변의 길이의 합
(　　　　　　)

4

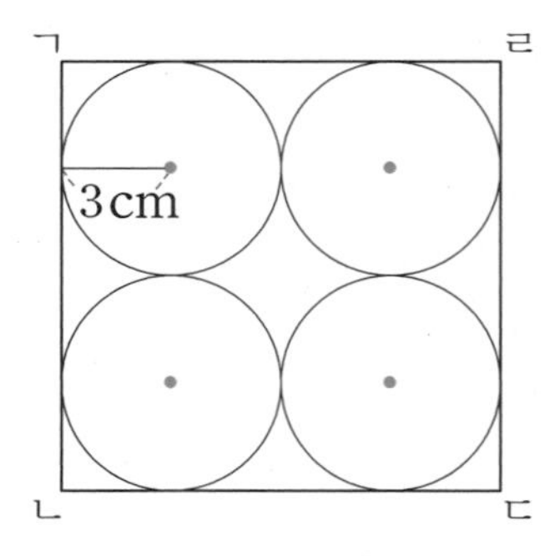

사각형 ㄱㄴㄷㄹ의 네 변의 길이의 합
(　　　　　　)

단원 평가

점수 | 확인

1 □ 안에 알맞은 말을 써넣으세요.

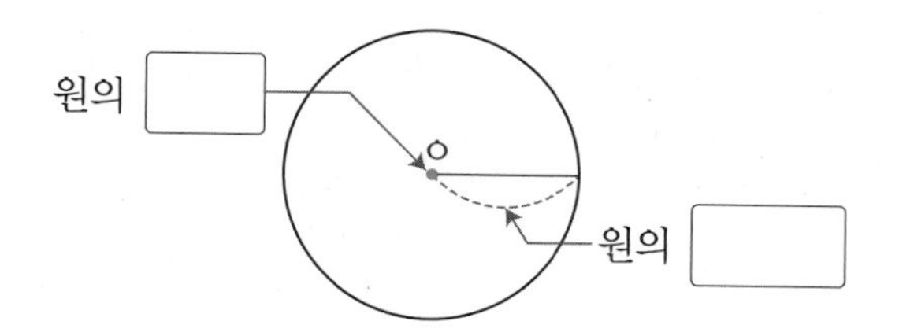

2 오른쪽 원의 중심은 어느 점 일까요? (　　　)

① 점 ㄱ　② 점 ㄴ
③ 점 ㄷ　④ 점 ㄹ
⑤ 점 ㅁ

3 원의 지름을 나타내는 선분을 찾아 써 보세요.

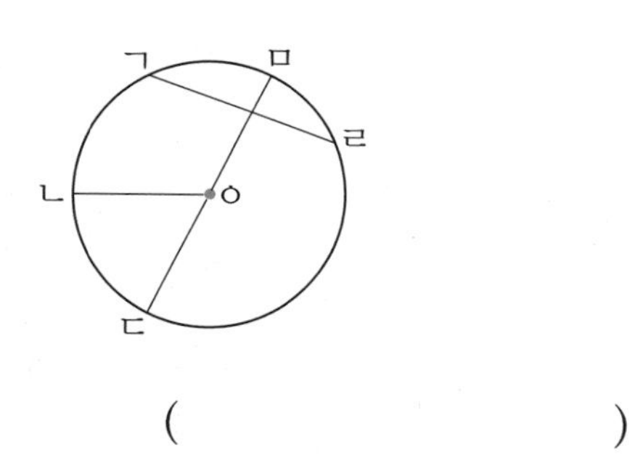

(　　　　　　　　　)

4 오른쪽 원의 지름은 몇 cm일까요?

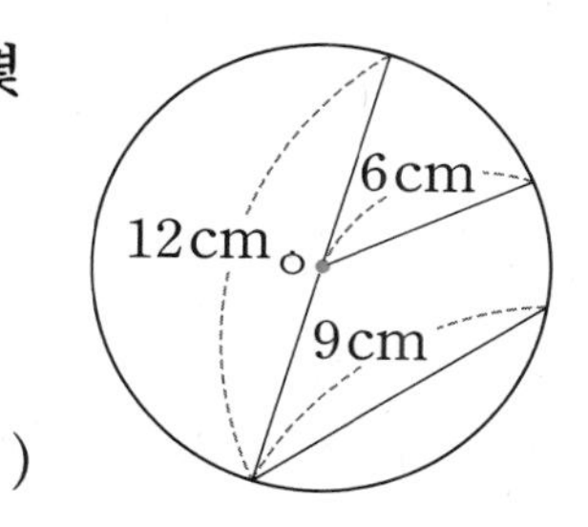

(　　　　　　　　　)

5 원의 반지름은 몇 cm일까요?

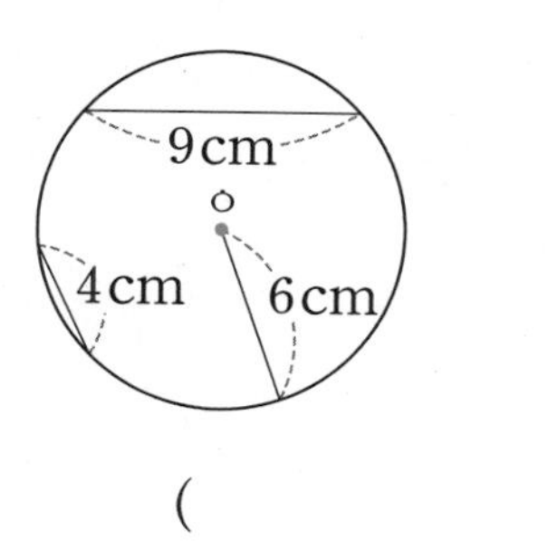

(　　　　　　　　　)

6 원에 반지름을 그어 보고, 원의 반지름을 재어 보세요.

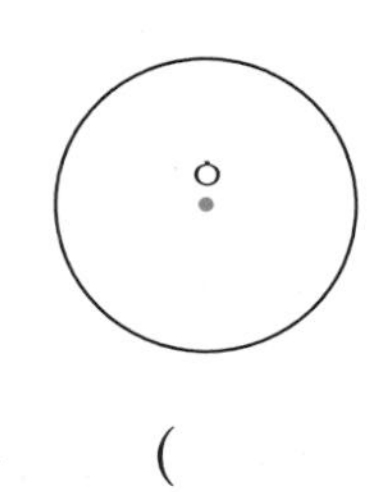

(　　　　　　　　　)

7 원의 지름은 몇 cm일까요?

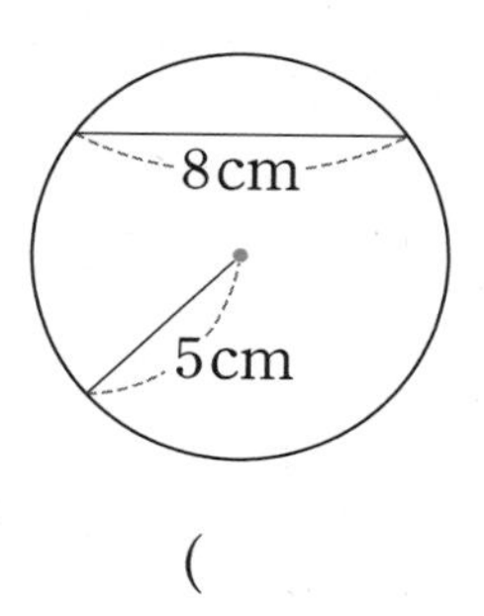

(　　　　　　　　　)

8 원의 지름과 반지름에 대한 설명으로 옳은 것을 찾아 기호를 써 보세요.

㉠ 한 원에서 반지름은 1개만 그을 수 있습니다.
㉡ 원의 지름은 항상 원의 중심을 지납니다.
㉢ 한 원에서 반지름은 지름의 2배입니다.

(　　　　　　　　　)

9 오른쪽 원을 그리기 위해서 컴퍼스를 정확하게 벌린 것에 ○표 하세요.

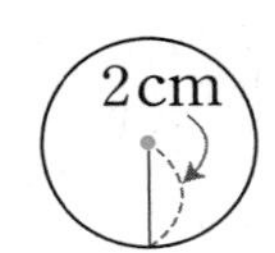

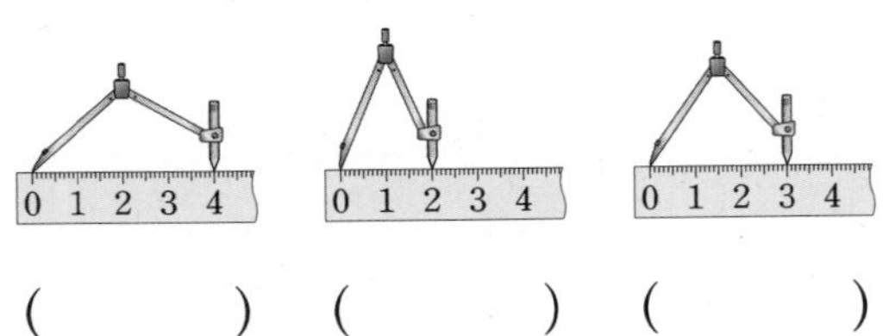

( ) ( ) ( )

10 그림과 같이 컴퍼스를 벌려 그린 원의 지름은 몇 cm입니까?

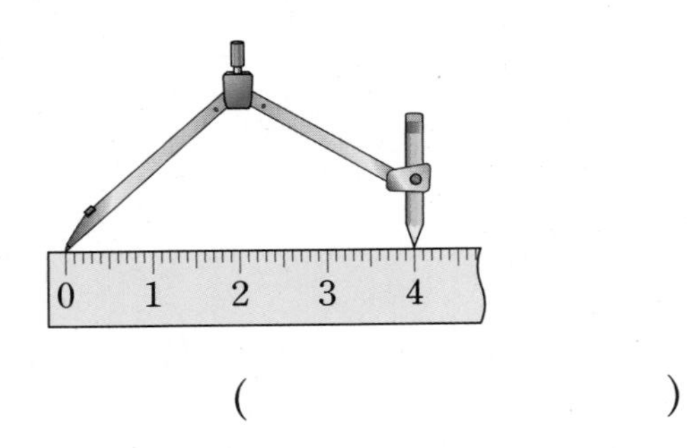

( )

11 컴퍼스를 이용하여 주어진 원과 크기가 같은 원을 그려 보세요.

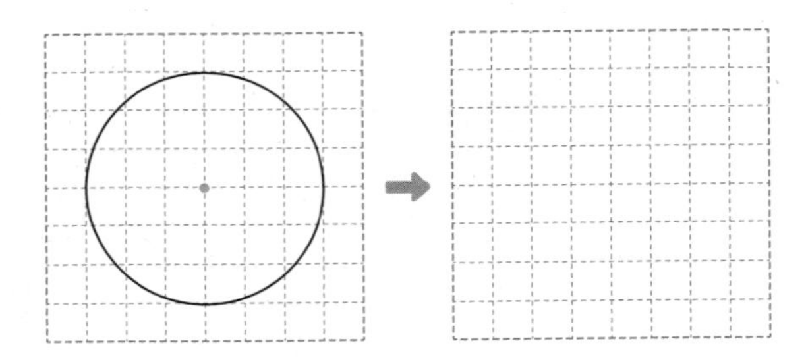

12 점 ㅇ을 원의 중심으로 하여 지름이 2 cm인 원을 그려 보세요.

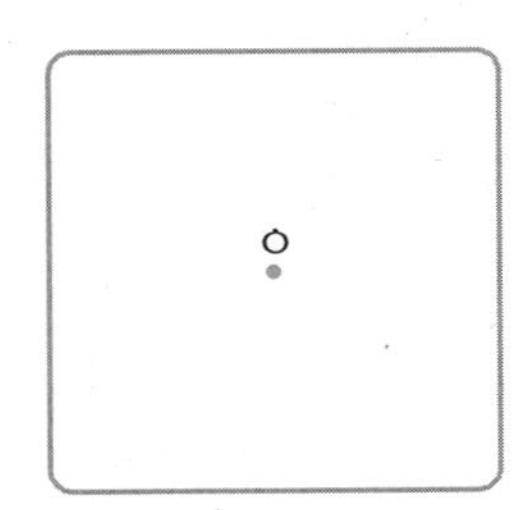

13 다음과 같은 모양을 그릴 때 컴퍼스의 침을 꽂아야 할 곳은 모두 몇 군데일까요?

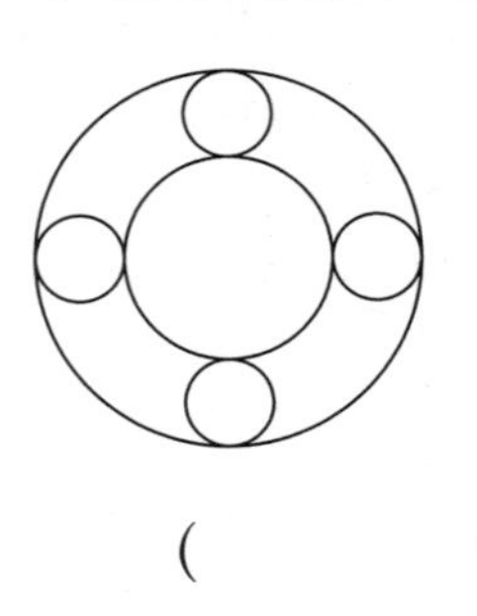

( )

[14~15] 그림을 보고 물음에 답하세요.

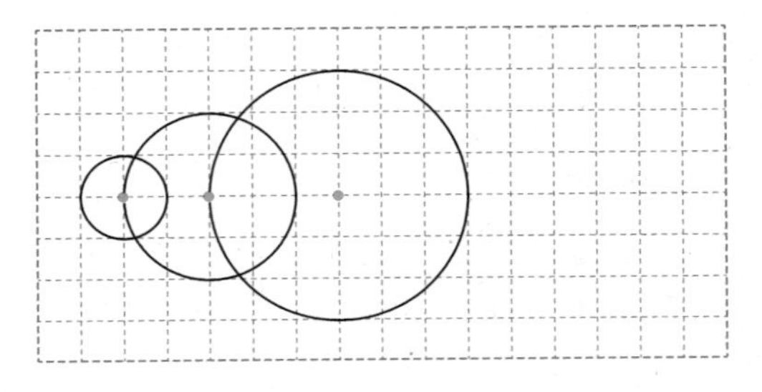

14 어떤 규칙이 있는지 □ 안에 알맞은 수를 써넣으세요.

원의 중심은 오른쪽으로 2칸, □칸…… 이동하고, 원의 반지름은 1칸, 2칸, □칸……으로 □칸씩 늘어납니다.

15 규칙에 따라 원을 1개 더 그려 보세요.

16 가장 큰 원을 찾아 기호를 써 보세요.

㉠ 지름이 16 cm인 원
㉡ 반지름이 5 cm인 원
㉢ 반지름이 9 cm인 원

(   )

17 주어진 모양과 똑같이 그려 보세요.

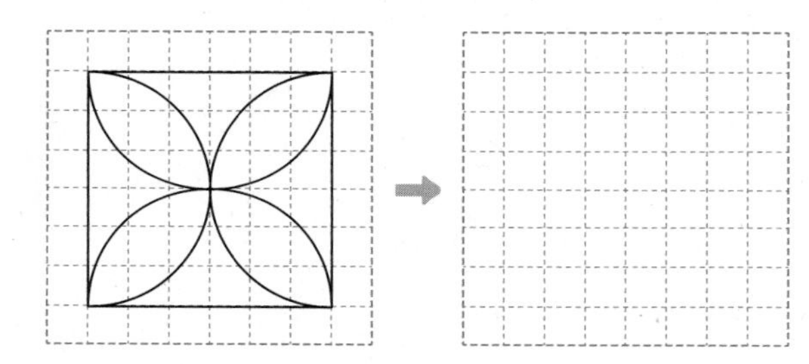

18 크기가 같은 원 4개를 서로 원의 중심을 지나도록 겹쳐서 그린 것입니다. 선분 ㄱㅂ의 길이는 몇 cm일까요?

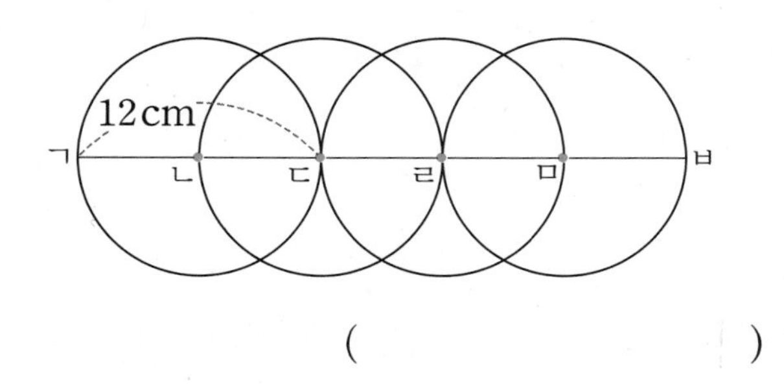

(   )

서술형 문제

정답과 풀이 25쪽

19 나 원의 지름은 몇 cm인지 보기 와 같이 풀이 과정을 쓰고 답을 구해 보세요.

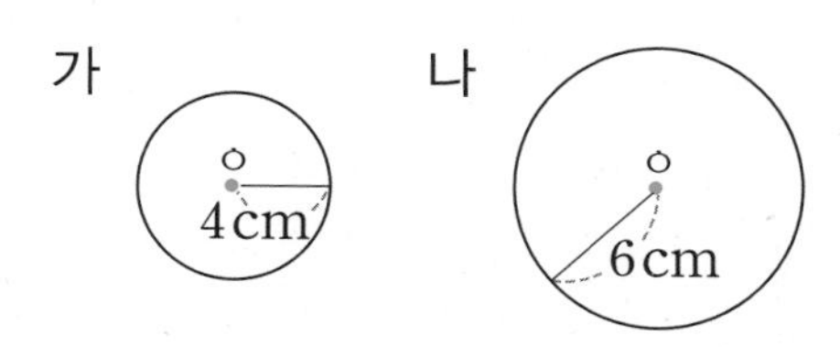

보기

가 원의 반지름은 4 cm이므로 지름은

4×2=8 (cm)입니다.

답 8 cm

나 원의 반지름은

답

20 점 ㄱ, 점 ㄴ, 점 ㄷ은 원의 중심입니다. 선분 ㄹㄷ의 길이는 몇 cm인지 보기 와 같이 풀이 과정을 쓰고 답을 구해 보세요.

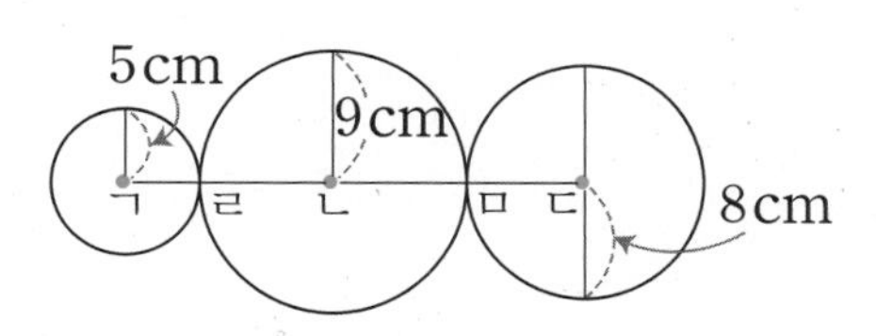

보기

(선분 ㄹㅁ)=9×2=18 (cm)

➡ (선분 ㄱㅁ)=5+18=23 (cm)

답 23 cm

(선분 ㄹㅁ)=

답

4 분수

꽃밭에 꽃이 24송이 피어 있어요. 위영이네 꽃밭은 노란색 꽃이 전체의 $\frac{1}{3}$이고,
은정이네 꽃밭은 빨간색 꽃이 전체의 $\frac{1}{2}$이에요. 꽃밭에 각각 꽃의 수에 알맞게 색칠해 보세요.

1 분수로 나타내기

● 똑같이 나누고 부분은 전체의 몇 분의 몇인지 알아보기

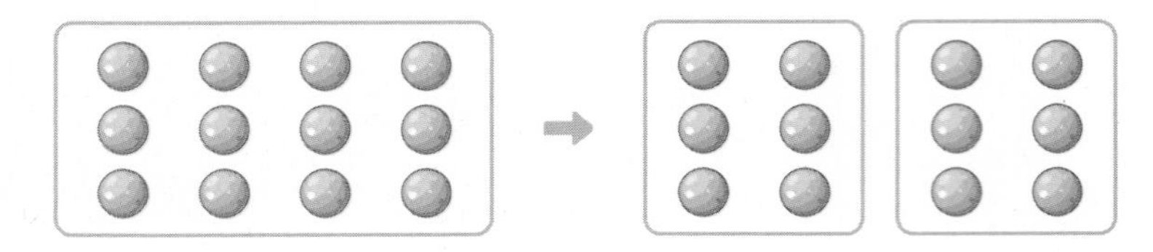

• 부분 은 전체 를 똑같이 2부분으로 나눈 것 중의 1입니다.

➡ 부분은 전체 2묶음 중에서 1묶음이므로 $\frac{1}{2}$입니다.

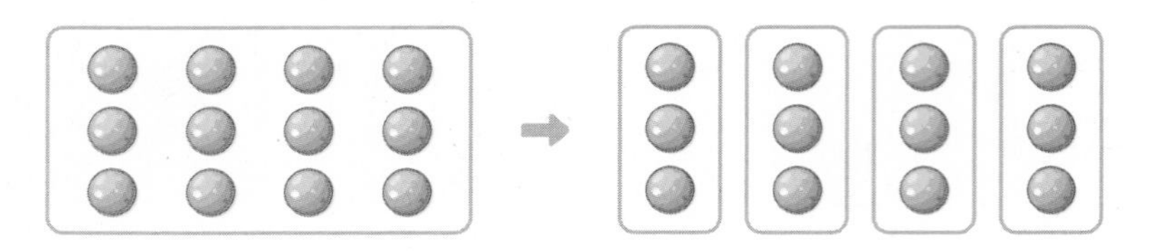

• 부분 은 전체 를 똑같이 4부분으로 나눈 것 중의 2입니다.

➡ 부분은 전체 4묶음 중에서 2묶음이므로 $\frac{2}{4}$입니다.

● 색칠한 부분은 전체의 몇 분의 몇인지 알아보기

• 색칠한 부분은 전체 6묶음 중에서 2묶음이므로 전체의 $\frac{2}{6}$입니다.

• 색칠한 부분은 전체 3묶음 중에서 1묶음이므로 전체의 $\frac{1}{3}$입니다.

개념 자세히 보기

• 같은 개수라도 똑같이 묶는 수에 따라 분수가 달라져요!

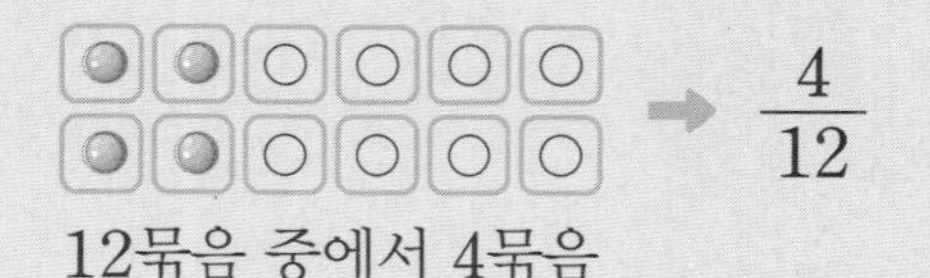

➡ $\frac{4}{12}$

12묶음 중에서 4묶음

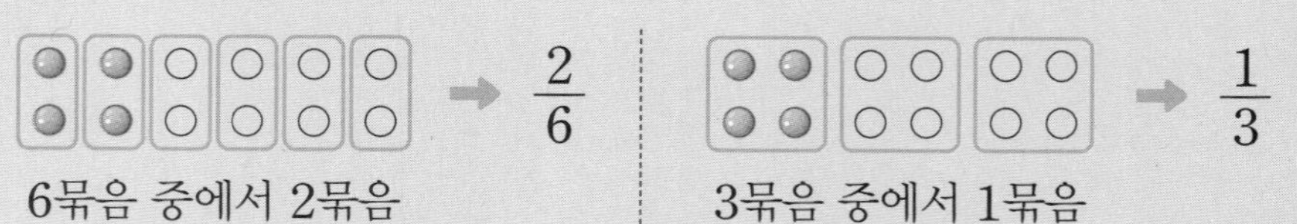

➡ $\frac{2}{6}$

6묶음 중에서 2묶음

➡ $\frac{1}{3}$

3묶음 중에서 1묶음

➲ 정답과 풀이 26쪽

1 **그림을 보고 □ 안에 알맞은 수를 써넣으세요.**

부분은 전체를 똑같이 4부분으로 나눈 것 중의 □입니다.

> **3학년 1학기 때 배웠어요**
> **분수 알아보기**
> • 전체를 똑같이 3으로 나눈 것 중의 1을 $\frac{1}{3}$이라 쓰고 3분의 1이라고 읽습니다.
> • $\frac{1}{2}$, $\frac{1}{3}$, $\frac{2}{4}$와 같은 수를 분수라고 합니다.

2 **색칠한 부분은 전체의 몇 분의 몇인지 □ 안에 알맞은 수를 써넣으세요.**

① 색칠한 부분은 전체 9묶음 중에서 6묶음이므로 전체의 $\frac{\square}{\square}$입니다.

② 색칠한 부분은 전체 3묶음 중에서 2묶음이므로 전체의 $\frac{\square}{\square}$입니다.

3 **□ 안에 알맞은 수를 써넣으세요.**

① 24를 3씩 묶으면 □묶음이 됩니다.

② 3은 24의 $\frac{\square}{\square}$입니다.

③ 9는 24의 $\frac{\square}{\square}$입니다.

3과 9는 각각 8묶음 중에서 몇 묶음인지 알아보아요.

분수만큼은 얼마인지 알아보기

개수로 알아보기

구슬 8개를 4묶음으로 똑같이 나누면 한 묶음은 2개입니다.

$\frac{1}{4}$ → 8의 $\frac{1}{4}$은 2입니다.

$\frac{2}{4}$ → 8의 $\frac{2}{4}$는 4입니다.

$\frac{3}{4}$ → 8의 $\frac{3}{4}$은 6입니다.

길이로 알아보기

10 m를 5부분으로 똑같이 나누면 한 부분은 2 m입니다.

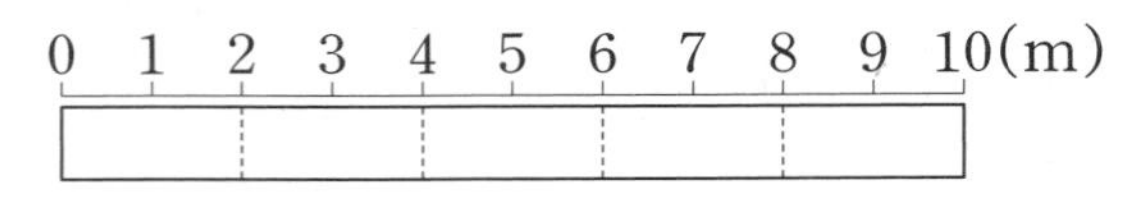

$\frac{1}{5}$ 0 1 2 3 4 5 6 7 8 9 10(m) → 10 m의 $\frac{1}{5}$은 2 m입니다.

$\frac{2}{5}$ 0 1 2 3 4 5 6 7 8 9 10(m) → 10 m의 $\frac{2}{5}$는 4 m입니다.

$\frac{3}{5}$ 0 1 2 3 4 5 6 7 8 9 10(m) → 10 m의 $\frac{3}{5}$은 6 m입니다.

$\frac{4}{5}$ 0 1 2 3 4 5 6 7 8 9 10(m) → 10 m의 $\frac{4}{5}$는 8 m입니다.

개념 자세히 보기

- 10의 $\frac{▲}{5}$만큼을 알아보아요!

$\frac{1}{5}$ 10의 $\frac{1}{5}$ → 2

↓ 3배 ↓ 3배

$\frac{3}{5}$ 10의 $\frac{3}{5}$ → 6

➜ 정답과 풀이 26쪽

3학년 1학기 때 배웠어요

전체를 똑같이 ■로 나눈 것 중의 ▲를 $\frac{▲}{■}$라고 합니다.

➜ $\frac{▲}{■}$는 $\frac{1}{■}$이 ▲개입니다.

1

사탕 12개를 4묶음으로 똑같이 나눈 것입니다. □ 안에 알맞은 수를 써넣으세요.

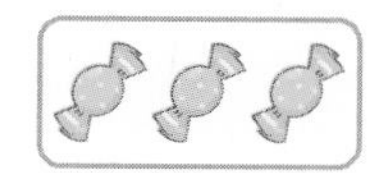
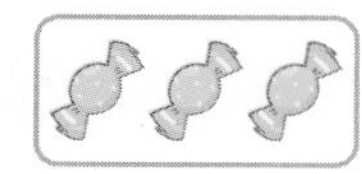
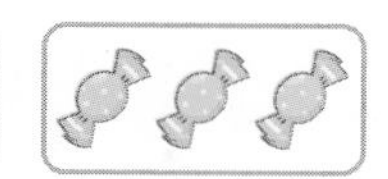
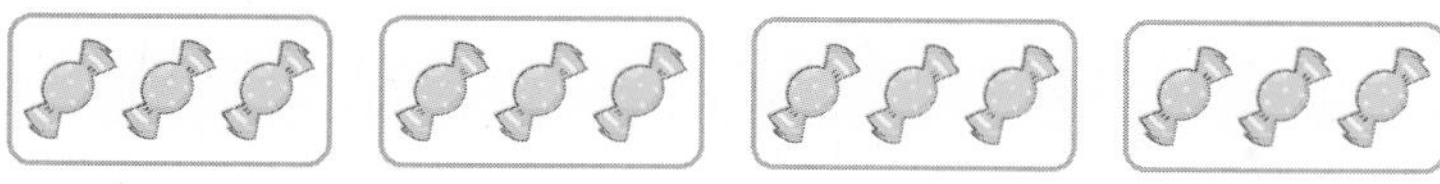

① 사탕 12개를 4묶음으로 똑같이 나누면 1묶음은 □개입니다.

➜ 12의 $\frac{1}{4}$은 □입니다.

② 사탕 12개를 4묶음으로 똑같이 나누면 3묶음은 □개입니다.

➜ 12의 $\frac{3}{4}$은 □입니다.

2

막대 사탕 6개를 3묶음으로 똑같이 묶고 □ 안에 알맞은 수를 써넣으세요.

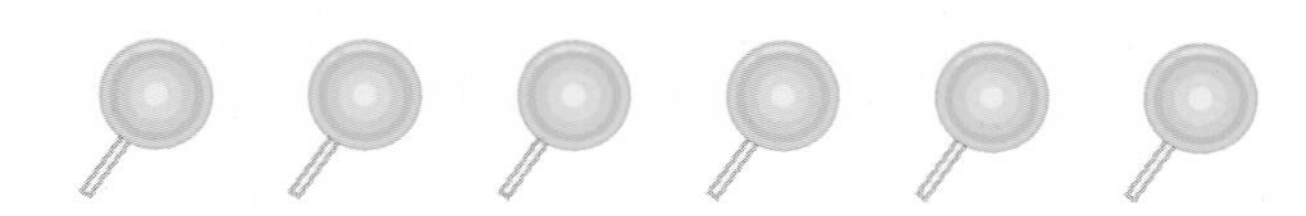

① 6의 $\frac{1}{3}$ ➜ 6을 3묶음으로 똑같이 나눈 것 중의 1묶음 ➜ □

↓×2 ↓×2

② 6의 $\frac{2}{3}$ ➜ 6을 3묶음으로 똑같이 나눈 것 중의 2묶음 ➜ □

3

그림을 보고 □ 안에 알맞은 수를 써넣으세요.

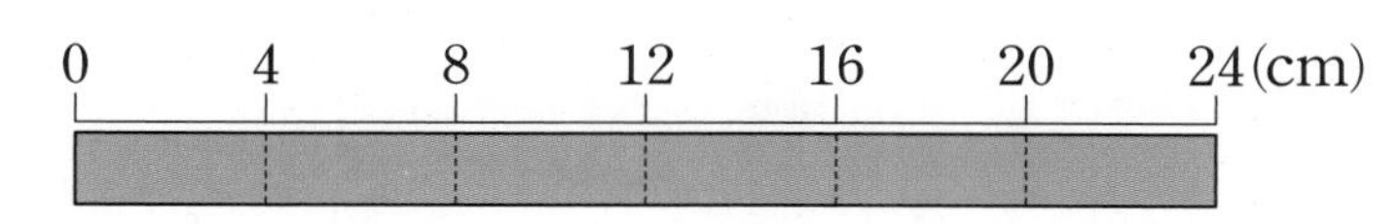

① 24 cm의 $\frac{1}{6}$은 □ cm입니다.

② 24 cm의 $\frac{4}{6}$는 □ cm입니다.

③ 24 cm의 $\frac{5}{6}$는 □ cm입니다.

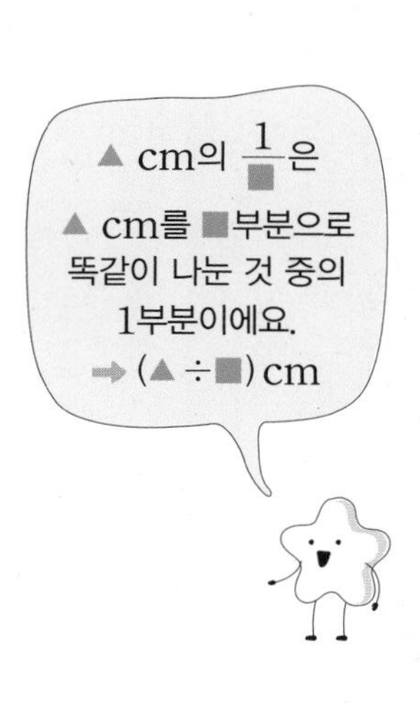

여러 가지 분수 알아보기

진분수, 가분수, 자연수 알아보기

- **진분수**: 분자가 분모보다 작은 분수 예 $\frac{1}{5}$, $\frac{2}{5}$, $\frac{3}{5}$, $\frac{4}{5}$
- **가분수**: 분자가 분모와 같거나 분모보다 큰 분수 예 $\frac{5}{5}$, $\frac{6}{5}$
- **자연수**: 1, 2, 3과 같은 수

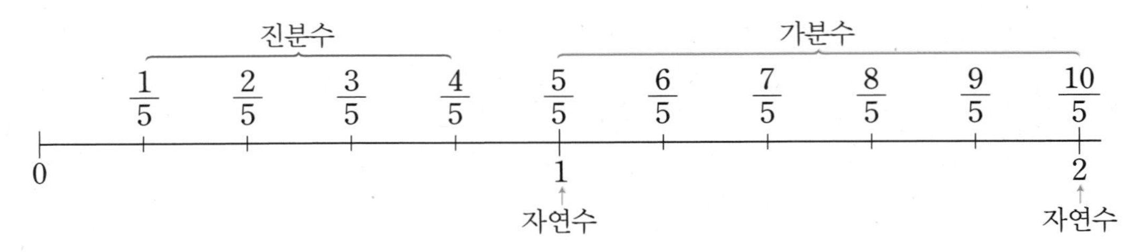

대분수 알아보기

- **대분수**: 자연수와 진분수로 이루어진 분수

예
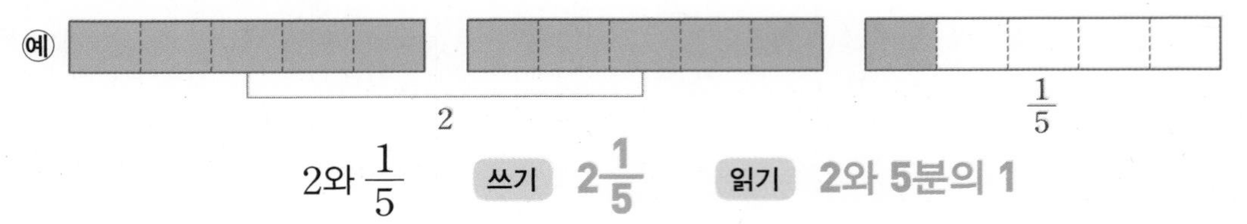

2와 $\frac{1}{5}$ 쓰기 $2\frac{1}{5}$ 읽기 2와 5분의 1

대분수를 가분수로, 가분수를 대분수로 나타내기

- 대분수를 가분수로 나타내기

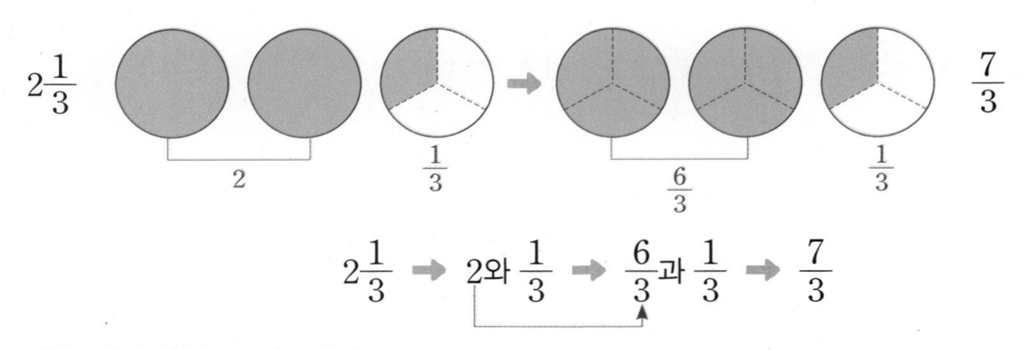

$2\frac{1}{3}$ ➡ 2와 $\frac{1}{3}$ ➡ $\frac{6}{3}$과 $\frac{1}{3}$ ➡ $\frac{7}{3}$

- 가분수를 대분수로 나타내기

$\frac{9}{4}$ ➡ $2\frac{1}{4}$

$\frac{8}{4}$ $\frac{1}{4}$ 2 $\frac{1}{4}$

$\frac{9}{4}$ ➡ $\frac{8}{4}$과 $\frac{1}{4}$ ➡ 2와 $\frac{1}{4}$ ➡ $2\frac{1}{4}$

1 그림을 보고 □ 안에 알맞은 수를 써넣으세요.

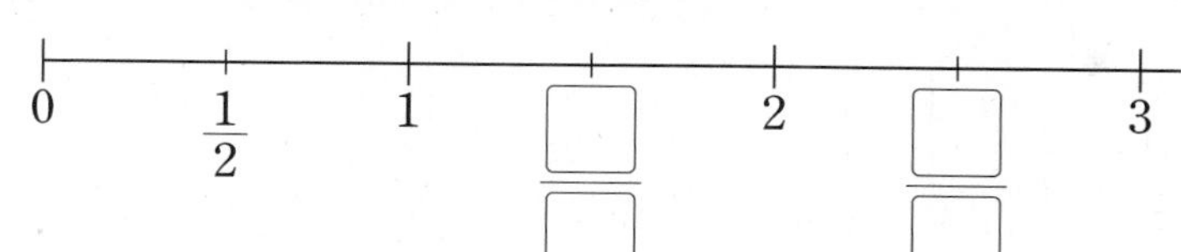

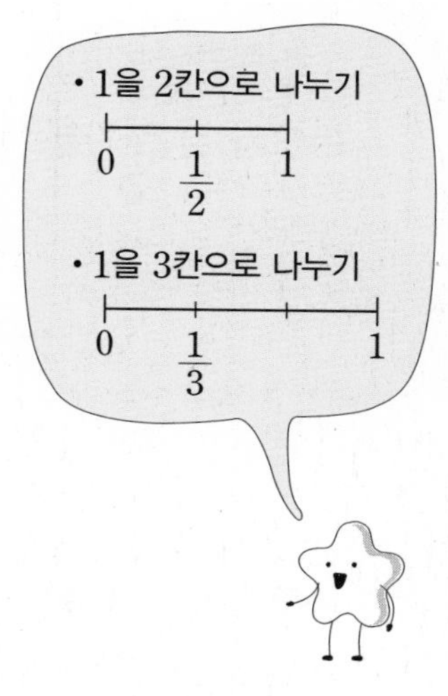

2 □ 안에 알맞은 말을 보기 에서 골라 써넣으세요.

보기

진분수　　가분수　　대분수　　자연수

① $\frac{1}{5}$, $\frac{3}{5}$은 분자가 분모보다 작으므로 □입니다.

② $\frac{3}{3}$, $\frac{4}{3}$는 분자가 분모와 같거나 분모보다 크므로 □입니다.

③ 1, 2, 3과 같은 수를 □라고 합니다.

3 보기 를 보고 오른쪽 그림을 대분수로 나타내어 보세요.

4 대분수를 가분수로, 가분수를 대분수로 나타내려고 합니다. 그림을 보고 □ 안에 알맞은 수를 써넣으세요.

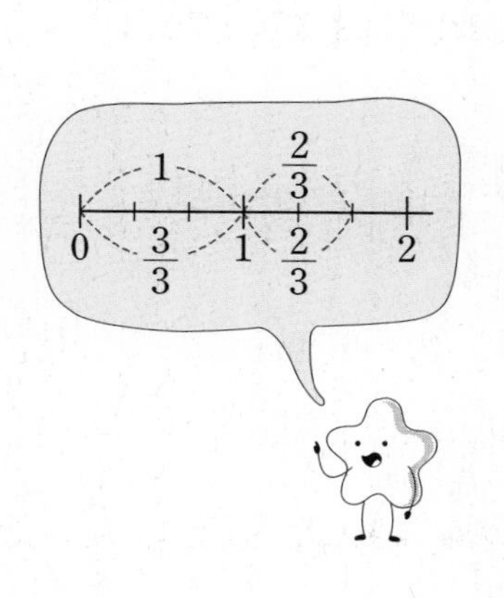

① $1\frac{2}{3}$

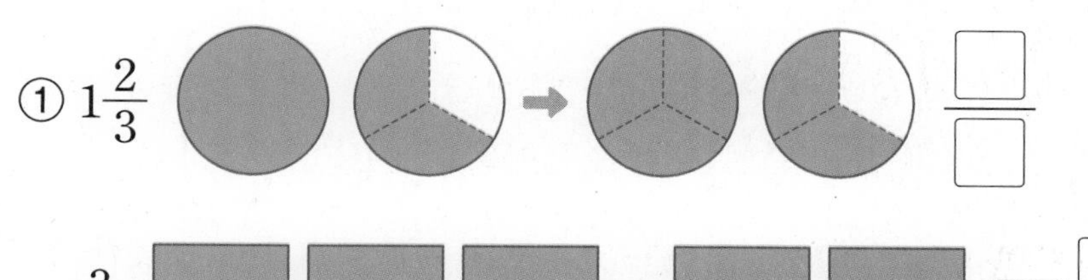

② $\frac{3}{2}$

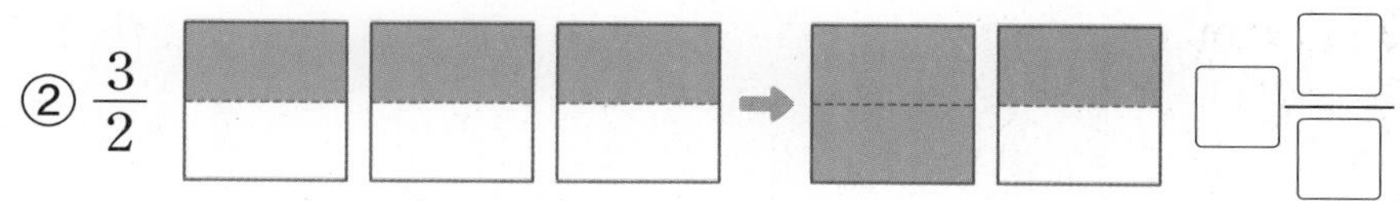

4 분모가 같은 분수의 크기 비교

분모가 같은 가분수의 크기 비교하기

분모가 같은 가분수는 **분자**가 클수록 큰 분수입니다.

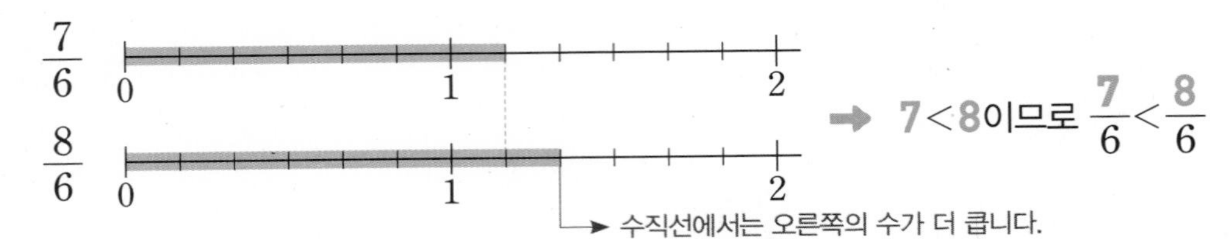

➡ $7<8$이므로 $\frac{7}{6}<\frac{8}{6}$

분모가 같은 대분수의 크기 비교하기

• 자연수 부분이 다른 대분수는 **자연수**가 클수록 큰 분수입니다.

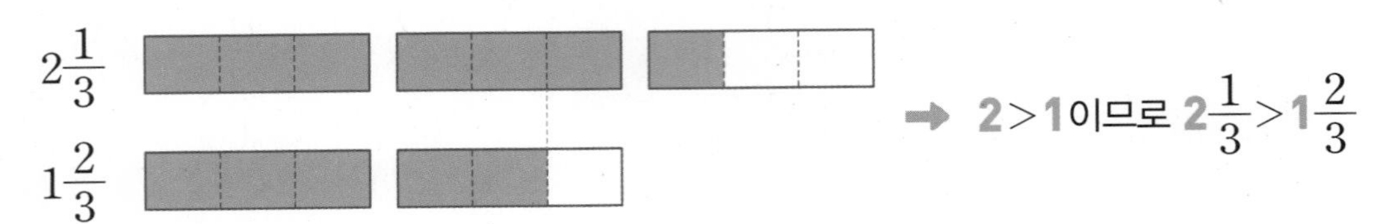

➡ $2>1$이므로 $2\frac{1}{3}>1\frac{2}{3}$

• 자연수 부분이 같은 대분수는 **진분수**가 클수록 큰 분수입니다.

$2\frac{4}{5}$

$2\frac{1}{5}$

➡ $\frac{4}{5}>\frac{1}{5}$이므로 $2\frac{4}{5}>2\frac{1}{5}$

분모가 같은 가분수와 대분수의 크기 비교하기

• $1\frac{1}{3}$과 $\frac{7}{3}$의 크기 비교하기

대분수를 가분수로 나타내거나 가분수를 대분수로 나타내어 두 분수의 크기를 비교합니다.

방법 1 대분수를 **가분수로 나타내어** 두 분수의 크기 비교하기

$1\frac{1}{3}=\frac{4}{3}$이므로 $\frac{4}{3}<\frac{7}{3}$에서 $1\frac{1}{3}<\frac{7}{3}$입니다.

방법 2 가분수를 **대분수로 나타내어** 두 분수의 크기 비교하기

$\frac{7}{3}=2\frac{1}{3}$이므로 $1\frac{1}{3}<2\frac{1}{3}$에서 $1\frac{1}{3}<\frac{7}{3}$입니다.

개념 더 알아보기

• **자연수를 분수로 나타내어 보아요!**

$1=\frac{1}{1}=\frac{2}{2}=\frac{3}{3}=\frac{4}{4}=\cdots\cdots$

$2=\frac{1\times2}{1}=\frac{2\times2}{2}=\frac{3\times2}{3}=\frac{4\times2}{4}=\cdots\cdots$

$3=\frac{1\times3}{1}=\frac{2\times3}{2}=\frac{3\times3}{3}=\frac{4\times3}{4}=\cdots\cdots$

정답과 풀이 27쪽

1 분수만큼 색칠하고 두 분수의 크기를 비교하여 ◯ 안에 >, <를 알맞게 써넣으세요.

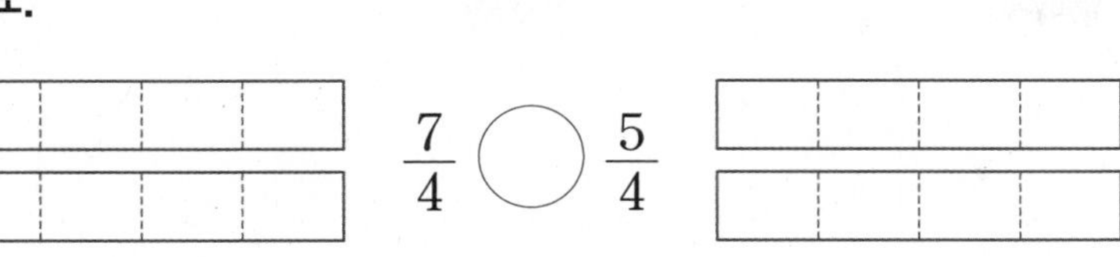

$\frac{7}{4}$ ◯ $\frac{5}{4}$

2 $1\frac{1}{5}$과 $2\frac{1}{5}$을 수직선에 ↓로 나타내고 두 분수의 크기를 비교하여 ◯ 안에 >, <를 알맞게 써넣으세요.

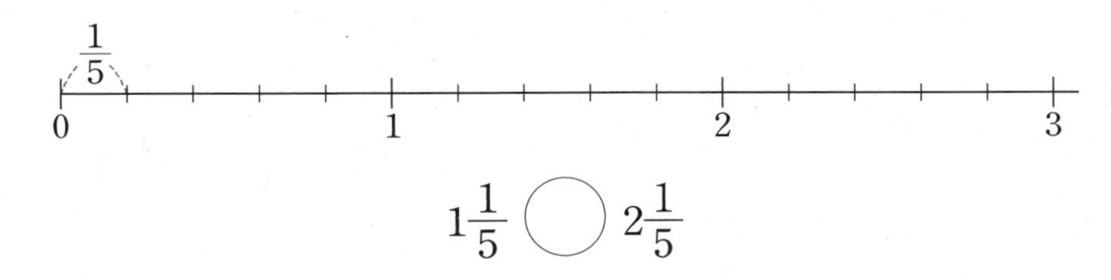

$1\frac{1}{5}$ ◯ $2\frac{1}{5}$

4

3 $3\frac{7}{8}$과 $\frac{28}{8}$의 크기를 비교하려고 합니다. □ 안에 알맞은 수를 써넣고 두 분수의 크기를 비교하여 ◯ 안에 >, <를 알맞게 써넣으세요.

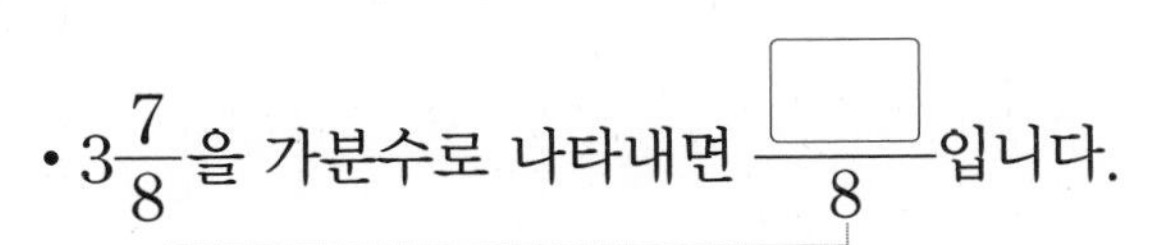

• $3\frac{7}{8}$을 가분수로 나타내면 $\frac{\square}{8}$입니다.

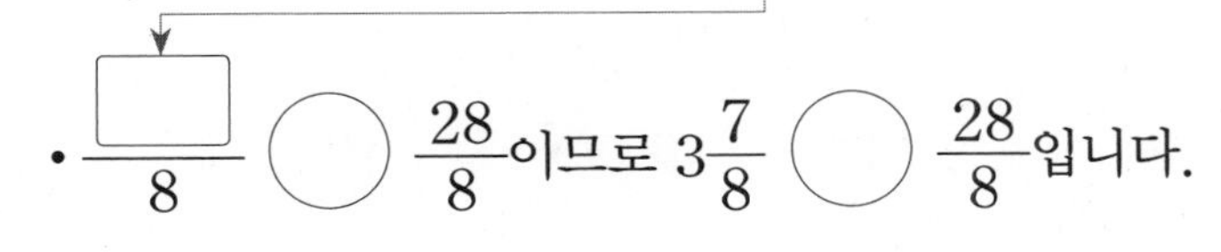

• $\frac{\square}{8}$ ◯ $\frac{28}{8}$이므로 $3\frac{7}{8}$ ◯ $\frac{28}{8}$입니다.

4 두 분수의 크기를 비교하여 ◯ 안에 >, <를 알맞게 써넣으세요.

① $\frac{8}{7}$ ◯ $\frac{9}{7}$　　② $2\frac{7}{9}$ ◯ $3\frac{5}{9}$　　③ $\frac{7}{2}$ ◯ $2\frac{1}{2}$

기본기 강화 문제

1 그림을 보고 분수로 나타내기(1)

• 그림을 보고 □ 안에 알맞은 수를 써넣으세요.

1

색칠한 부분은 전체 2묶음 중에서 □묶음이므로 전체의 $\frac{\square}{\square}$입니다.

2

색칠한 부분은 전체 □묶음 중에서 □묶음이므로 전체의 $\frac{\square}{\square}$입니다.

3

색칠한 부분은 전체의 $\frac{\square}{\square}$입니다.

4

색칠한 부분은 전체의 $\frac{\square}{\square}$입니다.

5

색칠한 부분은 전체의 $\frac{\square}{\square}$입니다.

2 그림을 보고 분수로 나타내기(2)

• 그림을 보고 □ 안에 알맞은 수를 써넣으세요.

1

6을 2씩 묶으면 □묶음이 되므로

2는 6의 $\frac{\square}{\square}$입니다.

2

12를 3씩 묶으면 □묶음이 되므로

9는 12의 $\frac{\square}{\square}$입니다.

3

16을 4씩 묶으면 □묶음이 되므로

12는 16의 $\frac{\square}{\square}$입니다.

4

18을 6씩 묶으면 □묶음이 되므로

12는 18의 $\frac{\square}{\square}$입니다.

3 그림을 보고 분수로 나타내기(3)

- 그림을 보고 □ 안에 알맞은 수를 써넣으세요.

1

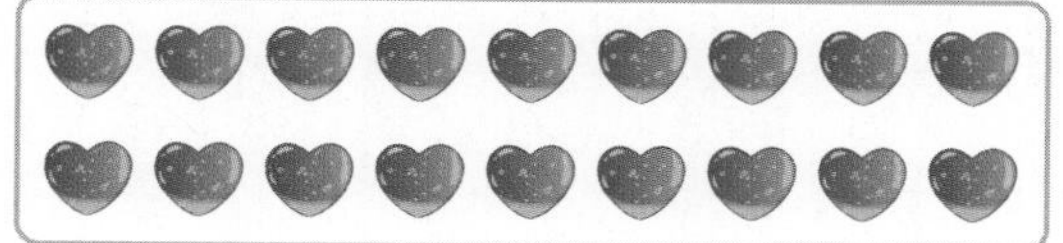

- 2씩 묶으면 4는 18의 $\frac{\square}{\square}$입니다.
- 2씩 묶으면 8은 18의 $\frac{\square}{\square}$입니다.
- 3씩 묶으면 15는 18의 $\frac{\square}{\square}$입니다.
- 6씩 묶으면 12는 18의 $\frac{\square}{\square}$입니다.

2

- 4씩 묶으면 8은 36의 $\frac{\square}{\square}$입니다.
- 4씩 묶으면 12는 36의 $\frac{\square}{\square}$입니다.
- 6씩 묶으면 24는 36의 $\frac{\square}{\square}$입니다.
- 9씩 묶으면 27은 36의 $\frac{\square}{\square}$입니다.

4 분수만큼은 얼마인지 알아보기(1)

- 그림을 보고 □ 안에 알맞은 수를 써넣으세요.

1

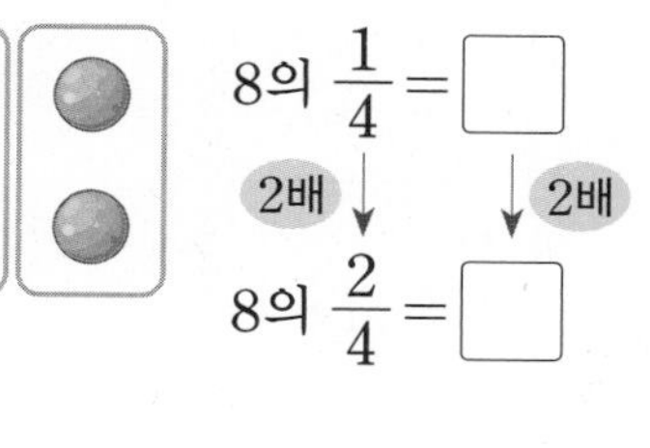

8의 $\frac{1}{4}$ = □

2배 ↓　　↓ 2배

8의 $\frac{2}{4}$ = □

2

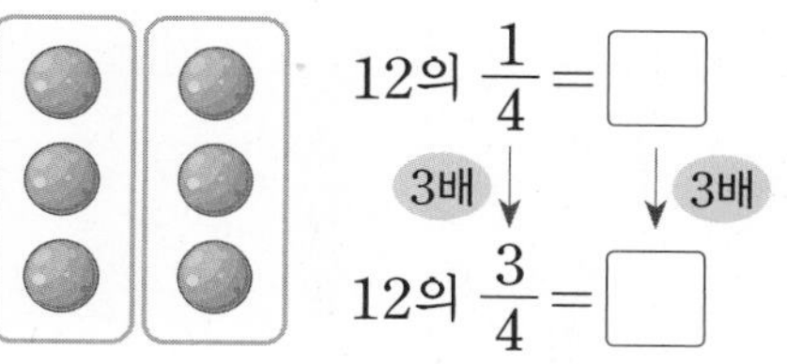

12의 $\frac{1}{4}$ = □

3배 ↓　　↓ 3배

12의 $\frac{3}{4}$ = □

3

20의 $\frac{1}{5}$ = □

3배 ↓　　↓ 3배

20의 $\frac{3}{5}$ = □

4

25의 $\frac{1}{5}$ = □

4배 ↓　　↓ 4배

25의 $\frac{4}{5}$ = □

5 분수만큼은 얼마인지 알아보기(2)

• 분수만큼 색칠하고 □ 안에 알맞은 수를 써넣으세요.

1 $\frac{1}{4}$ 0 7 14 21 28(cm)

28 cm의 $\frac{1}{4}$은 □ cm입니다.

2 $\frac{3}{4}$ 0 7 14 21 28(cm)

28 cm의 $\frac{3}{4}$은 □ cm입니다.

3 $\frac{1}{3}$ 0 5 10 15(cm)

15 cm의 $\frac{1}{3}$은 □ cm입니다.

4 $\frac{2}{3}$ 0 5 10 15(cm)

15 cm의 $\frac{2}{3}$는 □ cm입니다.

5 $\frac{1}{5}$ 0 20 40 60 80 100(cm)

100 cm의 $\frac{1}{5}$은 □ cm입니다.

6 $\frac{3}{5}$ 0 20 40 60 80 100(cm)

100 cm의 $\frac{3}{5}$은 □ cm입니다.

6 분수만큼은 얼마인지 알아보기(3)

• □ 안에 알맞은 수를 써넣으세요.

1 10의 $\frac{1}{5}$ = □ = 10÷5 (→ 10을 5로 나눈 것 중 하나=10÷5)

4배 ↓ ↓ 4배

10의 $\frac{4}{5}$ = □

2 12의 $\frac{1}{4}$ = □ = 12÷4

3배 ↓ ↓ 3배

12의 $\frac{3}{4}$ = □

3 21의 $\frac{1}{7}$ = □ = 21÷7

5배 ↓ ↓ 5배

21의 $\frac{5}{7}$ = □

4 16의 $\frac{1}{4}$ = □ = 16÷4

3배 ↓ ↓ 3배

16의 $\frac{3}{4}$ = □

5 24의 $\frac{1}{8}$ = □ = 24÷8

7배 ↓ ↓ 7배

24의 $\frac{7}{8}$ = □

6 54의 $\frac{1}{6}$ = □ = 54÷6

5배 ↓ ↓ 5배

54의 $\frac{5}{6}$ = □

정답과 풀이 29쪽

7 가분수 알아보기

• 그림을 보고 가분수로 쓰고, 읽어 보세요.

1

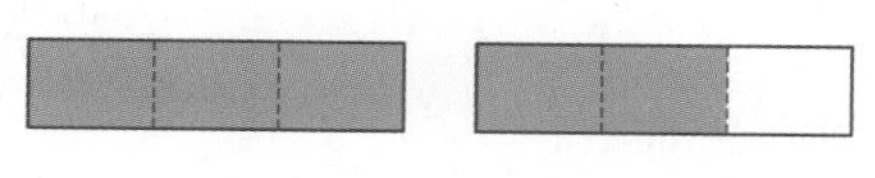

쓰기	읽기

2

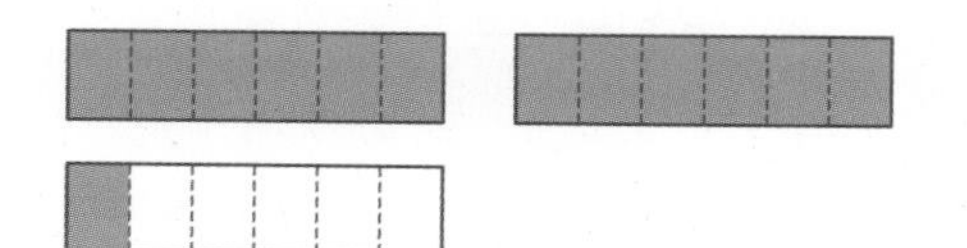

쓰기	읽기

3

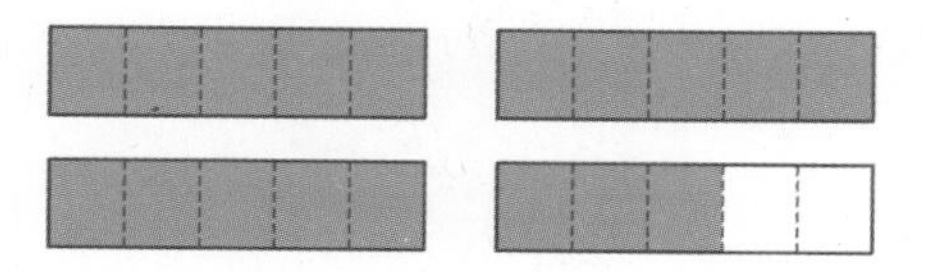

쓰기	읽기

4

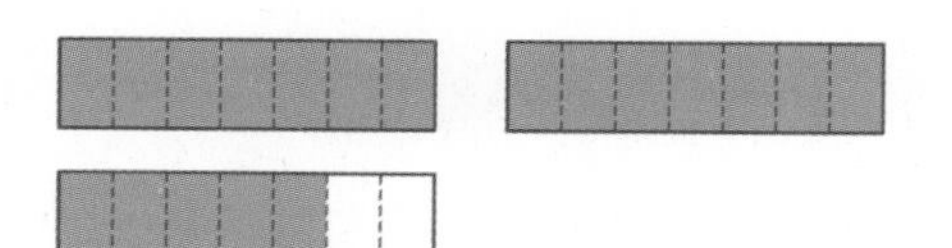

쓰기	읽기

5

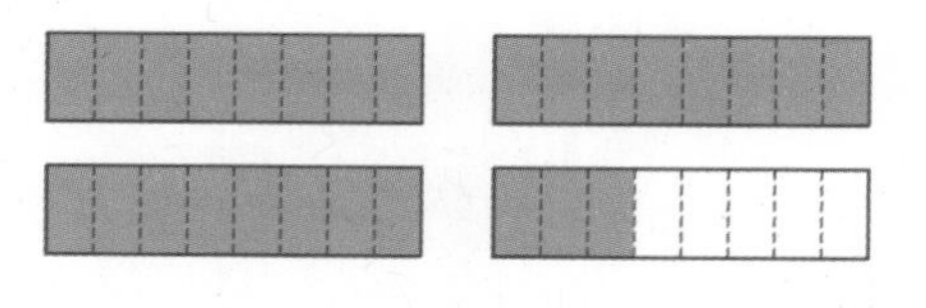

쓰기	읽기

8 대분수 알아보기

• 그림을 보고 대분수로 쓰고, 읽어 보세요.

1

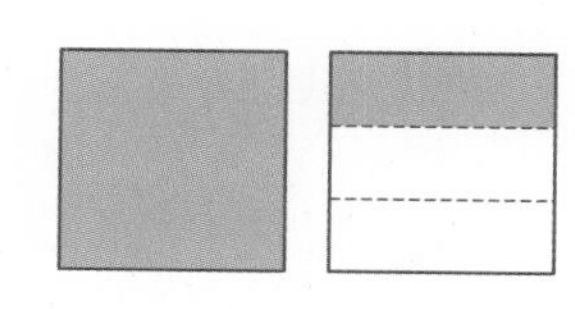

쓰기	읽기

2

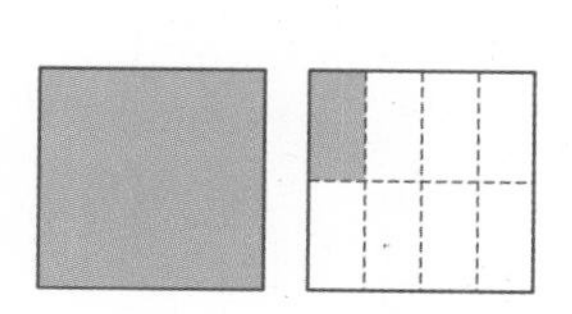

쓰기	읽기

3

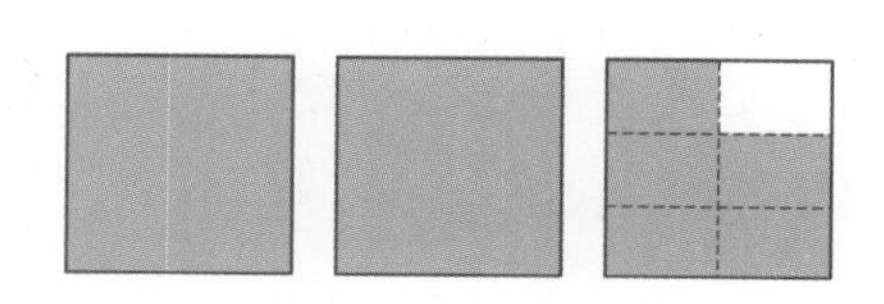

쓰기	읽기

4

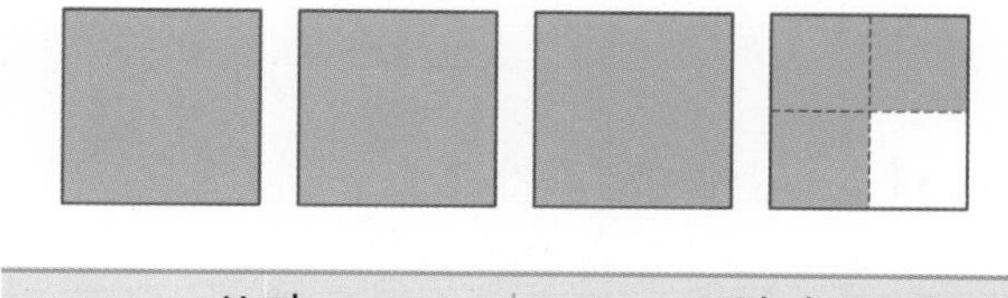

쓰기	읽기

5

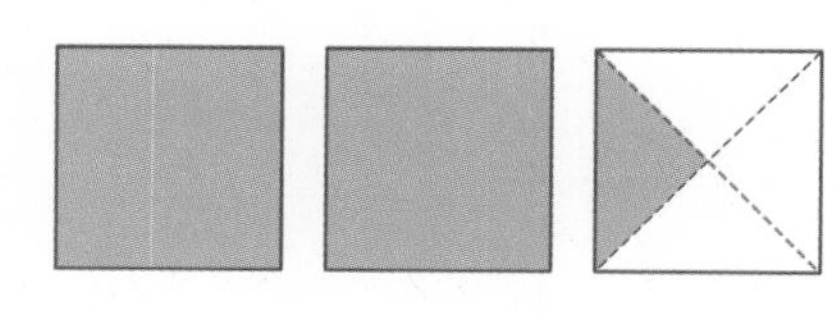

쓰기	읽기

9 진분수, 가분수, 대분수 구분하기

● 다음 설명이 맞으면 ○표, 틀리면 ×표 하세요.

1

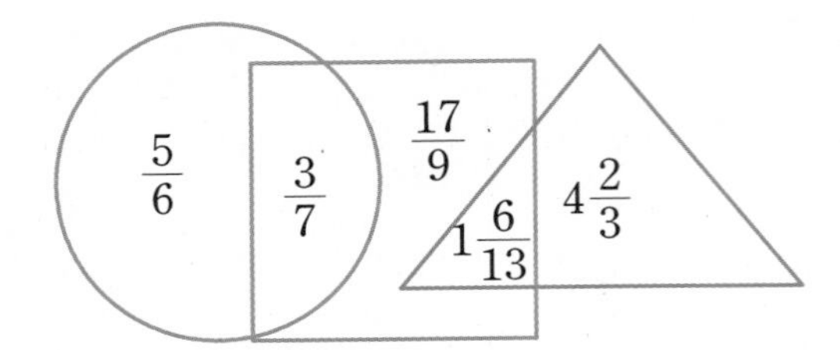

- ○ 안에 진분수만 있습니다. (　　　)
- □ 안에 진분수, 가분수, 대분수가 모두 있습니다. (　　　)

2

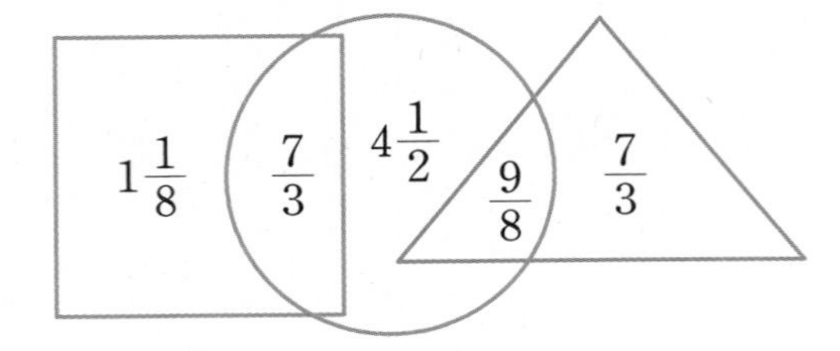

- ○ 안에 가분수가 없습니다. (　　　)
- △ 안에 가분수만 있습니다. (　　　)

3

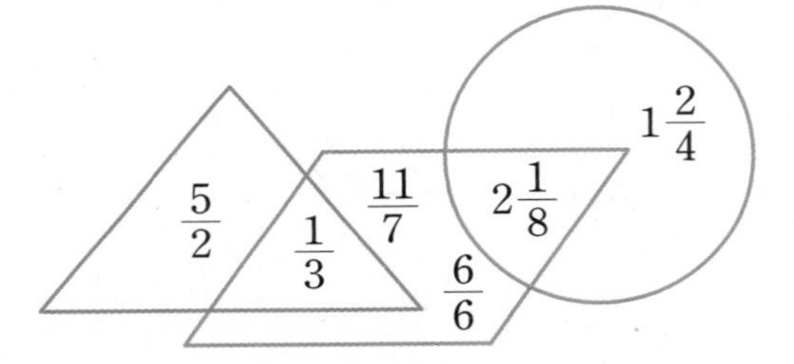

- ○ 안에 대분수가 2개 있습니다. (　　　)
- △ 안에 진분수만 있습니다. (　　　)

4

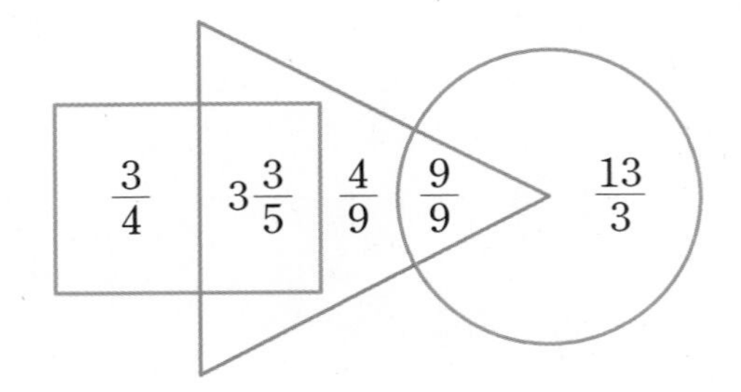

- □ 안에 가분수가 1개 있습니다. (　　　)
- ○ 안에 가분수만 있습니다. (　　　)

10 그림을 보고 대분수는 가분수로, 가분수는 대분수로 나타내기

● 그림을 보고 대분수는 가분수로, 가분수는 대분수로 나타내어 보세요.

1

$2\frac{1}{2}=\frac{\square}{\square}$

2

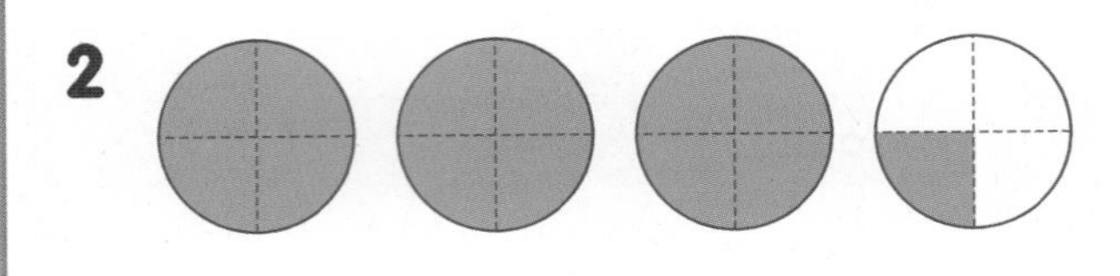

$3\frac{1}{4}=\frac{\square}{\square}$

3

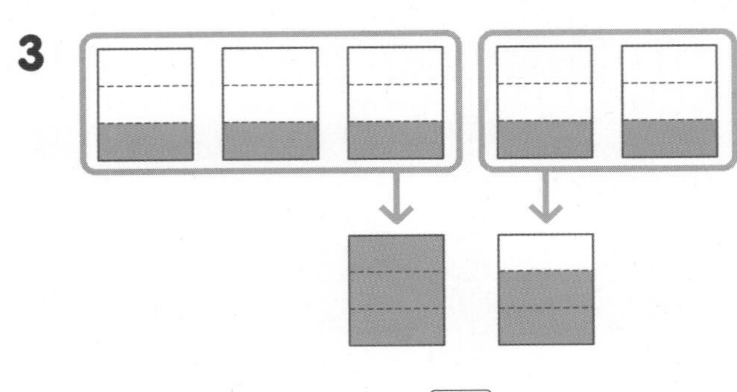

$\frac{5}{3}=\square\frac{\square}{\square}$

4

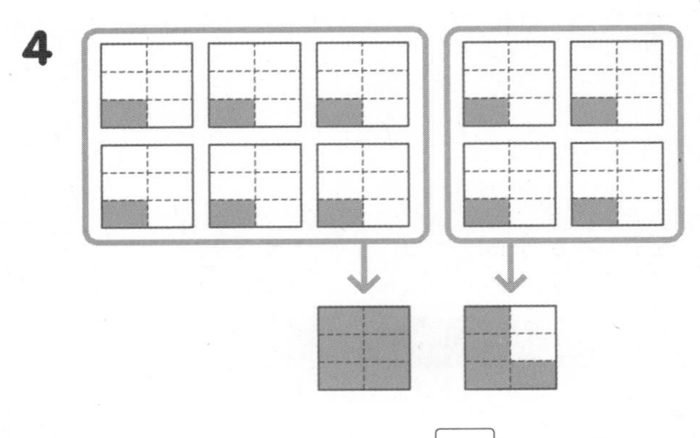

$\frac{10}{6}=\square\frac{\square}{\square}$

정답과 풀이 30쪽

11 대분수는 가분수로, 가분수는 대분수로 나타내기

• 대분수는 가분수로, 가분수는 대분수로 나타내어 보세요.

1 $3\frac{1}{5}=\frac{\square}{\square}$

2 $2\frac{3}{8}=\frac{\square}{\square}$

3 $4\frac{4}{9}=\frac{\square}{\square}$

4 $5\frac{2}{7}=\frac{\square}{\square}$

5 $4\frac{6}{7}=\frac{\square}{\square}$

6 $3\frac{7}{11}=\frac{\square}{\square}$

7 $5\frac{11}{12}=\frac{\square}{\square}$

8 $6\frac{3}{8}=\frac{\square}{\square}$

9 $\frac{18}{7}=\square\frac{\square}{\square}$

10 $\frac{43}{9}=\square\frac{\square}{\square}$

11 $\frac{37}{5}=\square\frac{\square}{\square}$

12 $\frac{59}{9}=\square\frac{\square}{\square}$

13 $\frac{67}{8}=\square\frac{\square}{\square}$

14 $\frac{54}{10}=\square\frac{\square}{\square}$

15 $\frac{57}{12}=\square\frac{\square}{\square}$

16 $\frac{68}{16}=\square\frac{\square}{\square}$

12 분모가 같은 가분수, 대분수의 크기 비교

• 더 큰 분수에 ○표 하세요.

1 $\frac{9}{2}$ $\frac{5}{2}$

2 $\frac{6}{6}$ $\frac{7}{6}$

3 $\frac{7}{4}$ $\frac{10}{4}$

4 $\frac{17}{9}$ $\frac{11}{9}$

5 $1\frac{7}{9}$ $3\frac{1}{9}$

6 $5\frac{5}{12}$ $4\frac{7}{12}$

7 $1\frac{1}{3}$ $1\frac{2}{3}$

8 $4\frac{6}{7}$ $4\frac{2}{7}$

13 분모가 같은 가분수와 대분수의 크기 비교

• 두 분수의 크기를 비교하여 ◯ 안에 >, =, <를 알맞게 써넣으세요.

1 $1\frac{1}{5}$ ◯ $\frac{8}{5}$

2 $\frac{19}{7}$ ◯ $2\frac{2}{7}$

3 $3\frac{3}{8}$ ◯ $\frac{27}{8}$

4 $\frac{68}{9}$ ◯ $6\frac{4}{9}$

5 $2\frac{1}{3}$ ◯ $\frac{13}{3}$

6 $5\frac{2}{6}$ ◯ $\frac{31}{6}$

7 $4\frac{1}{4}$ ◯ $\frac{17}{4}$

8 $3\frac{1}{2}$ ◯ $\frac{9}{2}$

14 여러 분수의 크기 비교

• 분수의 크기를 비교하여 □ 안에 알맞은 수를 써넣으세요.

1 $2\frac{1}{3}$ $\frac{13}{3}$ $4\frac{2}{3}$ $\frac{17}{3}$

□ < □ < □ < □

2 $\frac{22}{6}$ $5\frac{2}{6}$ $\frac{31}{6}$ $4\frac{4}{6}$

□ < □ < □ < □

3 $2\frac{1}{8}$ $4\frac{5}{8}$ $\frac{19}{8}$ $\frac{36}{8}$

□ < □ < □ < □

4 $5\frac{1}{4}$ $\frac{10}{4}$ $\frac{9}{4}$ $3\frac{2}{4}$

□ > □ > □ > □

5 $1\frac{4}{11}$ $\frac{35}{11}$ $\frac{20}{11}$ $2\frac{1}{11}$

□ > □ > □ > □

6 $\frac{18}{14}$ $1\frac{3}{14}$ $\frac{15}{14}$ $1\frac{9}{14}$

□ > □ > □ > □

15 가장 큰 수를 찾아 문장 만들기

• 같은 색 칸에 있는 수 중 가장 큰 수가 나타내는 글자를 찾아 같은 색 빈칸에 써넣어 문장을 만들어 보세요.

$\frac{3}{5}$, $\frac{1}{5}$, $1\frac{1}{5}$, $\frac{7}{5}$	$\frac{4}{5}$, $\frac{2}{5}$, $\frac{3}{5}$, $1\frac{1}{5}$	$\frac{7}{5}$, $1\frac{3}{5}$, $\frac{4}{5}$, $\frac{5}{5}$
$\frac{7}{5}$, $1\frac{1}{5}$, $\frac{8}{5}$, $1\frac{4}{5}$	$\frac{11}{5}$, $2\frac{4}{5}$, $\frac{7}{5}$, $1\frac{4}{5}$	$\frac{7}{5}$, $\frac{9}{5}$, $2\frac{1}{5}$, $1\frac{1}{5}$
$1\frac{1}{5}$, $\frac{11}{5}$, $2\frac{2}{5}$, $1\frac{3}{5}$	$3\frac{1}{5}$, $\frac{9}{5}$, $1\frac{3}{5}$, $\frac{4}{5}$	$3\frac{1}{5}$, $\frac{8}{5}$, $2\frac{4}{5}$, $\frac{19}{5}$

수가 나타내는 글자

$1\frac{4}{5}$	$2\frac{2}{5}$	$2\frac{4}{5}$	$1\frac{3}{5}$	$\frac{7}{5}$	$2\frac{1}{5}$	$1\frac{1}{5}$	$3\frac{1}{5}$	$\frac{19}{5}$
원	최	리	돌	디	가	딤	고	야

문장 ➡ 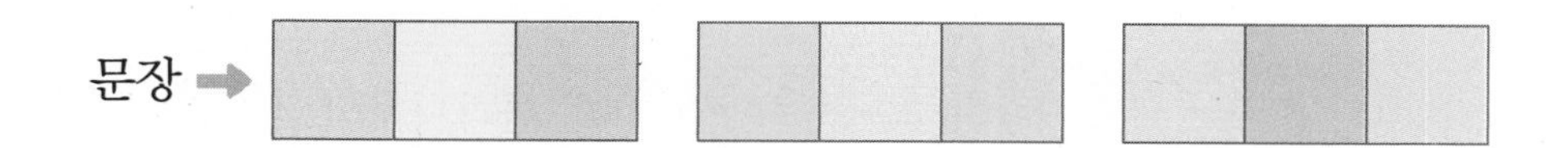

16 분수의 크기 비교

• 짝 지어진 두 분수의 크기를 비교하여 더 큰 수를 위의 빈칸에 써넣으세요.

1

$\frac{6}{4}$ $2\frac{3}{4}$ $\frac{7}{4}$ $1\frac{1}{4}$

2

$2\frac{1}{5}$ $\frac{23}{5}$ $1\frac{4}{5}$ $3\frac{2}{5}$

3

$\frac{27}{6}$ $\frac{15}{6}$ $6\frac{1}{6}$ $5\frac{4}{6}$

4

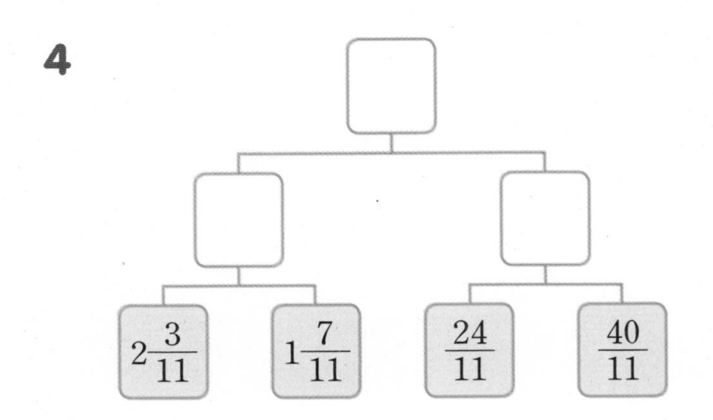

$2\frac{3}{11}$ $1\frac{7}{11}$ $\frac{24}{11}$ $\frac{40}{11}$

17 분수의 활용

1 윤수는 하루에 8시간 잠을 잡니다. 하루를 8시간씩 묶었을 때 윤수가 잠을 자는 시간은 하루의 몇 분의 몇인지 분수로 나타내어 보세요.

( )

2 귤이 15개 있습니다. 수아는 그중 $\frac{1}{5}$만큼을 먹었습니다. 수아가 먹은 귤은 몇 개인지 구해 보세요.

( )

3 길이가 16 cm인 색 테이프의 $\frac{1}{4}$만큼을 잘라 별을 만들었습니다. 별을 만드는 데 사용한 색 테이프는 몇 cm인지 구해 보세요.

( )

4 윤아의 키는 $1\frac{3}{5}$ m이고 정호의 키는 $\frac{7}{5}$ m입니다. 윤아와 정호 중 키가 더 큰 사람을 구해 보세요.

( )

5 사과나무의 키는 $2\frac{3}{8}$ m이고 감나무의 키는 $\frac{15}{8}$ m입니다. 사과나무와 감나무 중 키가 더 큰 나무는 어느 것인지 구해 보세요.

( )

단원 평가

점수 | 확인

1 그림을 보고 □ 안에 알맞은 수를 써넣으세요.

색칠한 부분은 7묶음 중에서 □묶음이므로

전체의 $\frac{\square}{\square}$입니다.

2 □ 안에 알맞은 수를 써넣으세요.

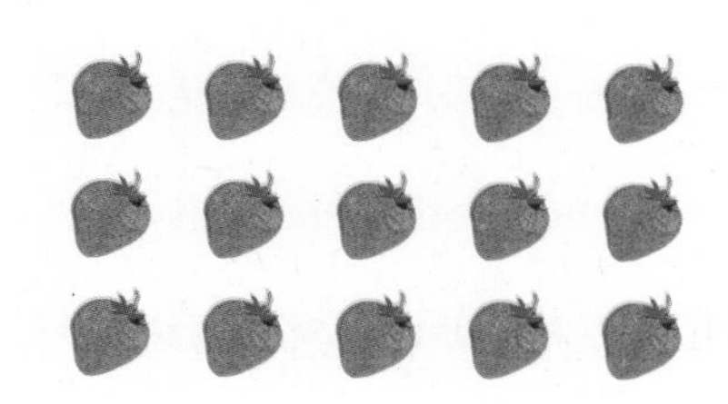

3씩 묶으면 6은 15의 $\frac{\square}{\square}$입니다.

3 □ 안에 알맞은 수를 써넣으세요.

(1) 5씩 묶으면 25는 35의 $\frac{5}{\square}$입니다.

(2) 6씩 묶으면 18은 30의 $\frac{\square}{5}$입니다.

4 호두파이 8조각을 2조각씩 포장한 후 승연이가 2조각을 먹었습니다. 승연이가 먹은 호두파이는 전체의 몇 분의 몇인지 분수로 나타내어 보세요.

(   )

5 그림을 보고 □ 안에 알맞은 수를 써넣으세요.

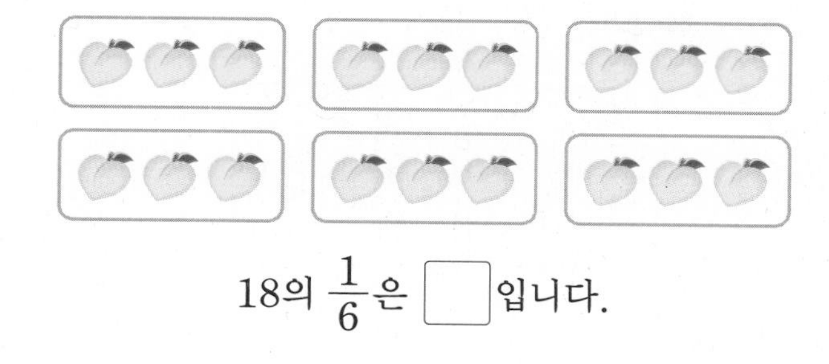

18의 $\frac{1}{6}$은 □입니다.

6 관계있는 것끼리 이어 보세요.

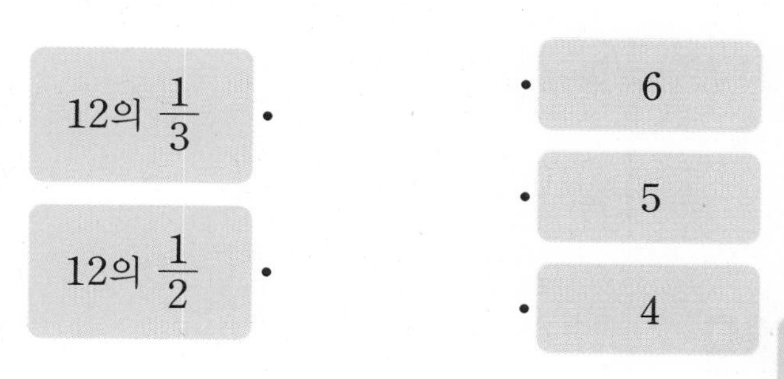

12의 $\frac{1}{3}$ •	• 6
12의 $\frac{1}{2}$ •	• 5
	• 4

7 분수를 읽어 보세요.

$4\frac{5}{8}$

(   )

8 그림을 보고 대분수로 나타내어 보세요.

→ $\square\frac{\square}{\square}$

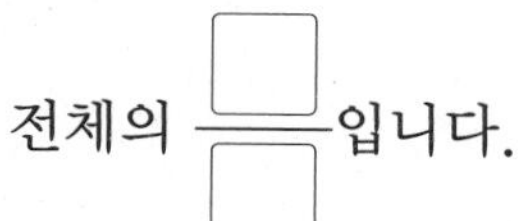

9 그림을 보고 가분수와 대분수로 각각 나타내어 보세요.

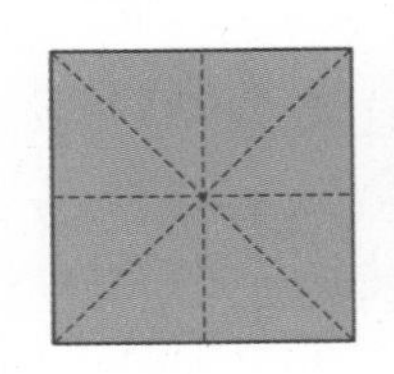 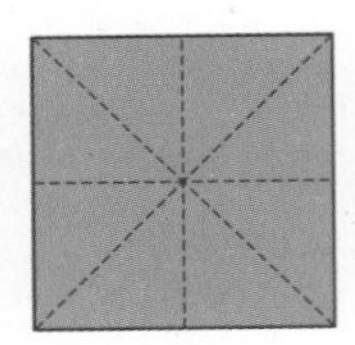 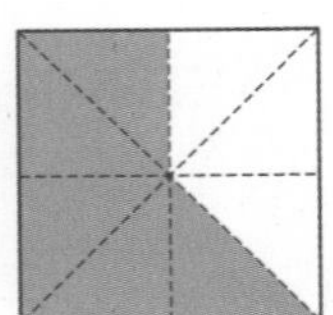

가분수 (　　　　　　　　)

대분수 (　　　　　　　　)

[10~11] 분수를 보고 물음에 답하세요.

$\frac{5}{8}$	$\frac{10}{6}$	$\frac{4}{7}$	$2\frac{3}{4}$	$\frac{3}{3}$	$4\frac{3}{5}$

10 진분수를 모두 찾아 써 보세요.

(　　　　　　　　)

11 가분수를 모두 찾아 써 보세요.

(　　　　　　　　)

12 $\frac{7}{4}$만큼 색칠하고 진분수, 가분수 중 어떤 분수인지 써 보세요.

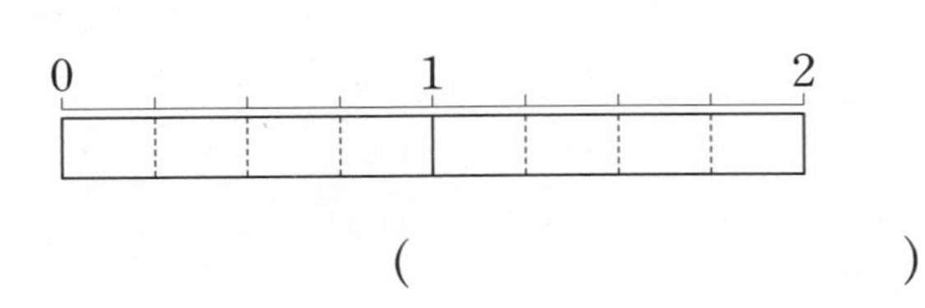

(　　　　　　　　)

13 진분수는 ○표, 가분수는 △표, 대분수는 □표 해 보세요.

$\frac{7}{9}$	$\frac{9}{8}$	$1\frac{4}{5}$
$1\frac{2}{3}$	$\frac{5}{4}$	$\frac{3}{4}$

14 대분수는 가분수로, 가분수는 대분수로 나타내어 보세요.

(1) $2\frac{1}{8}$ (　　　　　　　　)

(2) $\frac{14}{9}$ (　　　　　　　　)

15 분수가 가분수일 때 ◆가 될 수 있는 자연수 중에서 가장 작은 수를 구해 보세요.

(　　　　　　　　)

정답과 풀이 34쪽

16 두 분수의 크기를 비교하여 ◯ 안에 >, <를 알맞게 써넣으세요.

(1) $\frac{24}{7}$ ◯ $3\frac{5}{7}$ (2) $2\frac{3}{15}$ ◯ $\frac{31}{15}$

17 분수의 크기를 비교하여 큰 수부터 차례대로 기호를 써 보세요.

㉠ $\frac{32}{7}$	㉡ $5\frac{1}{7}$	㉢ $\frac{28}{7}$	㉣ $4\frac{6}{7}$

(   )

18 동화책을 성아는 $1\frac{1}{3}$시간 동안 읽었고, 준선이는 $\frac{5}{3}$시간 동안 읽었습니다. 누가 동화책을 더 오래 읽었을까요?

(   )

서술형 문제

19 준수는 책을 20권 가지고 있습니다. 그중에서 $\frac{1}{4}$은 만화책이고, $\frac{1}{5}$은 동화책입니다. 동화책은 몇 권인지 보기 와 같이 풀이 과정을 쓰고 답을 구해 보세요.

보기

20의 $\frac{1}{4}$은 20을 똑같이 4묶음으로 나눈 것 중의 1묶음이므로 5입니다.

따라서 만화책은 5권입니다.

답 5권

20의 $\frac{1}{5}$은

답

20 분모가 7인 분수 중에서 $\frac{11}{7}$보다 작은 가분수는 모두 몇 개인지 보기 와 같이 풀이 과정을 쓰고 답을 구해 보세요.

보기

분모가 5인 분수 중에서 $\frac{9}{5}$보다 작은 가분수는 $\frac{5}{5}$, $\frac{6}{5}$, $\frac{7}{5}$, $\frac{8}{5}$로 모두 4개입니다.

답 4개

분모가 7인 분수 중에서

답

5 들이와 무게

지아와 준우는 마트에 갔어요. 지아는 음료수를, 준우는 과자를 사려고 해요.
대화를 읽고 지아가 고른 음료수와 준우가 고른 과자는 무엇인지 ☐ 안에 써넣으세요.

1 들이 비교하기

● 모양과 크기가 다른 그릇의 들이 비교하기

방법 1 물을 직접 옮겨 담아 비교합니다.

• 가에 가득 채워 나로 모두 옮겨 담을 때

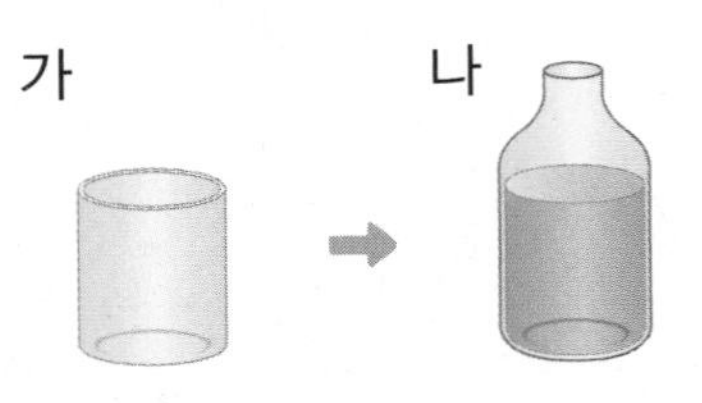

(가의 들이) $<$ (나의 들이)

• 나에 가득 채워 가에 모두 옮겨 담을 때

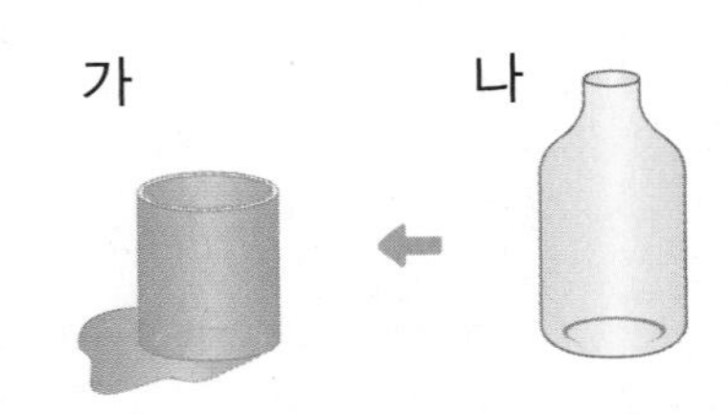

(가의 들이) $<$ (나의 들이)

방법 2 모양과 크기가 같은 그릇에 모두 옮겨 담아 비교합니다.

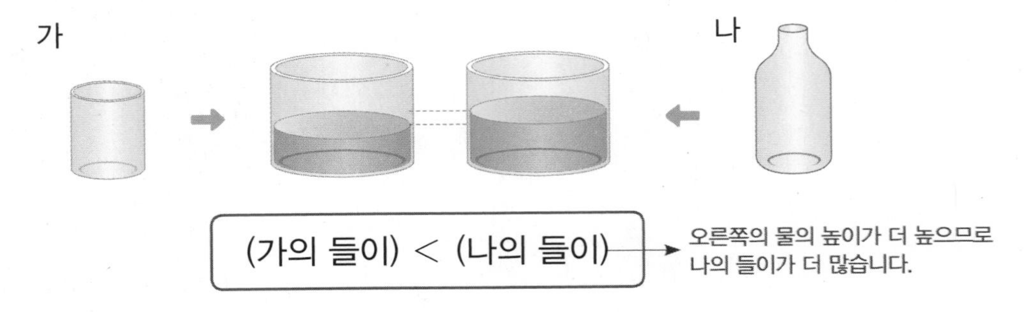

(가의 들이) $<$ (나의 들이) → 오른쪽의 물의 높이가 더 높으므로 나의 들이가 더 많습니다.

방법 3 모양과 크기가 같은 작은 컵에 모두 옮겨 담아 컵의 수를 비교합니다.

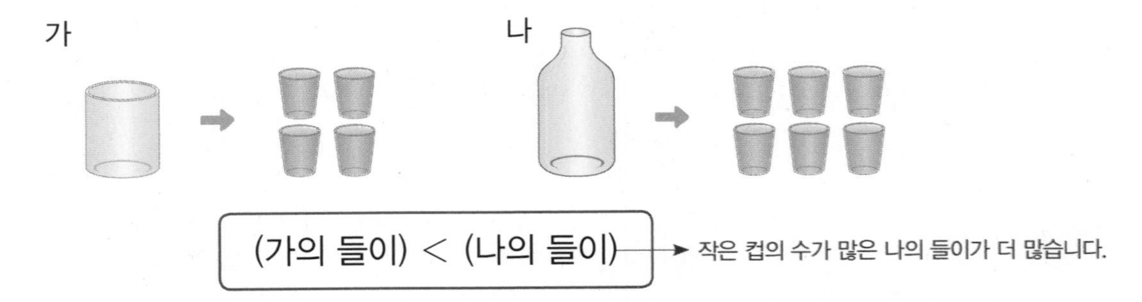

(가의 들이) $<$ (나의 들이) → 작은 컵의 수가 많은 나의 들이가 더 많습니다.

개념 자세히 보기

● 들이를 비교하는 방법을 자세히 알아보아요!

	방법 1	방법 2	방법 3
편리한 점	다른 그릇을 준비하지 않아도 됩니다.	측정 도구가 없어도 간편하게 비교할 수 있습니다.	작은 컵의 수로 비교적 정확하게 들이를 비교할 수 있습니다.
불편한 점	옮겨 담기 힘든 경우 들이를 비교하기 어렵습니다.	다른 큰 그릇을 준비해야 합니다.	모양과 크기가 같은 작은 컵을 여러 개 준비해야 합니다.

➔ 정답과 풀이 35쪽

1 들이가 많은 그릇부터 차례대로 (   ) 안에 1, 2, 3을 써넣으세요.

 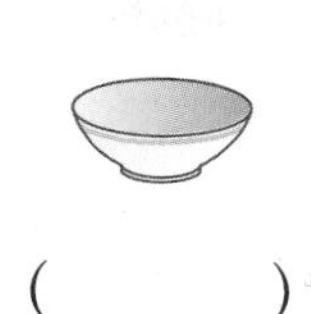 

(   ) (   ) (   )

그릇에 가득 담을 수 있는 양을 들이라고 해요.

2 주스병에 물을 가득 채운 후 주전자에 모두 옮겨 담았더니 그림과 같이 물이 채워졌습니다. 주스병과 주전자 중 들이가 더 많은 것은 어느 것일까요?

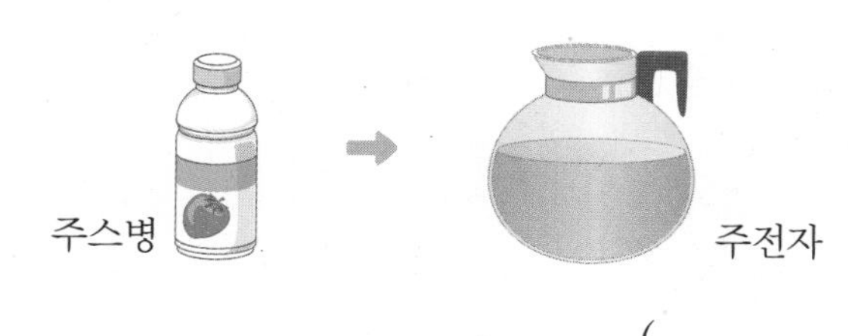

(   )

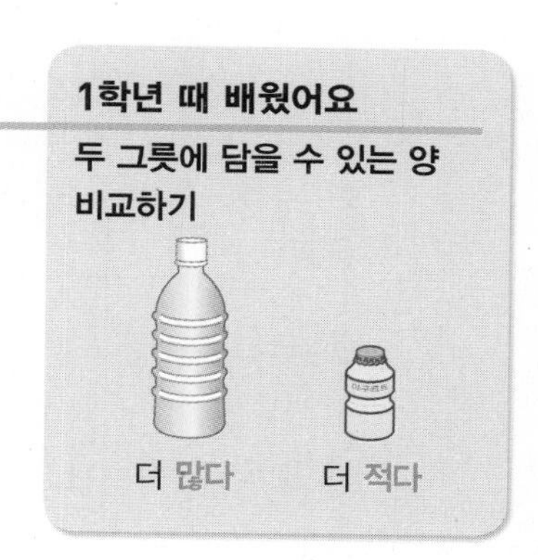

3 우유갑과 물병에 물을 가득 채웠다가 모양과 크기가 같은 그릇에 모두 옮겨 담았습니다. 우유갑과 물병 중 들이가 더 적은 것은 어느 것일까요?

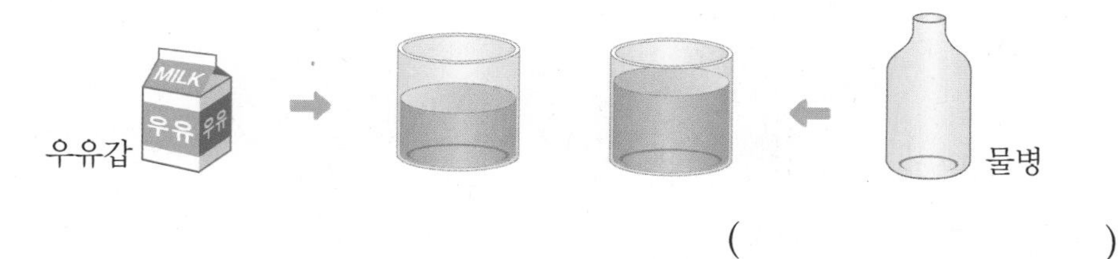

(   )

옮겨 담은 물의 높이가 낮을수록 그릇의 들이가 적어요.

4 가와 나 그릇에 물을 가득 채운 후 모양과 크기가 같은 작은 컵에 모두 옮겨 담았습니다. □ 안에 알맞게 써넣으세요.

가

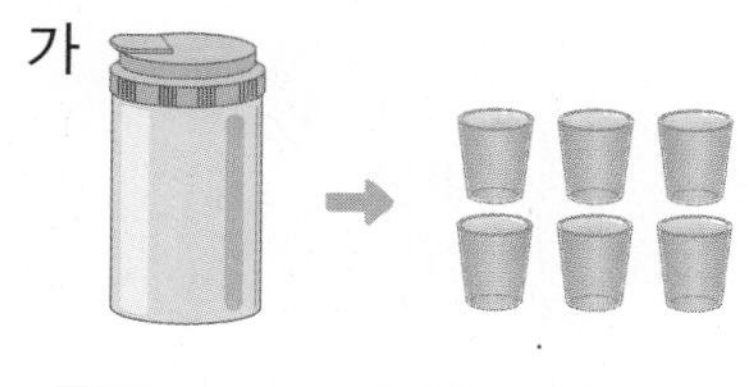

나

□ 그릇이 □ 그릇보다 컵 □개만큼 들이가 더 많습니다.

작은 컵의 수가 많을수록 그릇의 들이가 많아요.

들이의 단위, 들이를 어림하고 재어 보기

들이의 단위

- 들이의 단위: **리터**, **밀리리터** 등
- 1 리터, 1 밀리리터 알아보기

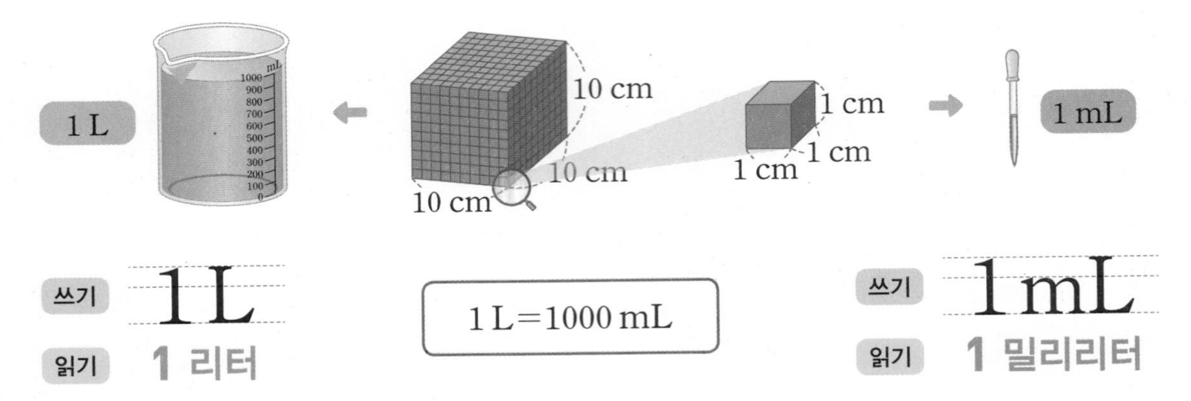

쓰기 1L　　읽기 **1 리터**

1 L=1000 mL

쓰기 1mL　　읽기 **1 밀리리터**

- 1 L보다 600 mL 더 많은 들이 알아보기

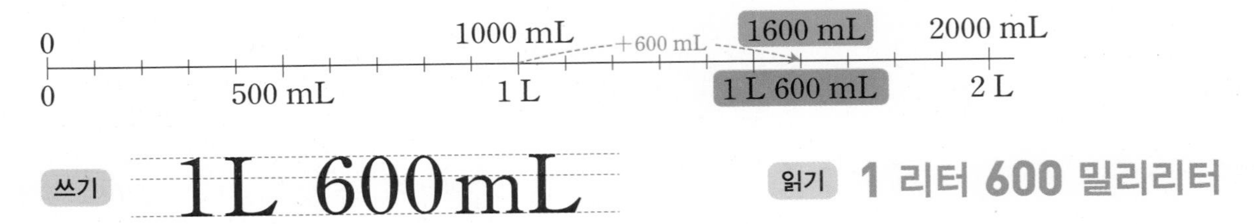

쓰기 1L 600mL　　읽기 **1 리터 600 밀리리터**

들이를 어림하고 재어 보기

- 1 L를 기준으로 1 L보다 많으면 L, 적으면 mL로 나타냅니다.
- 들이를 어림하여 말할 때에는 **약 □L** 또는 **약 □mL**라고 합니다.

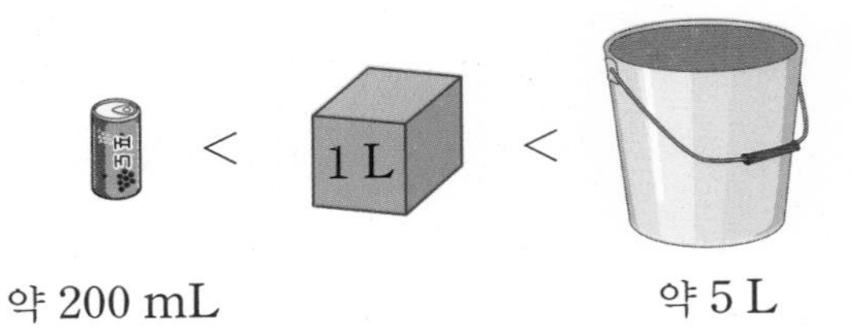

약 200 mL　　약 5 L

개념 자세히 보기

• 들이의 단위를 바꿀 수 있어요!

- ■L ▲mL를 ●mL로 바꾸기
  1 L 800 mL
  =1 L+800 mL
  =1000 mL+800 mL=1800 mL

- ●mL를 ■L ▲mL로 바꾸기
  2300 mL
  =2000 mL+300 mL
  =2 L+300 mL=2 L 300 mL

정답과 풀이 35쪽

1 알맞은 단위에 ○표 하고 □ 안에 알맞은 수를 써넣으세요.

① 1 리터는 1 (L , mL)라 쓰고, 1 밀리리터는 1 (L , mL)라고 씁니다.

② 1 L는 □ mL와 같습니다.

들이의 단위에는 1리터와 1밀리리터가 있어요.

2 물의 양이 얼마인지 눈금을 읽고 □ 안에 알맞은 수를 써넣으세요.

① ②

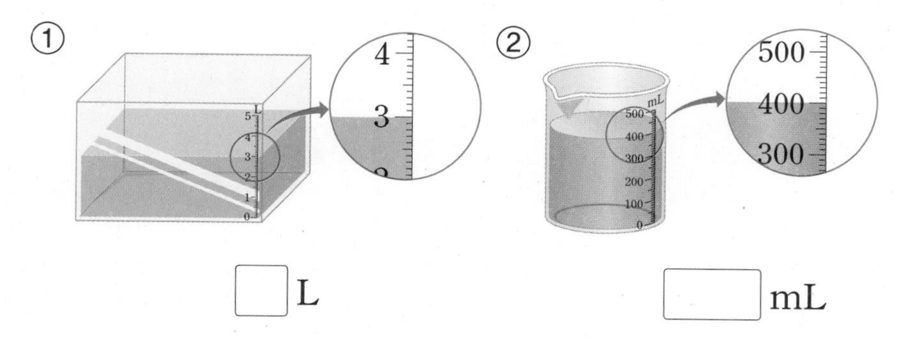

□ L　　　□ mL

3 □ 안에 알맞은 수를 써넣으세요.

① 2 L 100 mL = □ mL + 100 mL = □ mL

② 1500 mL = □ mL + 500 mL = □ L □ mL

1 L = 1000 mL이므로 2 L = 2000 mL예요.

4 들이가 1 L보다 더 많은 것에 ○표, 더 적은 것에 △표 하세요.

①

(　　　)

②

(　　　)

5 주전자에 가득 담긴 물을 1 L짜리 그릇에 담았더니 그림과 같이 물이 찼습니다. 주전자의 들이는 약 몇 L일까요?

약 □ L

1L가 조금 못 돼도, 1L가 조금 넘어도 모두 약 1L예요.

3 들이의 덧셈과 뺄셈

● 들이의 합 구하기

• L 단위의 수끼리, mL 단위의 수끼리 더합니다.

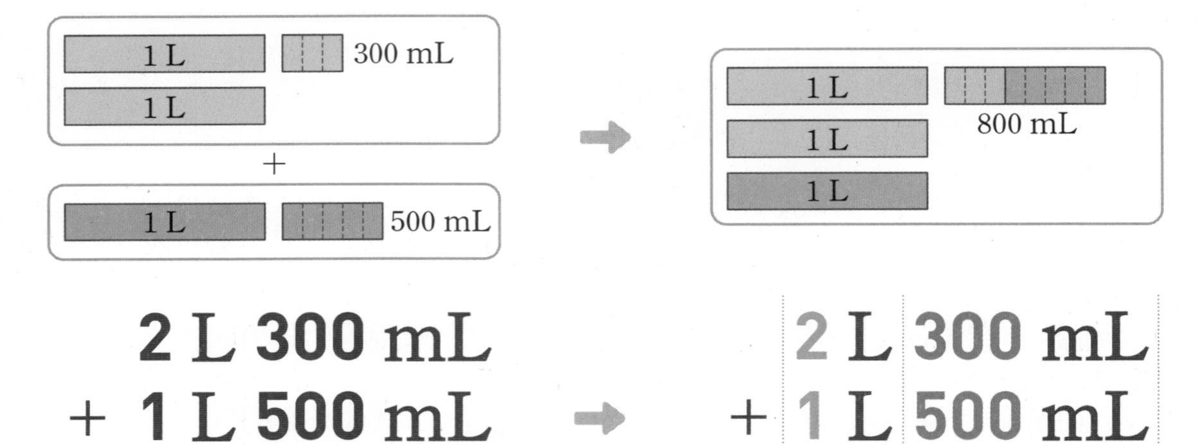

$$\begin{array}{rr} & 2\text{ L } 300\text{ mL} \\ + & 1\text{ L } 500\text{ mL} \\ \hline \end{array} \rightarrow \begin{array}{rr} & 2\text{ L } 300\text{ mL} \\ + & 1\text{ L } 500\text{ mL} \\ \hline & 3\text{ L } 800\text{ mL} \end{array}$$

● 들이의 차 구하기

• L 단위의 수끼리, mL 단위의 수끼리 뺍니다.

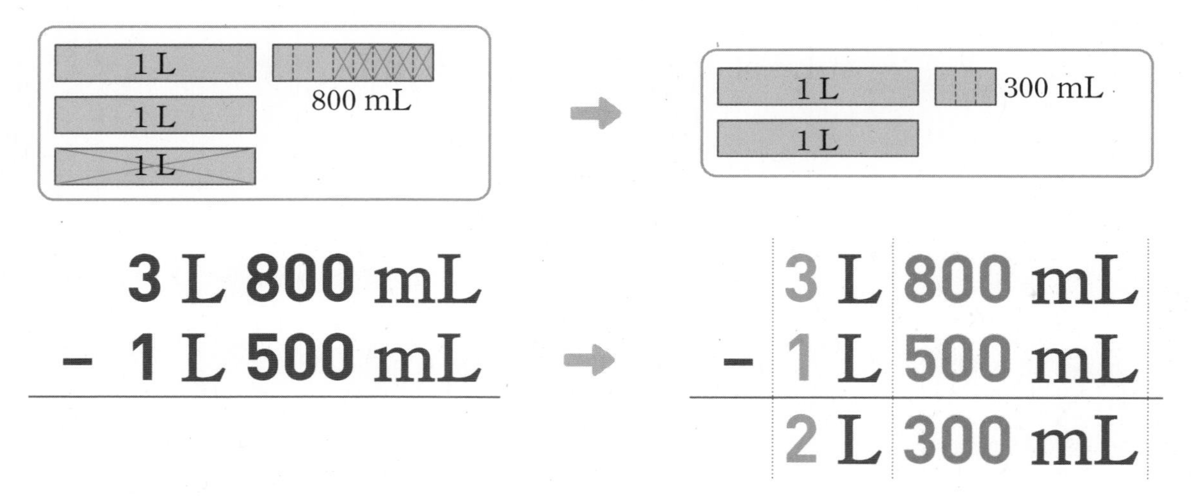

$$\begin{array}{rr} & 3\text{ L } 800\text{ mL} \\ - & 1\text{ L } 500\text{ mL} \\ \hline \end{array} \rightarrow \begin{array}{rr} & 3\text{ L } 800\text{ mL} \\ - & 1\text{ L } 500\text{ mL} \\ \hline & 2\text{ L } 300\text{ mL} \end{array}$$

개념 자세히 보기

● **받아올림이 있는 들이의 덧셈과 받아내림이 있는 들이의 뺄셈을 알아보아요!**

• mL 단위의 수끼리 더한 값이 1000 mL이거나 1000 mL보다 크면 1000 mL를 1 L로 받아올림합니다.

$$\begin{array}{rr} & \overset{1}{3}\text{ L } 600\text{ mL} \\ + & 4\text{ L } 800\text{ mL} \\ \hline & 8\text{ L } 400\text{ mL} \end{array}$$

• mL 단위의 수끼리 뺄 수 없을 때에는 1 L를 1000 mL로 받아내림합니다.

$$\begin{array}{rr} & \overset{3}{\cancel{4}}\text{ L } \overset{1000}{200}\text{ mL} \\ - & 1\text{ L } 700\text{ mL} \\ \hline & 2\text{ L } 500\text{ mL} \end{array}$$

정답과 풀이 36쪽

1 수직선을 보고 □ 안에 알맞은 수를 써넣으세요.

3학년 1학기 때 배웠어요

1 km	200 m
+2 km	300 m
3 km	500 m

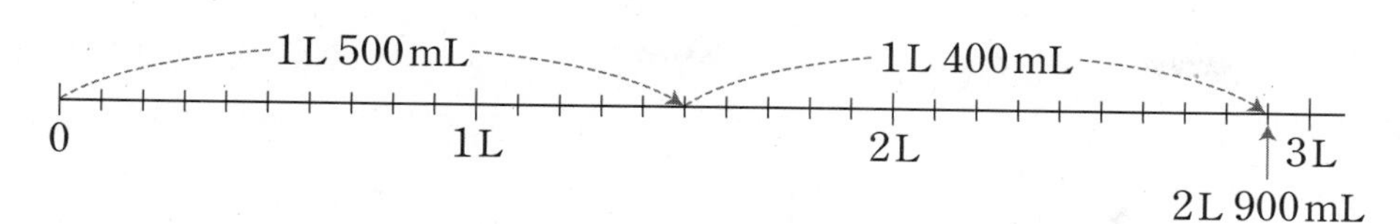

1 L 500 mL+1 L 400 mL= □ L □ mL

2 그림을 보고 □ 안에 알맞은 수를 써넣으세요.

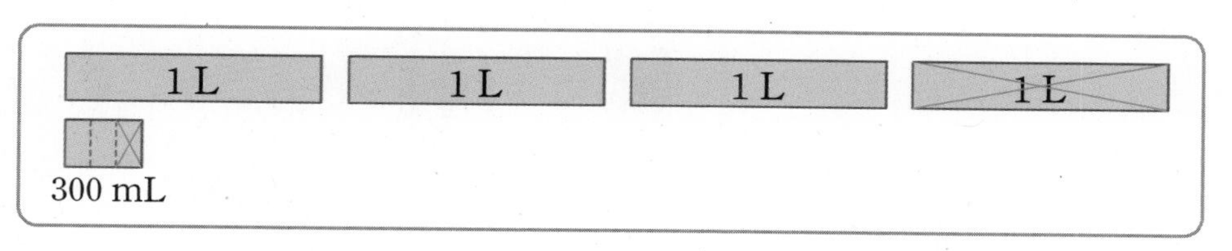

4 L 300 mL−1 L 100 mL= □ L □ mL

3 □ 안에 알맞은 수를 써넣으세요.

L 단위의 수끼리, mL 단위의 수끼리 더해요.

① 2 L 600 mL + 2 L 300 mL = □ L □ mL

② 6 L 400 mL + 1 L 200 mL = □ L □ mL

4 □ 안에 알맞은 수를 써넣으세요.

L 단위의 수끼리, mL 단위의 수끼리 빼요.

① 4 L 700 mL − 3 L 500 mL = □ L □ mL

② 8 L 900 mL − 6 L 200 mL = □ L □ mL

기본기 강화 문제

1 들이 비교하기(1)

- ㉮ 그릇에 물을 가득 채운 후 ㉯ 그릇에 옮겨 담았습니다. 그림과 같이 물이 채워졌을 때 들이가 더 많은 그릇의 기호를 써 보세요.

1

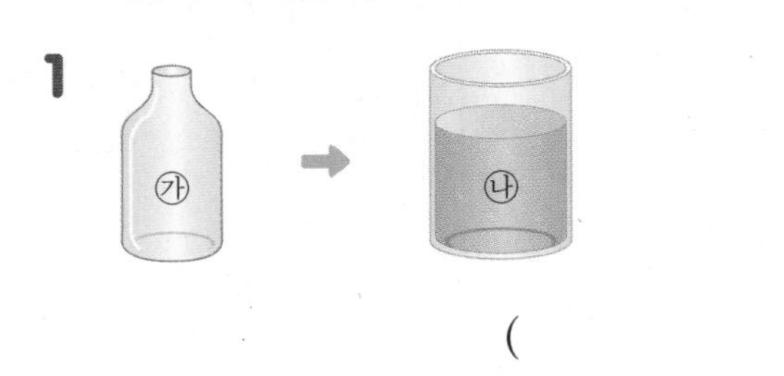

(   )

2

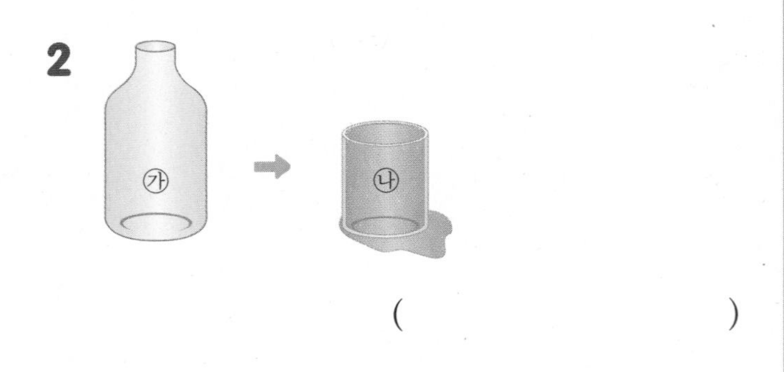

(   )

3

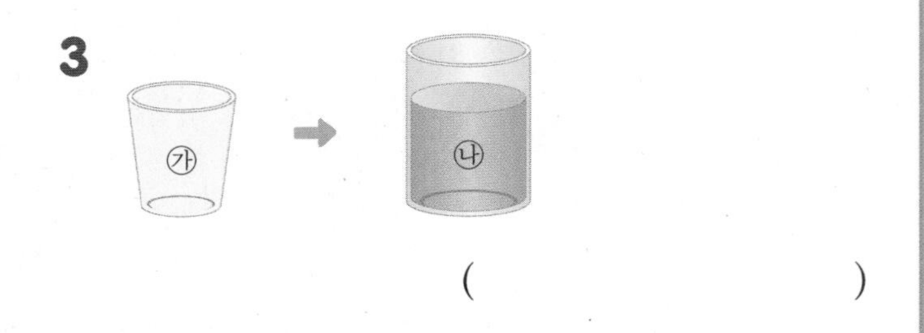

(   )

4

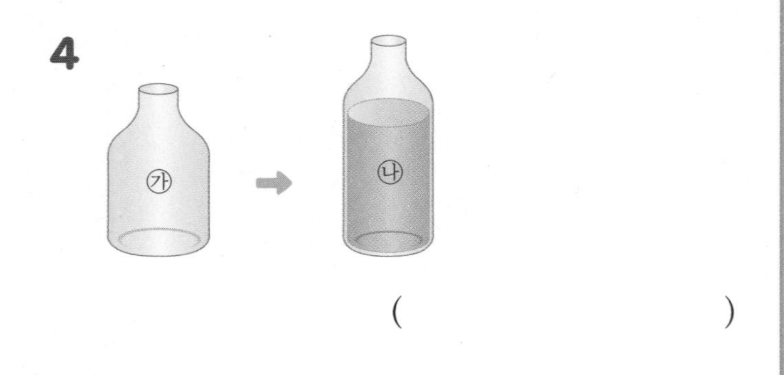

(   )

5

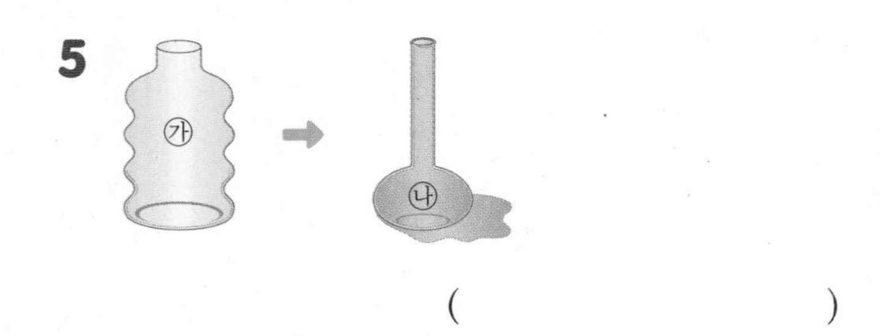

(   )

2 들이 비교하기(2)

- ㉮와 ㉯ 그릇에 물을 가득 채운 후 모양과 크기가 같은 그릇에 모두 옮겨 담았습니다. 그림과 같이 물이 채워졌을 때 들이가 더 많은 그릇의 기호를 써 보세요.

1

(   )

2

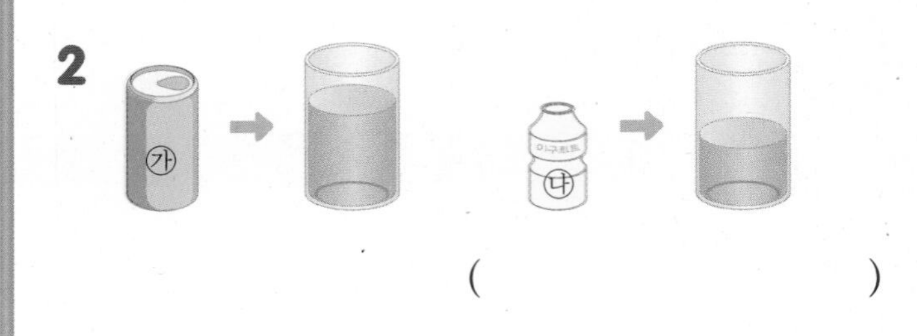

(   )

3

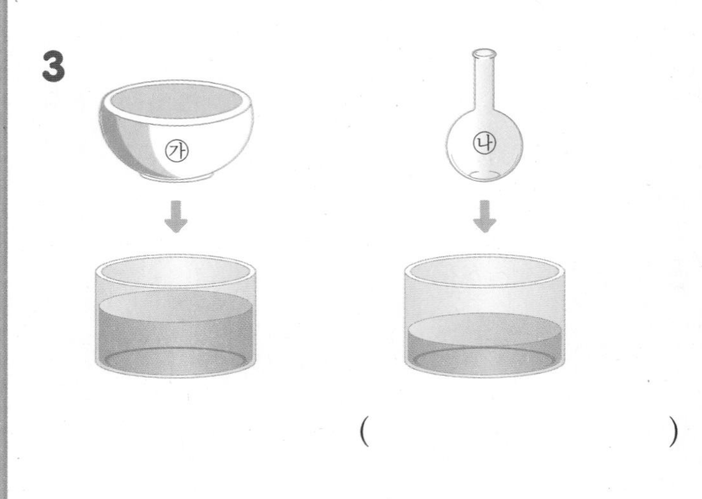

(   )

4

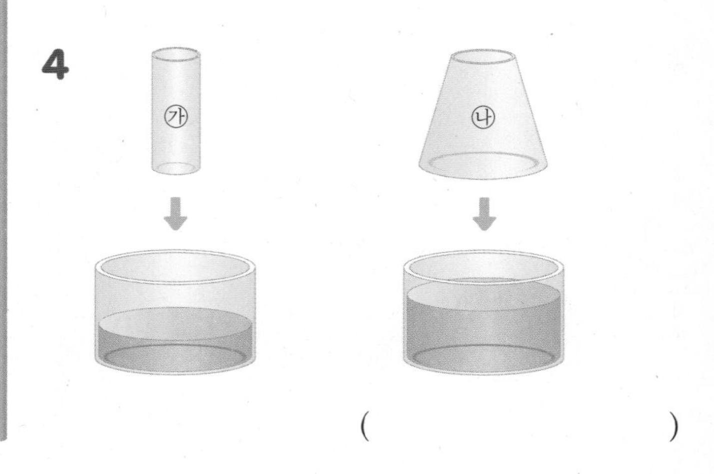

(   )

3 들이 비교하기(3)

- ㉮와 ㉯ 그릇에 물을 가득 채운 후 모양과 크기가 같은 작은 컵에 모두 옮겨 담았습니다. 들이가 더 많은 그릇의 기호를 써 보세요.

1

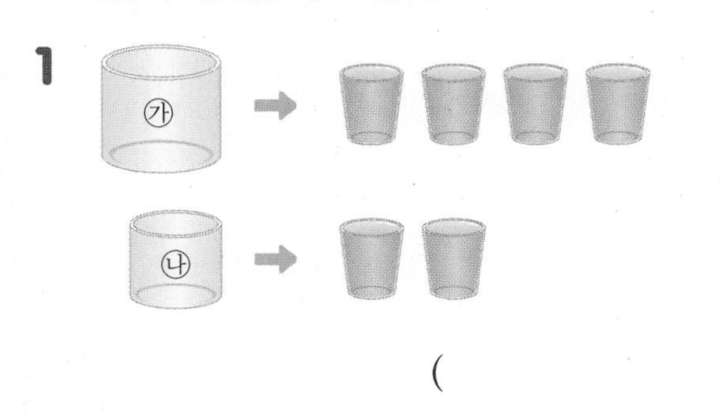

( )

2

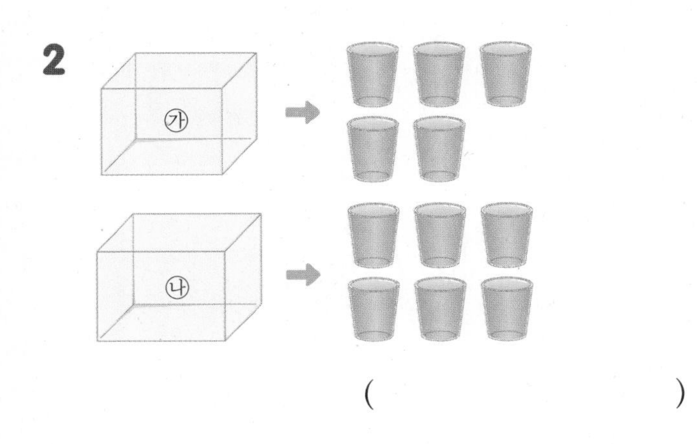

( )

3

( )

4

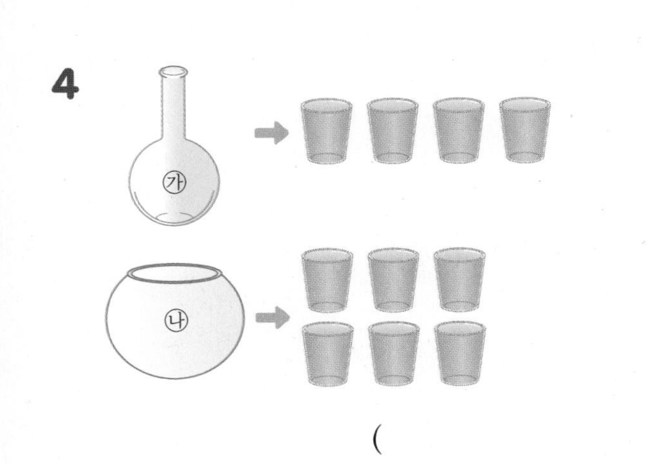

( )

4 들이 비교하기(4)

- 주어진 그릇에 물을 가득 채우기 위해 작은 그릇에 물을 가득 담아 각각 부어야 하는 횟수를 나타낸 표입니다. 들이가 더 많은 그릇의 기호를 써 보세요.

1

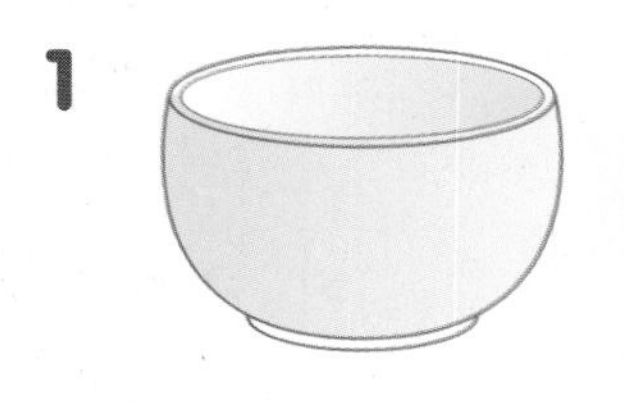

그릇	가	나
횟수(번)	11	7

( )

2

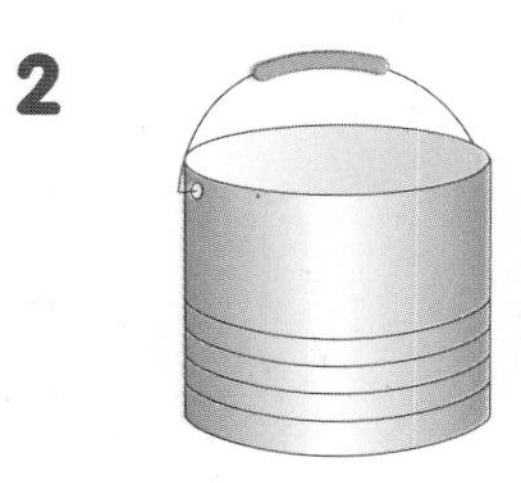

그릇	다	라
횟수(번)	25	32

( )

3

그릇	마	바
횟수(번)	14	15

( )

4

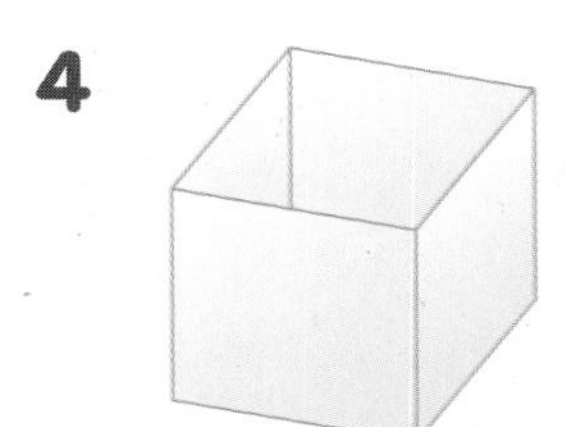

그릇	사	아
횟수(번)	21	18

( )

5

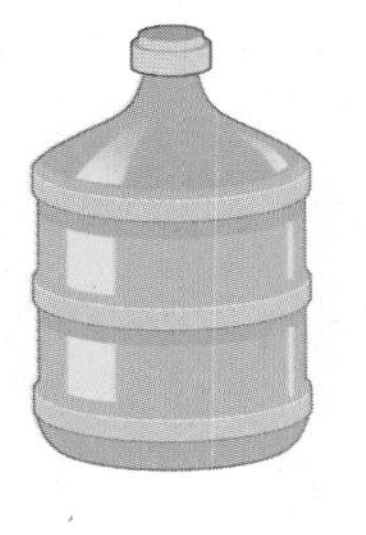

그릇	자	차
횟수(번)	42	53

( )

5 들이의 단위를 쓰고 읽기

• 주어진 들이를 쓰고 읽어 보세요.

1 2 L

쓰기

읽기

2 5 L

쓰기

읽기

3 11 L

쓰기

읽기

4 3 L 400 mL

쓰기

읽기

5 7 L 600 mL

쓰기

읽기

6 들이의 단위 사이의 관계 알아보기

• □ 안에 알맞은 수를 써넣으세요.

1 1 L=□ mL

2 8 L=□ mL

3 3000 mL=□ L

4 1 L 500 mL=□ mL

5 4 L 300 mL=□ mL

6 3 L 90 mL=□ mL

7 5 L 840 mL=□ mL

8 2700 mL=□ L □ mL

9 1050 mL=□ L □ mL

10 6008 mL=□ L □ mL

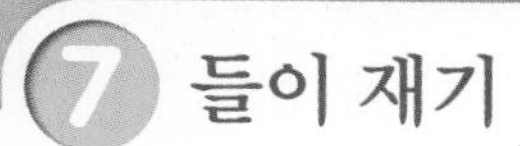

7 들이 재기

• □ 안에 알맞은 수를 써넣으세요.

1

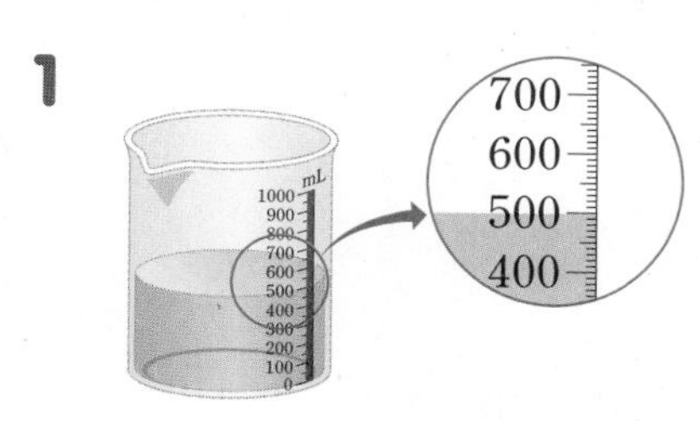

□ mL

2

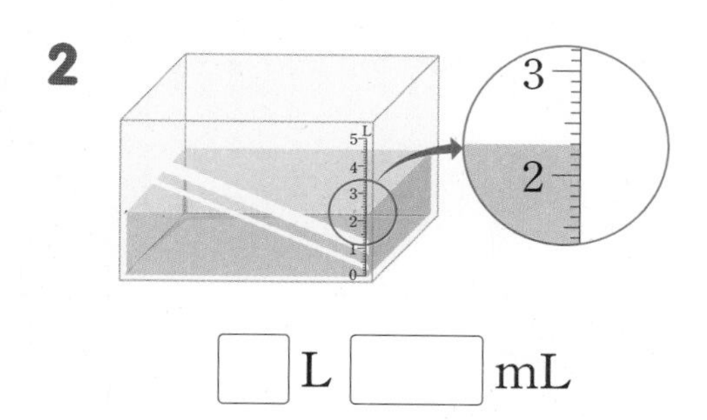

□ L □ mL

3

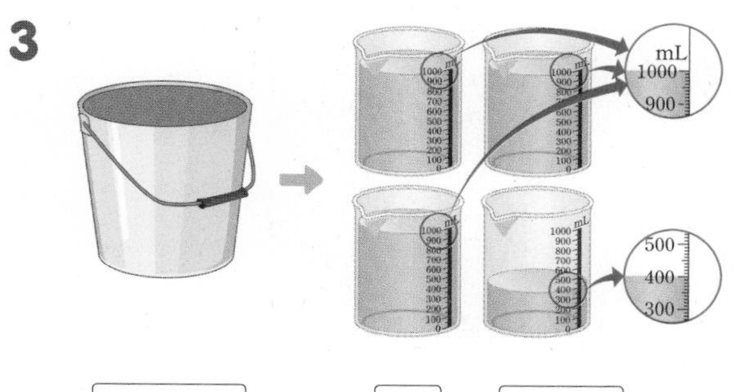

□ mL = □ L □ mL

4

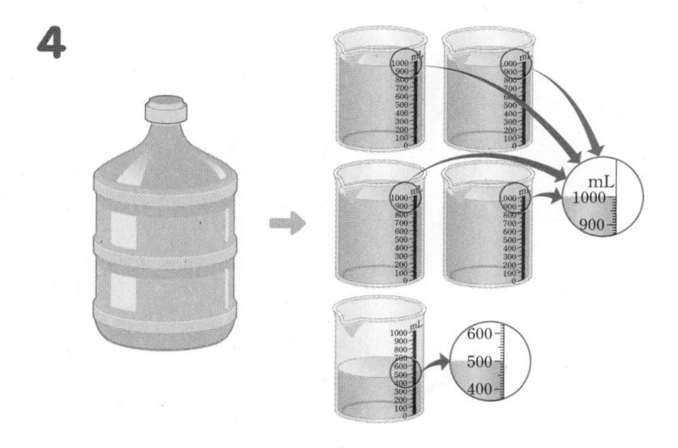

□ mL = □ L □ mL

8 들이를 비교하여 부등호로 나타내기

• ○ 안에 >, =, <를 알맞게 써넣으세요.

1 3 L 500 mL ○ 3 L 800 mL

2 2 L 800 mL ○ 5 L 100 mL

3 4 L 500 mL ○ 3 L 200 mL

4 1 L 900 mL ○ 1 L 500 mL

5 3 L 400 mL ○ 3040 mL

6 2500 mL ○ 2 L 700 mL

7 4 L 100 mL ○ 7050 mL

8 5130 mL ○ 4 L 800 mL

5

9 길 찾기

• 길을 따라 가서 L와 mL 중에서 알맞은 단위를 써넣으세요.

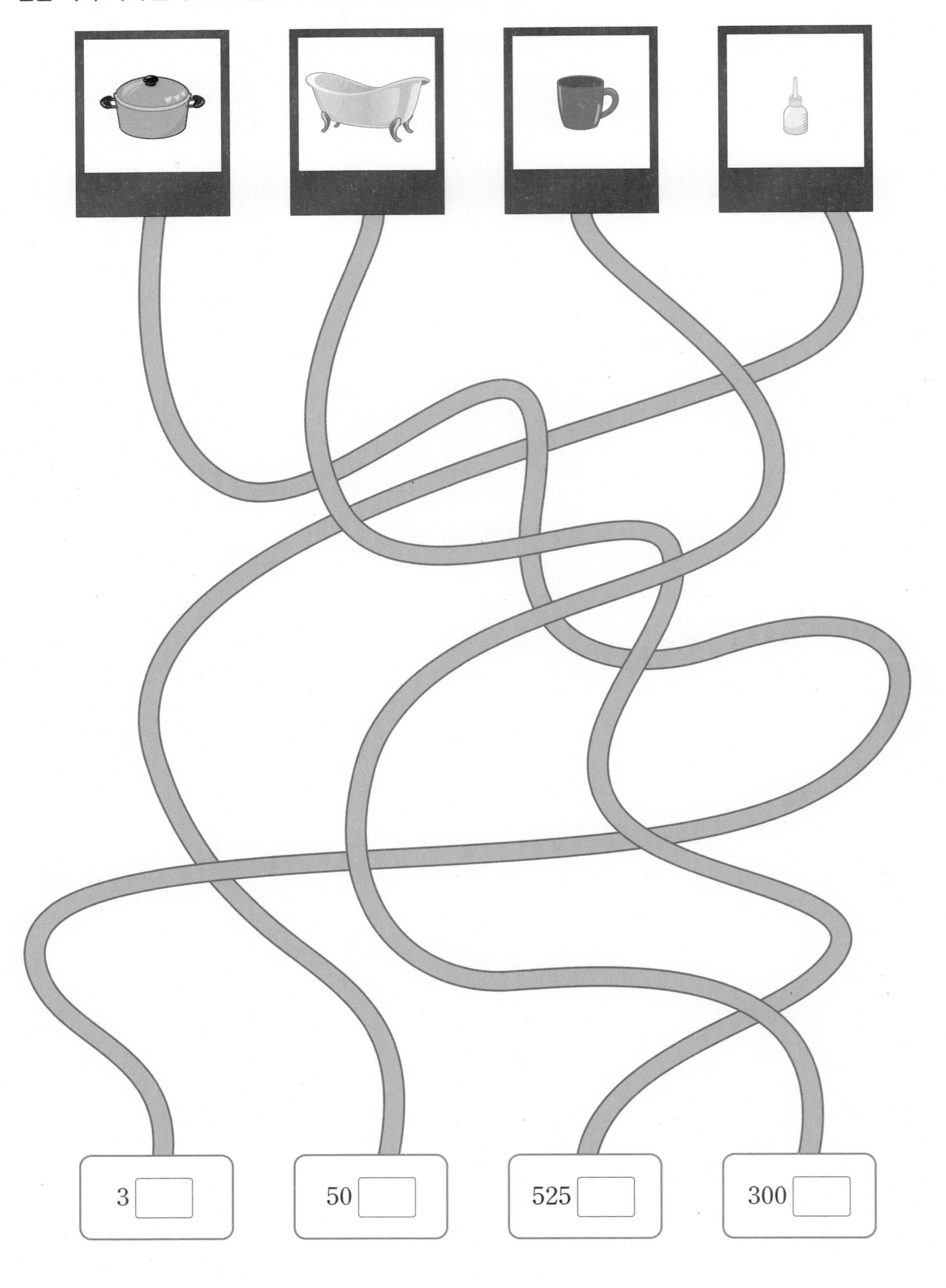

정답과 풀이 37쪽

10 들이의 덧셈

• □ 안에 알맞은 수를 써넣으세요.

1

$$\begin{array}{rrrr} & 1\text{ L} & 400\text{ mL} \\ + & 1\text{ L} & 300\text{ mL} \\ \hline & \square\text{ L} & \square\text{ mL} \end{array}$$

2

$$\begin{array}{rrrr} & 2\text{ L} & 500\text{ mL} \\ + & 8\text{ L} & 400\text{ mL} \\ \hline & \square\text{ L} & \square\text{ mL} \end{array}$$

3

$$\begin{array}{rrrr} & 4\text{ L} & 600\text{ mL} \\ + & 3\text{ L} & 600\text{ mL} \\ \hline & \square\text{ L} & \square\text{ mL} \end{array}$$

4 2 L 500 mL+7 L 200 mL

=□ L □ mL

5 1 L 700 mL+5 L 600 mL

=6 L □ mL=7 L □ mL

6 4600 mL+2200 mL

=□ mL=□ L □ mL

7 1800 mL+3300 mL

=□ mL=□ L □ mL

11 들이의 뺄셈

• □ 안에 알맞은 수를 써넣으세요.

1

$$\begin{array}{rrrr} & 6\text{ L} & 500\text{ mL} \\ - & 2\text{ L} & 100\text{ mL} \\ \hline & \square\text{ L} & \square\text{ mL} \end{array}$$

2

$$\begin{array}{rrrr} & 5\text{ L} & 800\text{ mL} \\ - & 2\text{ L} & 400\text{ mL} \\ \hline & \square\text{ L} & \square\text{ mL} \end{array}$$

3

$$\begin{array}{rrrr} & 9\text{ L} & 800\text{ mL} \\ - & 7\text{ L} & 900\text{ mL} \\ \hline & \square\text{ L} & \square\text{ mL} \end{array}$$

4 4 L 600 mL−2 L 300 mL

=□ L □ mL

5 9 L 300 mL−6 L 800 mL

=8 L 1300 mL−6 L 800 mL

=□ L □ mL

6 3500 mL−1400 mL

=□ mL=□ L □ mL

7 5700 mL−2900 mL

=□ mL=□ L □ mL

4 무게 비교하기

● **모양과 크기가 다른 물건의 무게 비교하기**

방법 1 양손에 물건을 하나씩 들고 비교합니다.

(사과의 무게) < (배의 무게) → 배를 든 손에 힘이 더 많이 들어갑니다.

방법 2 저울을 이용하여 비교합니다.

(사과의 무게) < (배의 무게)

내려간 쪽이 더 무겁습니다.

방법 3 같은 단위를 이용하여 무게를 재어서 비교합니다.

(사과의 무게) < (배의 무게)

→ (바둑돌 30개)<(바둑돌 38개)

개념 자세히 보기

• **무게를 비교하는 방법을 자세히 알아보아요!**

	방법 1	방법 2	방법 3
편리한 점	무게의 차이가 큰 경우 별다른 도구 없이 비교할 수 있습니다.	접시가 기울어진 정도를 통해 무게를 쉽게 비교할 수 있습니다.	무게의 차이를 정확히 알 수 있습니다.
불편한 점	무게의 차이가 크지 않으면 비교가 힘듭니다.	무게의 차이를 정확히 알기 힘듭니다.	무게가 작고 같은 단위가 여러 개 있어야 합니다.

정답과 풀이 38쪽

1 무게가 무거운 것부터 차례대로 ( ) 안에 1, 2, 3을 써넣으세요.

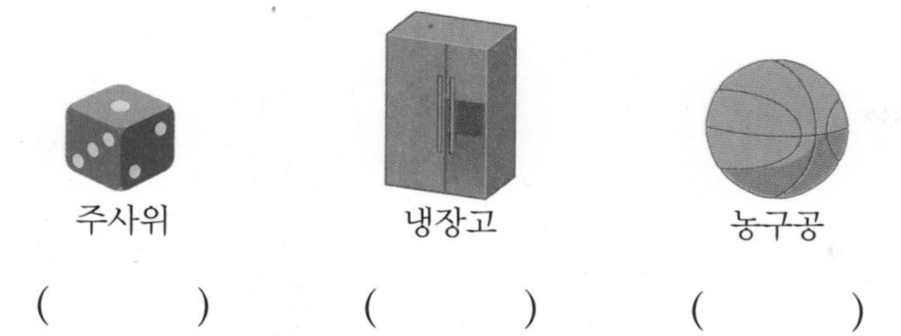

( ) ( ) ( )

2 연필과 필통의 무게를 비교하려고 합니다. 알맞은 말에 ○표 하고, 물음에 답하세요.

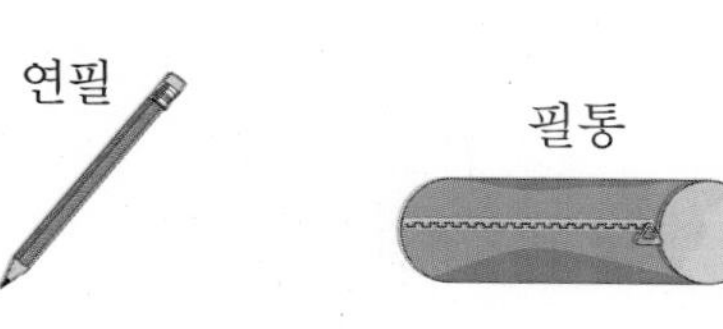

① 눈으로 보기에는 (연필 , 필통)이 더 무거워 보입니다.

② 양손으로 직접 들어 보면 (연필 , 필통)이 더 무겁게 느껴집니다.

③ 저울을 이용하여 무게를 비교하였습니다.
어느 것이 더 무거울까요?

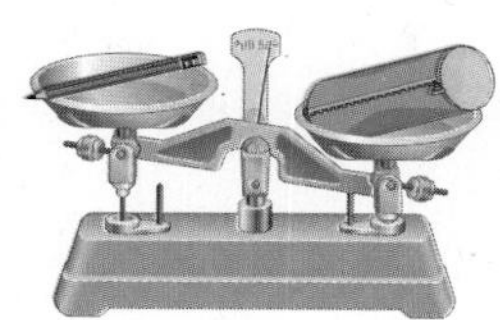

( )

5

3 저울과 100원짜리 동전을 이용하여 고구마와 감자 중 어느 것이 얼마나 더 무거운지 알아보려고 합니다. □ 안에 알맞은 수나 말을 써넣으세요.

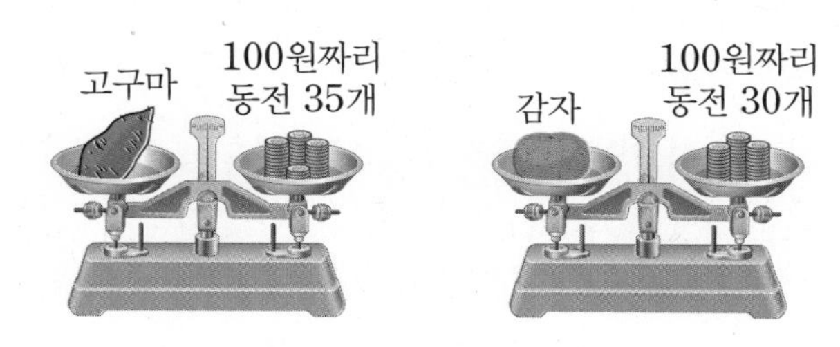

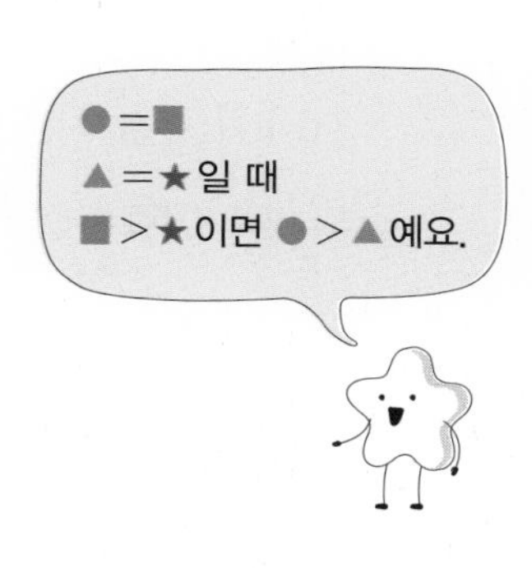

① 고구마의 무게는 100원짜리 동전 □개의 무게와 같습니다.

② 감자의 무게는 100원짜리 동전 □개의 무게와 같습니다.

③ □가 □보다 100원짜리 동전 □개만큼 더 무겁습니다.

5 무게의 단위, 무게를 어림하고 재어 보기

무게의 단위

• 무게의 단위: 킬로그램, 그램, 톤 등

• 1 킬로그램, 1 그램 알아보기

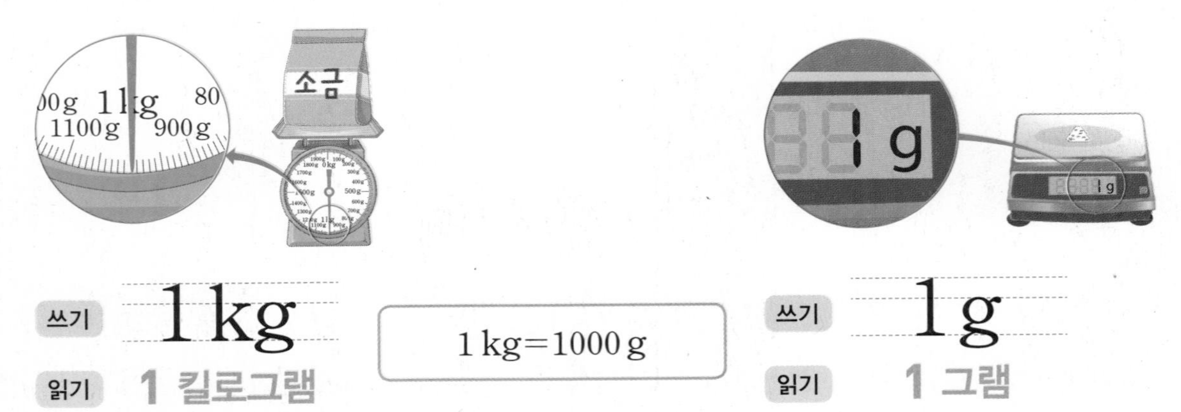

쓰기 1 kg

읽기 1 킬로그램

1 kg=1000 g

쓰기 1 g

읽기 1 그램

• 1 kg보다 700 g 더 무거운 무게 알아보기

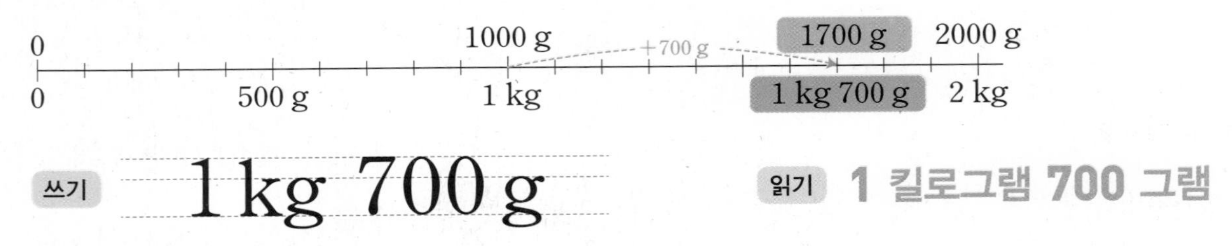

쓰기 1 kg 700 g

읽기 1 킬로그램 700 그램

• 1 톤 알아보기

1000 kg의 무게를 1 t이라 쓰고 1톤이라고 읽습니다.

1 t=1000 kg

쓰기 1 t

읽기 1 톤

무게를 어림하고 재어 보기

• 1 kg을 기준으로 1 kg보다 많으면 kg, 적으면 g으로 나타냅니다.

• 1000 kg을 기준으로 1000 kg보다 많으면 t, 적으면 kg으로 나타냅니다.

• 무게를 어림하여 말할 때에는 약 □ kg 또는 약 □ g이라고 합니다.

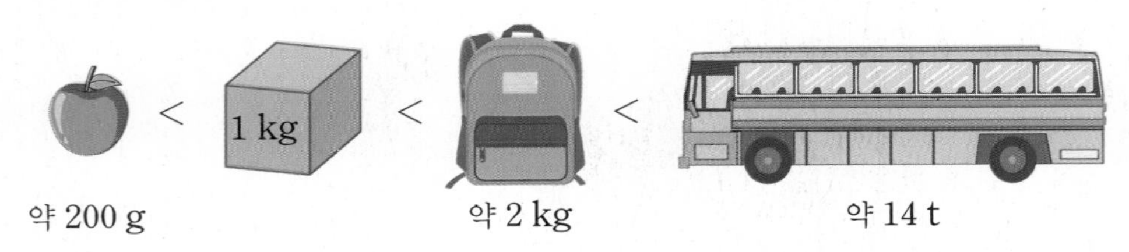

약 200 g　　약 2 kg　　약 14 t

➔ 정답과 풀이 38쪽

1 알맞은 단위에 ○표 하고 □ 안에 알맞은 수를 써넣으세요.

① 1 킬로그램은 1 (kg , g)이라 쓰고, 1 그램은 1 (kg , g)이라고 씁니다.

② 1 kg은 □ g과 같습니다.

무게의 단위에는 그램, 킬로그램 등이 있어요.

2 저울의 눈금을 읽어 보세요.

①

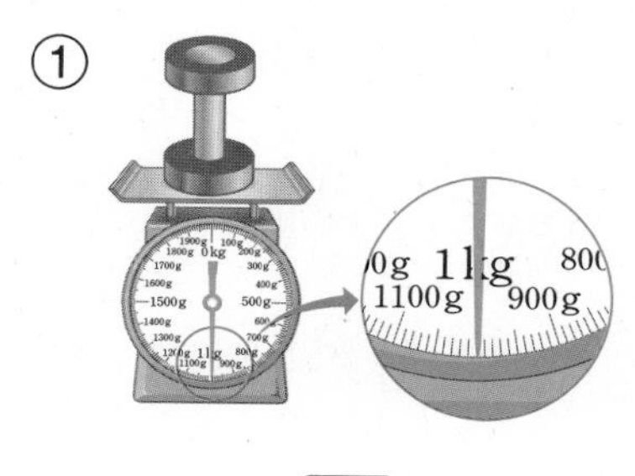

□ kg

②

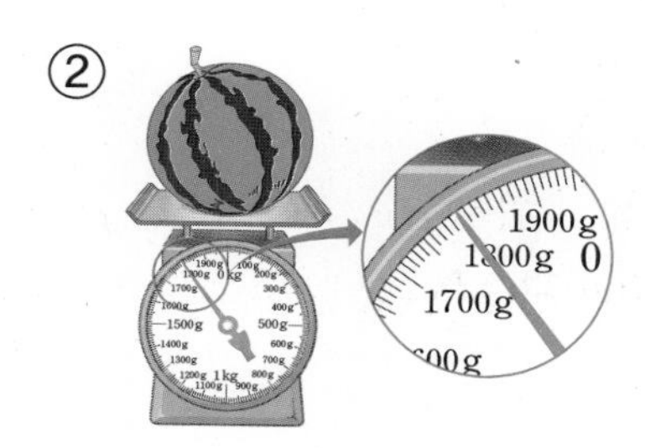

□ g

3 □ 안에 알맞은 수를 써넣으세요.

① 1 kg 900 g= □ g+900 g= □ g

② 5400 g= □ g+400 g= □ kg □ g

2 kg 300 g
=2 kg+300 g
=2000 g+300 g
=2300 g

4 무게가 1 kg보다 더 무거운 것에 ○표, 더 가벼운 것에 △표 하세요.

①

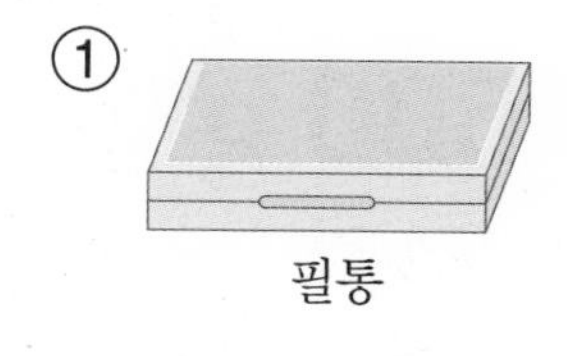

필통

( )

②

( )

5 참외의 무게를 재었더니 다음과 같았습니다. 참외 한 개의 무게는 약 몇 g일까요?

①

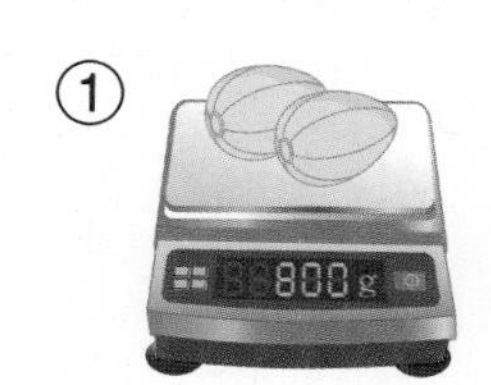

약 □ g

②

약 □ g

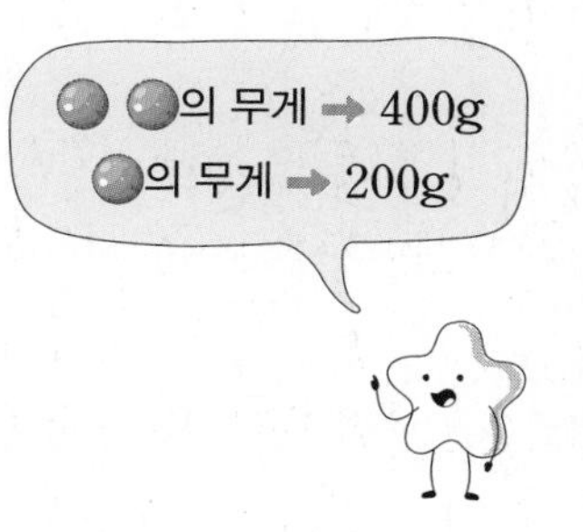

6 무게의 덧셈과 뺄셈

● **무게의 합 구하기**

• kg 단위의 수끼리, g 단위의 수끼리 더합니다.

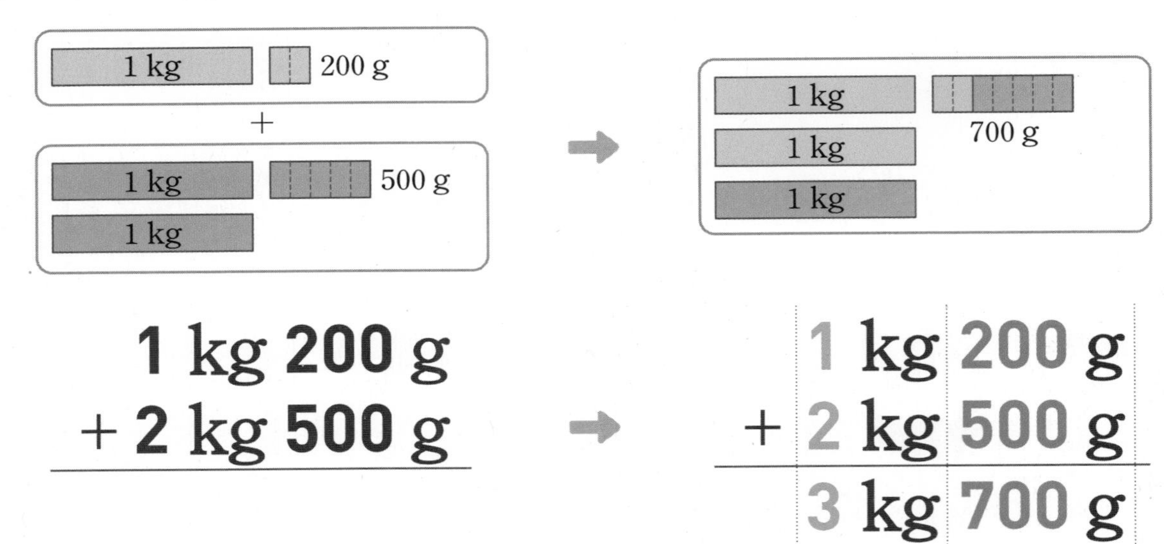

● **무게의 차 구하기**

• kg 단위의 수끼리, g 단위의 수끼리 뺍니다.

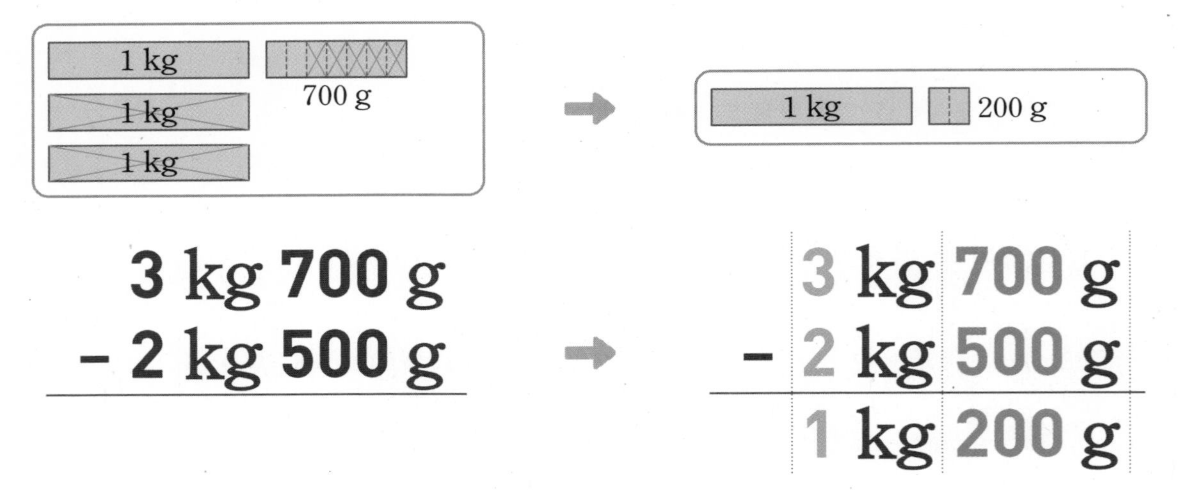

개념 자세히 보기

• **받아올림이 있는 무게의 덧셈과 받아내림이 있는 무게의 뺄셈을 알아보아요!**

• g 단위의 수끼리 더한 값이 1000 g이거나 1000 g보다 크면 1000 g을 1 kg으로 받아올림합니다.

$$\begin{array}{r} {\scriptstyle 1}\phantom{\text{ kg 400 g}} \\ 1\text{ kg }400\text{ g} \\ +\ 5\text{ kg }800\text{ g} \\ \hline 7\text{ kg }200\text{ g} \end{array}$$

• g 단위의 수끼리 뺄 수 없을 때에는 1 kg을 1000 g으로 받아내림합니다.

$$\begin{array}{r} {\scriptstyle 2}\quad{\scriptstyle 1000}\phantom{\text{ g}} \\ \not{3}\text{ kg }400\text{ g} \\ -\ 1\text{ kg }500\text{ g} \\ \hline 1\text{ kg }900\text{ g} \end{array}$$

1 수직선을 보고 ☐ 안에 알맞은 수를 써넣으세요.

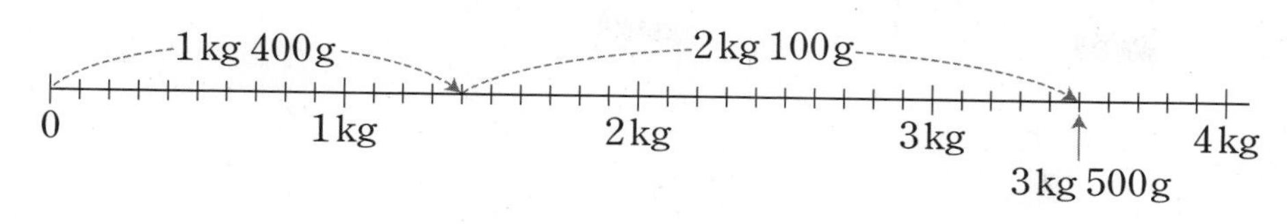

1 kg 400 g+2 kg 100 g=☐ kg ☐ g

2 그림을 보고 ☐ 안에 알맞은 수를 써넣으세요.

1 kg　1 kg　1 kg　1 kg
500 g

4 kg 500 g−2 kg 300 g=☐ kg ☐ g

3 | 800
−2 | 400
1 | 400
↓
3 kg 800 g
−2 kg 400 g
1 kg 400 g

3 ☐ 안에 알맞은 수를 써넣으세요.

① 2 kg 200 g
+ 3 kg 600 g
☐ kg ☐ g

② 6 kg 500 g
+ 1 kg 400 g
☐ kg ☐ g

4 ☐ 안에 알맞은 수를 써넣으세요.

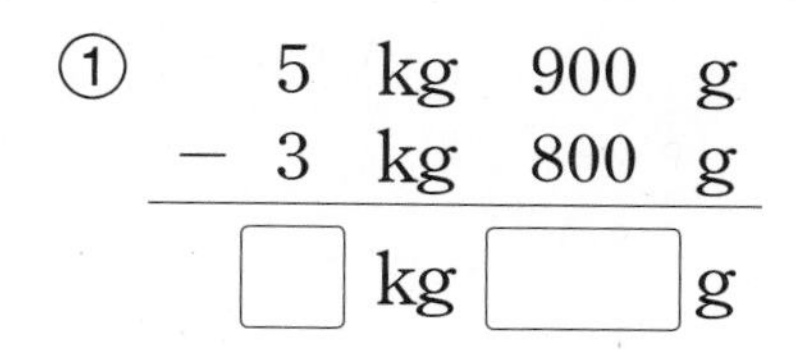

① 5 kg 900 g
− 3 kg 800 g
☐ kg ☐ g

② 8 kg 500 g
− 1 kg 400 g
☐ kg ☐ g

5

기본기 강화 문제

⑫ 무게 비교하기(1)

• 무게가 무거운 것부터 차례대로 기호를 써 보세요.

1

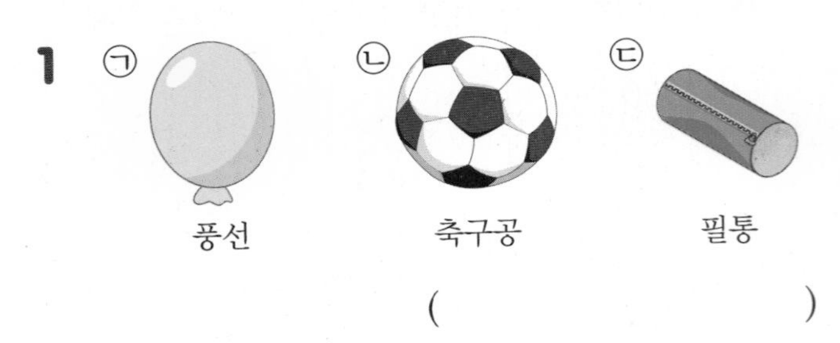

풍선 축구공 필통

(　　　　　　　　)

2

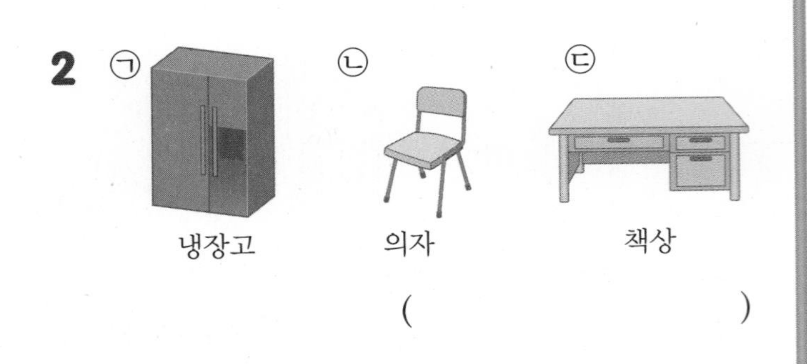

냉장고 의자 책상

(　　　　　　　　)

3

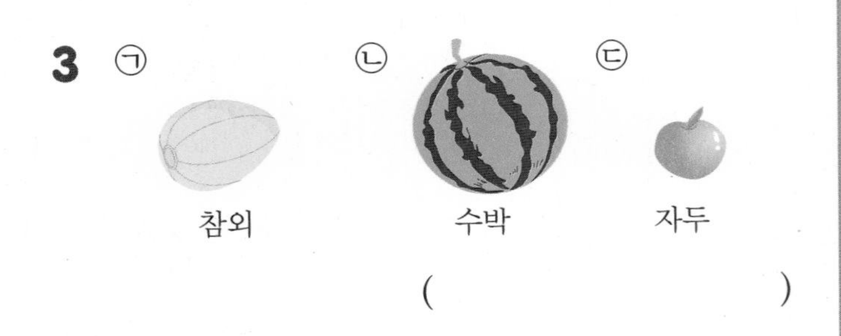

참외 수박 자두

(　　　　　　　　)

4

탁구 라켓 야구 방망이

자동차 자전거

(　　　　　　　　)

⑬ 무게 비교하기(2)

• 무게를 비교하여 더 무거운 물건의 이름을 써 보세요.

1

(　　　　　　　　)

2

(　　　　　　　　)

3

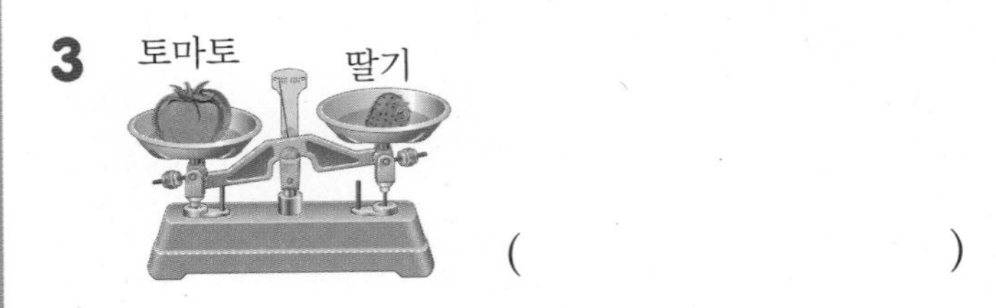

(　　　　　　　　)

4

(　　　　　　　　)

5

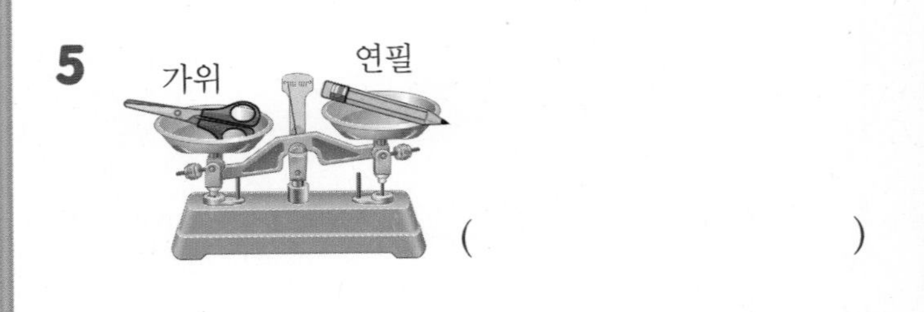

(　　　　　　　　)

6

(　　　　　　　　)

14 무게 비교하기(3)

• 무게를 비교하여 더 무거운 물건의 이름을 써 보세요.

1

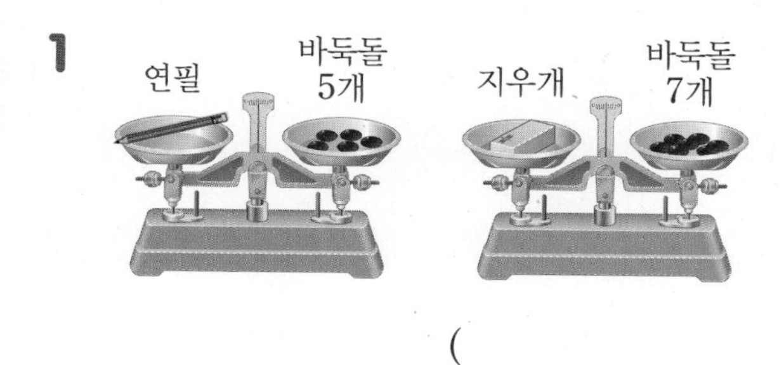

( )

2

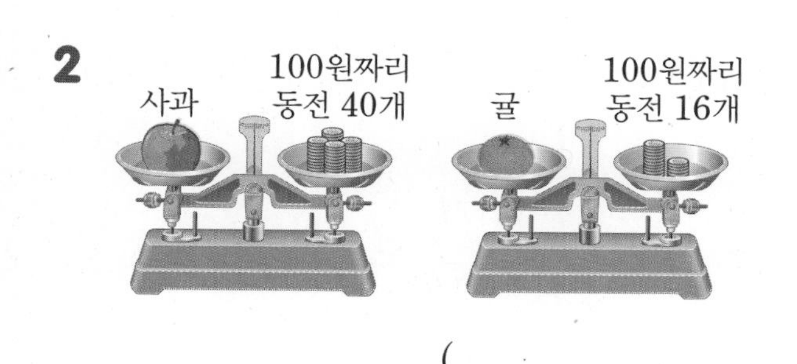

( )

3

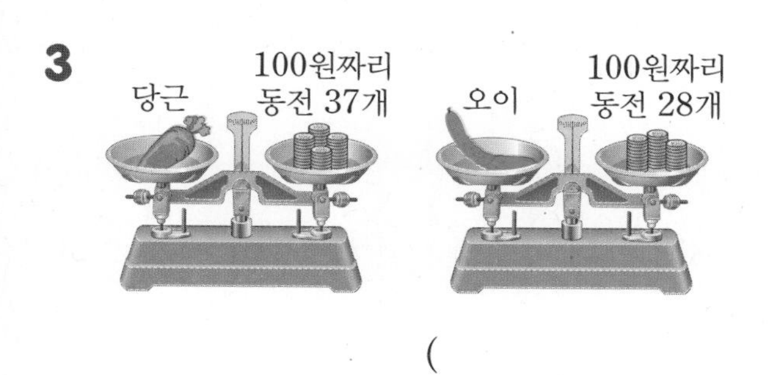

( )

4

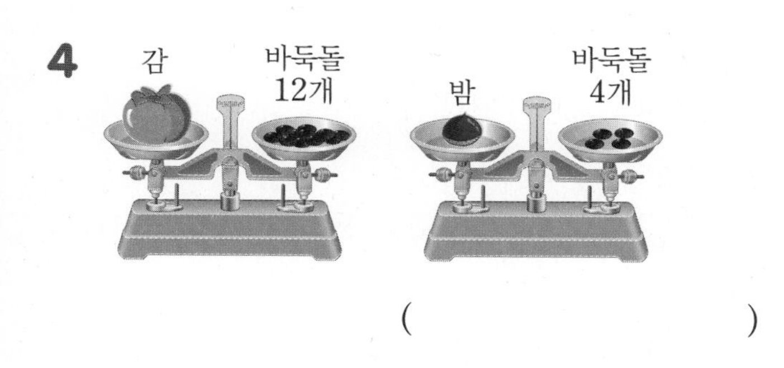

( )

15 무게 비교하기(4)

• 똑같은 물건의 무게를 각각 다른 단위를 이용하여 무게를 재었습니다. 한 개의 무게가 더 무거운 것에 ○표 하세요.

1

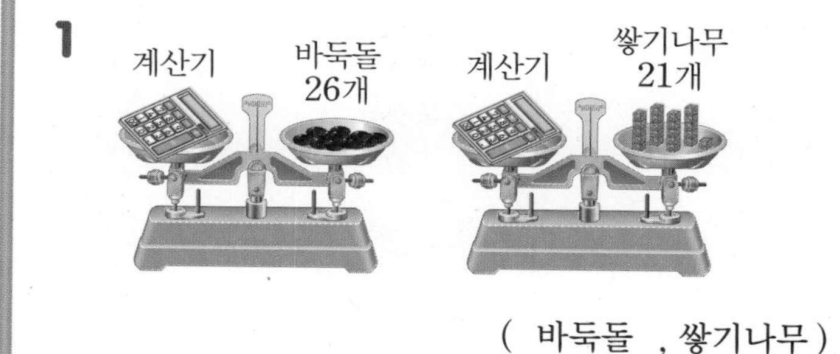

(바둑돌 , 쌓기나무)

2

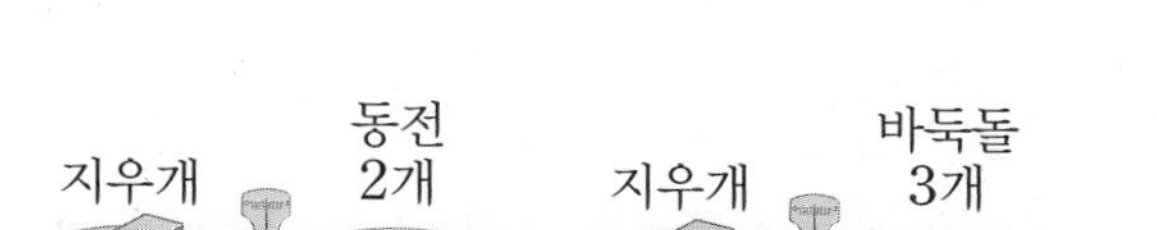

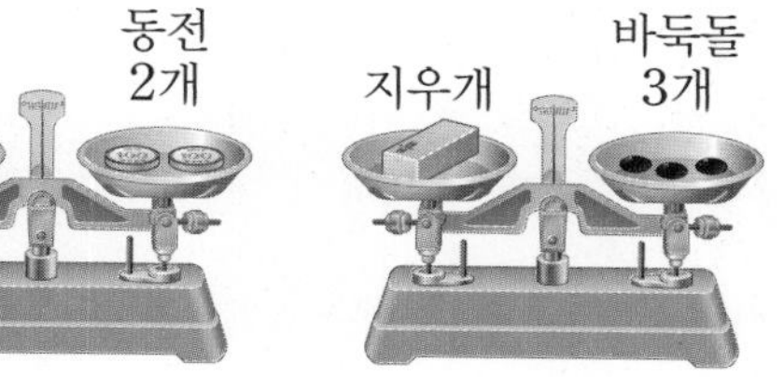

(동전 , 바둑돌)

3

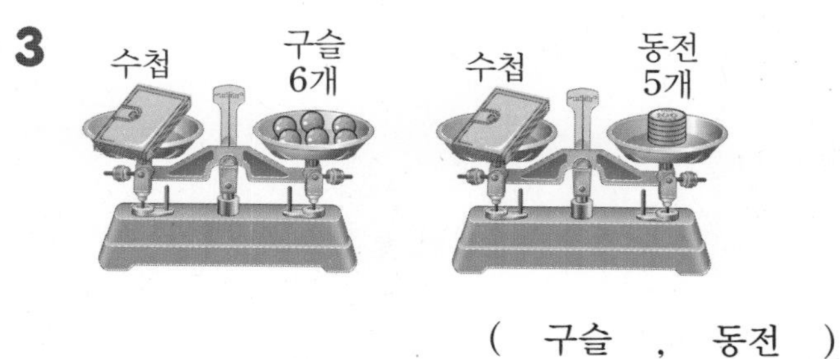

(구슬 , 동전)

4

(쌓기나무 , 동전)

5

(바둑돌 , 구슬)

5

16 무게의 단위를 쓰고 읽기

• 주어진 무게를 쓰고 읽어 보시오.

1 3 kg

쓰기

읽기

2 4 kg 200 g

쓰기

읽기

3 6 kg 500 g

쓰기

읽기

4 7 t

쓰기

읽기

5 9 t

쓰기

읽기

17 무게의 단위 사이의 관계 알아보기

• □ 안에 알맞은 수를 써넣으세요.

1 1 kg=□g

2 7 kg=□g

3 4000 g=□kg

4 1 kg 700 g=□g

5 2 kg 600 g=□g

6 5300 g=□kg □g

7 1080 g=□kg □g

8 2340 g=□kg □g

9 5000 kg=□t

10 6 t=□kg

정답과 풀이 40쪽

18 무게 재기

• 저울의 눈금을 읽어 보세요.

1

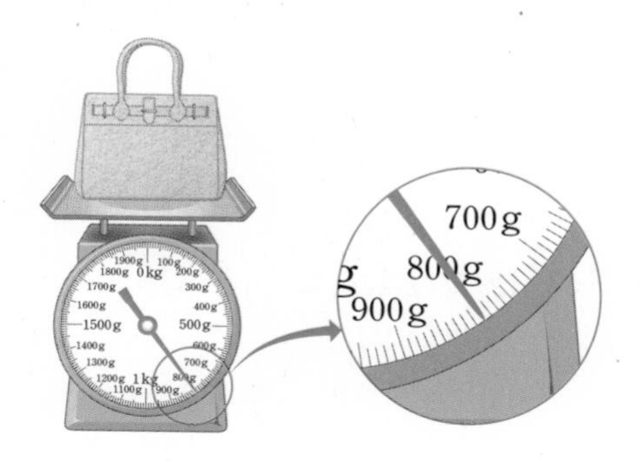

□ g

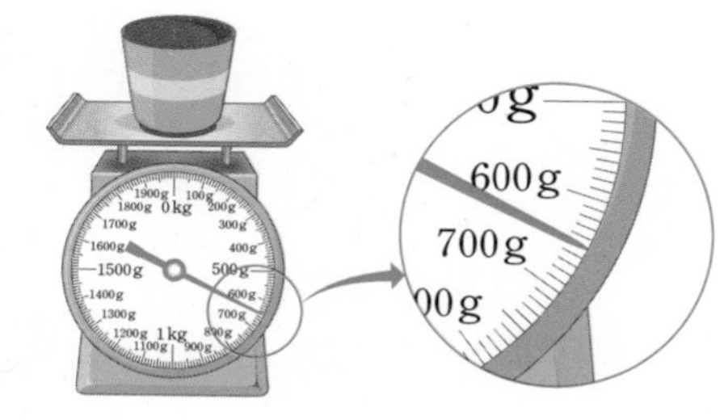

□ g

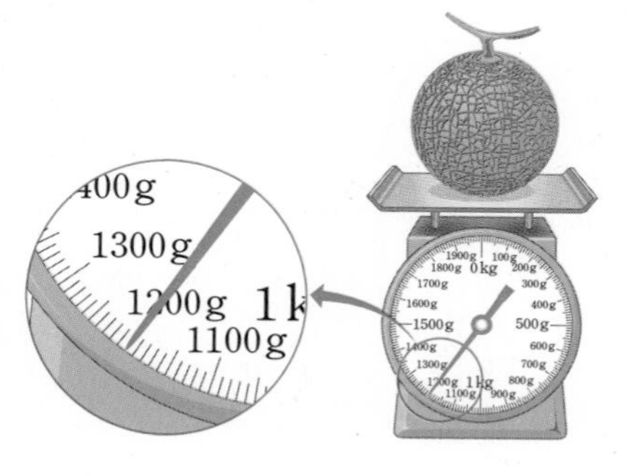

□ g= □ kg □ g

4

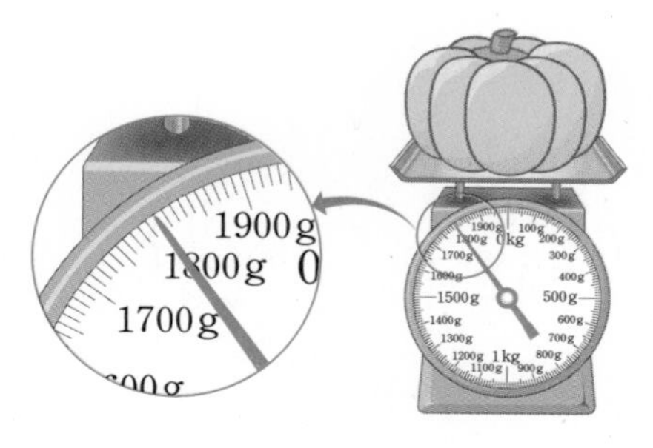

□ g= □ kg □ g

19 무게를 비교하여 부등호로 나타내기

• ○ 안에 $>$, $=$, $<$를 알맞게 써넣으세요.

1 5 kg 600 g ○ 5 kg 100 g

2 3 kg 900 g ○ 4 kg 300 g

3 5 kg 800 g ○ 3 kg 900 g

4 6 kg 500 g ○ 6050 g

5 1 kg 400 g ○ 1600 g

6 3300 g ○ 2 kg 200 g

7 2050 kg ○ 3 t

8 9 t ○ 9000 kg

20 무게가 가장 무거운 것 찾기

• 무게가 가장 무거운 것을 찾아 기호를 써 보세요.

1

㉠ 3 kg 100 g
㉡ 3500 g
㉢ 2700 g

(　　　　　　)

2

㉠ 6700 g
㉡ 7 kg 600 g
㉢ 6 kg 70 g

(　　　　　　)

3

㉠ 1500 g
㉡ 4 kg 650 g
㉢ 7 kg 100 g

(　　　　　　)

4

㉠ 5 kg 200 g
㉡ 5020 g
㉢ 4200 g

(　　　　　　)

5

㉠ 4080 g
㉡ 4 kg 800 g
㉢ 4 kg 180 g

(　　　　　　)

21 알맞은 무게의 단위 고르기

• 보기 에서 알맞은 단위를 찾아 □ 안에 써넣으세요.

보기

g　　kg　　t

1 야구공의 무게는 약 145 □입니다.

2 내 동생의 몸무게는 약 25 □입니다.

3 코끼리의 무게는 약 5 □입니다.

4 동화책 한 권의 무게는 약 420 □입니다.

5 버스의 무게는 약 15 □입니다.

6 사과 한 개의 무게는 약 200 □입니다.

7 설탕 한 봉지의 무게는 약 1 □입니다.

8 배구공의 무게는 약 280 □입니다.

9 소방차의 무게는 약 22 □입니다.

10 냉장고의 무게는 약 160 □입니다.

➔ 정답과 풀이 41쪽

22 사자성어 완성하기

• 열기구에 적힌 무게가 가벼울수록 더 높이 올라갑니다. 높이 올라가는 열기구에 적힌 글자부터 차례대로 늘어놓고 사자성어를 완성해 보세요.

1

1 kg 20 g
기
1300 g
성
120 g
대
1 kg 200 g
만

사자성어: □□□□(大器晩成)

뜻: 큰 사람이 되기 위해서는 많은 노력과 시간이 필요하다는 뜻

2

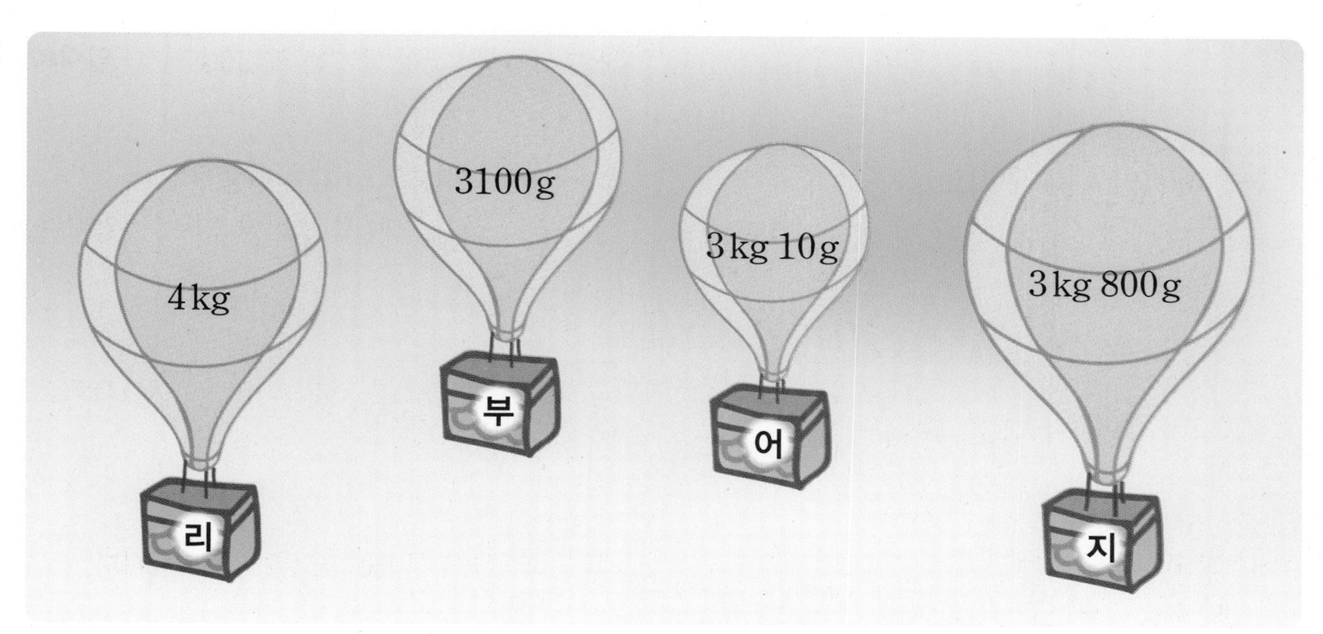

사자성어: □□□□(漁父之利)

뜻: 둘이 서로 싸움을 하는 사이에 다른 사람이 이익을 차지한다는 뜻

23 무게의 덧셈

- □ 안에 알맞은 수를 써넣으세요.

1

	1 kg	500 g
+	1 kg	400 g
	□ kg	□ g

2

	3 kg	300 g
+	4 kg	200 g
	□ kg	□ g

3

	5 kg	800 g
+	2 kg	600 g
	□ kg	□ g

4 7 kg 300 g+1 kg 500 g

=□ kg □ g

5 2 kg 500 g+4 kg 700 g

=□ kg □ g

6 3400 g+5200 g

=□ g=□ kg □ g

7 2400 g+6700 g

=□ g=□ kg □ g

24 무게의 뺄셈

- □ 안에 알맞은 수를 써넣으세요.

1

	6 kg	800 g
−	2 kg	600 g
	□ kg	□ g

2

	4 kg	700 g
−	1 kg	500 g
	□ kg	□ g

3

	9 kg	400 g
−	3 kg	700 g
	□ kg	□ g

4 3 kg 600 g−1 kg 300 g

=□ kg □ g

5 3 kg 100 g−1 kg 500 g

=□ kg □ g

6 4800 g−2700 g

=□ g=□ kg □ g

7 6200 g−3800 g

=□ g=□ kg □ g

단원 평가

점수 확인

1 가와 나 그릇에 물을 가득 채운 후 모양과 크기가 같은 작은 컵에 모두 옮겨 담았습니다. 들이가 더 적은 그릇의 기호를 써 보세요.

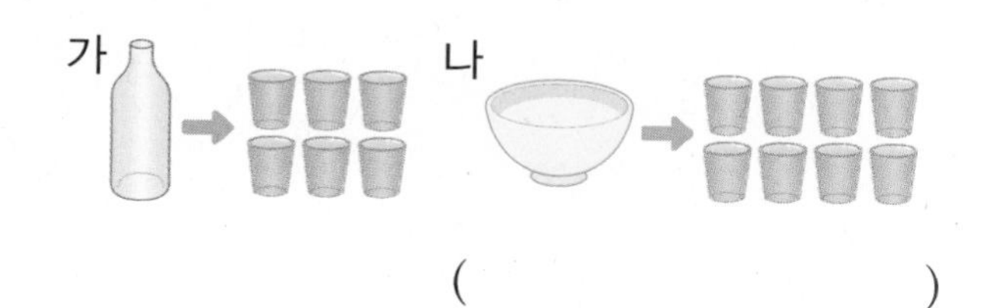

( )

2 □ 안에 알맞은 단위나 말을 써넣으세요.

2 L보다 500 mL 더 많은 들이를
2 □ 500 □(이)라 쓰고,
2 □ 500 □(이)라고 읽습니다.

3 물의 양은 몇 L 몇 mL인지 □ 안에 알맞은 수를 써넣으세요.

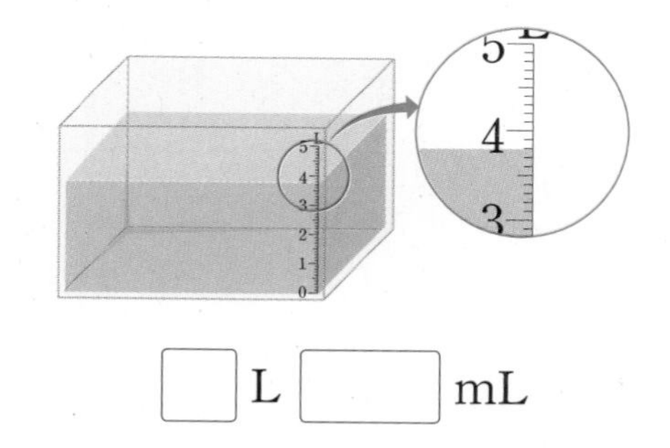

□ L □ mL

4 단위 사이의 관계가 잘못된 것은 어느 것일까요? ( )

① 1 L=1000 mL
② 4000 mL=4 L
③ 7006 mL=7 L 6 mL
④ 5 L 800 mL=580 mL
⑤ 2050 mL=2 L 50 mL

[5~6] 민우와 시완이는 과학 실험실에서 여러 가지 용기의 들이를 알아보았습니다. 물음에 답하세요.

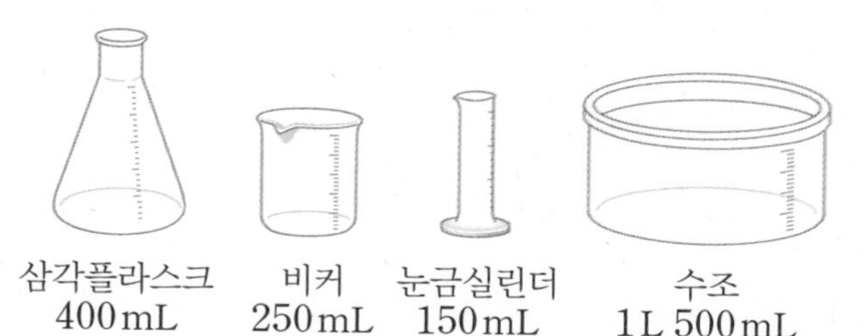

5 물이 가장 많이 들어가는 용기는 어느 것일까요?

( )

6 비커와 눈금실린더에 물을 가득 담아 합하면 어느 것에 가득 담은 물의 양과 같을까요?

( )

7 □ 안에 알맞은 수를 써넣으세요.

(1) 7 L 100 mL+1 L 800 mL
=□ L □ mL

(2) 5 L 400 mL−2 L 600 mL
=□ L □ mL

8 냉장고에 오렌지 주스가 1 L 300 mL, 포도 주스가 2 L 100 mL 있습니다. 냉장고에 있는 오렌지 주스와 포도 주스는 모두 몇 L 몇 mL일까요?

( )

9 관계있는 것끼리 이어 보세요.

3t •	• 3000g
3kg •	• 3000kg
3kg 300g •	• 3300g

10 저울의 눈금을 읽어 보세요.

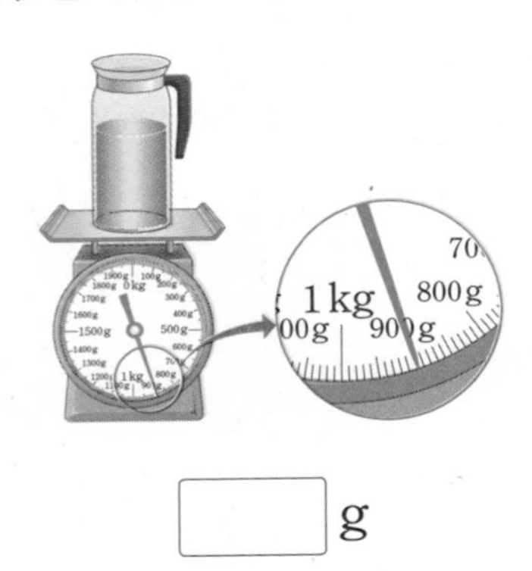

☐g

11 저울과 동전을 이용하여 사과와 포도의 무게를 비교하였습니다. ☐ 안에 알맞은 수나 말을 써넣으세요.

☐가 ☐보다 100원짜리 동전 ☐개만큼 더 무겁습니다.

12 1 kg보다 더 무거운 물건을 모두 찾아 ○표 하세요.

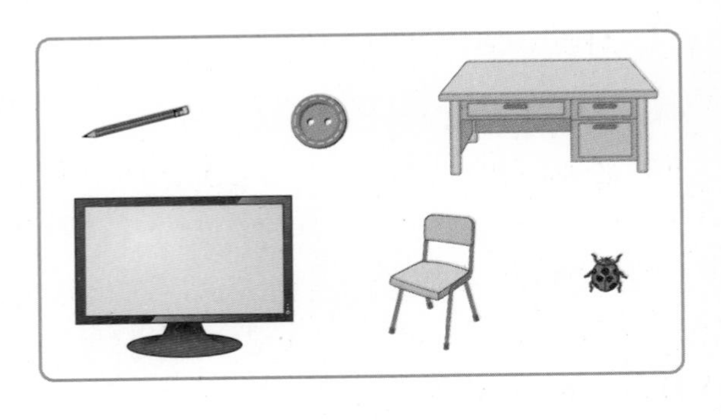

13 ☐ 안에 알맞은 수를 써넣으세요.

(1) 2700 g=☐kg ☐g

(2) 3 kg 50 g=☐g

14 무게가 가장 무거운 것을 찾아 기호를 써 보세요.

㉠ 5070 g
㉡ 5 kg 700 g
㉢ 5 kg 170 g

( )

15 밤 줍기 체험 학습에서 밤을 선우는 2600 g 주웠고, 주희는 3 kg 400 g 주웠습니다. 누가 밤을 더 많이 주웠을까요?

( )

서술형 문제

정답과 풀이 42쪽

16 연정이와 동생은 오른쪽 그림과 같은 수박의 무게를 다음과 같이 어림하였습니다. 연정이와 동생 중에서 실제 수박의 무게에 더 가깝게 어림한 사람은 누구일까요?

- 연정: 수박 한 통의 무게가 1 kg 400 g일 것 같아.
- 동생: 내 생각에는 1 kg 100 g일 것 같아.

(　　　　　　　　)

17 □ 안에 알맞은 수를 써넣으세요.

(1) 3 kg 400 g+2 kg 500 g
=□ kg □ g

(2) 9600 g−8 kg 500 g
=□ kg □ g

18 무게를 비교하여 ○ 안에 >, =, <를 알맞게 써넣으세요.

(1) 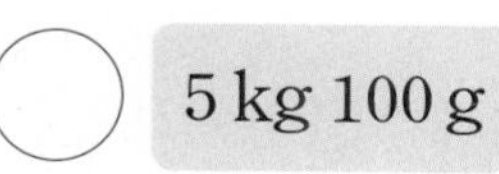

○ 5 kg 100 g

(2) 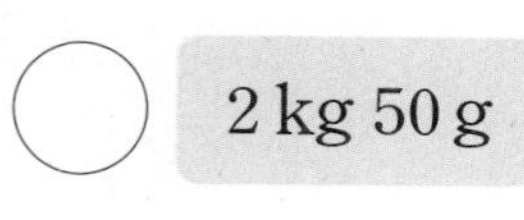

○ 2 kg 50 g

19 나 그릇의 물의 양은 몇 mL가 되는지 보기 와 같이 풀이 과정을 쓰고 답을 구해 보세요.

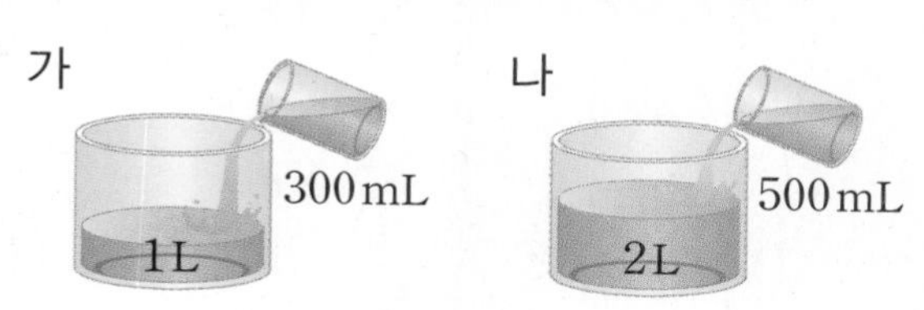

보기

가 그릇의 물의 양은 1 L에 300 mL를 더 부었으므로 1 L 300 mL=1300 mL가 됩니다.

답 1300 mL

나 그릇의 물의 양은

답

20 수아가 어제와 오늘 캔 감자는 모두 몇 kg 몇 g인지 보기 와 같이 풀이 과정을 쓰고 답을 구해 보세요.

	지영	수아
어제	4 kg 300 g	6 kg 500 g
오늘	5 kg 400 g	2 kg 800 g

보기

지영이가 어제와 오늘 캔 감자는 모두 4 kg 300 g+5 kg 400 g=9 kg 700 g입니다.

답 9 kg 700 g

수아가 어제와 오늘 캔 감자는 모두

답

6 자료의 정리

은지와 성주는 먹거리 장터에 가서 맛난 음식들을 먹었어요.
각 음식별 팔린 수를 세어 그림그래프로 나타내어 보세요.

음식별 팔린 개수

음식	팔린 개수
소떡소떡	
핫도그	
샌드위치	

◎ 10개
○ 1개

1 표의 내용 알아보기, 자료를 수집하여 표로 나타내기

표의 내용 알아보기

수아네 반 학생들이 좋아하는 과목을 조사하여 표로 나타내었습니다.

좋아하는 과목별 학생 수

과목	국어	수학	사회	과학	영어	합계
학생 수(명)	8	6	5	4	3	26

- 사회를 좋아하는 학생은 5명입니다.
- 가장 많은 학생이 좋아하는 과목은 국어입니다.
- 가장 적은 학생이 좋아하는 과목은 영어입니다.
- 국어를 좋아하는 학생 수는 과학을 좋아하는 학생 수의 2배입니다.
  → $8 \div 4 = 2$

자료를 수집하여 표로 나타내기

수아네 모둠 학생들이 좋아하는 동물을 조사한 자료를 보고 표로 나타내었습니다.

좋아하는 동물별 학생 수

동물	강아지	토끼	코끼리	호랑이	합계
학생 수(명)	5	3	2	2	12

조사한 자료를 표로 나타내면 각 항목별로 조사한 수를 쉽게 알아볼 수 있고, 전체 조사 대상의 수를 알아보기 편리합니다.
→ 합계

개념 자세히 보기

표로 나타내어 보아요!

① 자료를 정리하여 표로 나타낼 때 같은 자료를 두 번 세거나 빠뜨리지 않도록 표시를 해 가며 세어 나타냅니다.

② 자료를 센 후 항목별 수를 모두 더하여 합계를 구하고 합계가 자료의 수와 일치하는지 확인합니다.

➲ 정답과 풀이 43쪽

1

진수네 반 학생들이 좋아하는 과일을 조사하여 표로 나타내었습니다. 물음에 답하세요.

좋아하는 과일별 학생 수

과일	사과	귤	딸기	포도	바나나	합계
학생 수(명)	5		9	6	6	30

① 귤을 좋아하는 학생은 몇 명일까요?

( )

② 조사한 학생은 모두 몇 명일까요?

( )

③ 가장 많은 학생이 좋아하는 과일은 무엇일까요?

( )

④ 포도를 좋아하는 학생은 사과를 좋아하는 학생보다 몇 명 더 많을까요?

( )

2

정민이네 모둠 학생들이 좋아하는 간식을 조사하였습니다. 물음에 답하세요.

좋아하는 간식

떡볶이, 피자, 햄버거, 아이스크림

정민	희선	승민	소영	우성	태희	슬기
서현	푸름	동건	나라	찬영	명진	범수

① 조사한 것은 무엇일까요?

( )

② 자료를 수집한 대상은 누구일까요?

( )

③ 조사한 자료를 보고 표로 나타내어 보세요.

좋아하는 간식별 학생 수

간식	떡볶이	피자	햄버거	아이스크림	합계
학생 수(명)					

2학년 때 배웠어요

분류하여 세어 보기

분류 기준	공의 종류

종류	축구공	농구공	야구공
수(개)	4	1	3

조사한 자료를 같은 종류끼리 모아 표로 나타내어요.

2 그림그래프 알아보기

● 그림그래프 알아보기

• **그림그래프**: 알려고 하는 수(조사한 수)를 그림으로 나타낸 그래프

좋아하는 운동별 학생 수

	운동	학생 수
33명 ←	축구	
25명 ←	농구	
18명 ←	야구	
21명 ←	배드민턴	

10명
1명

조사한 수를 그림으로 나타낸 그래프야!

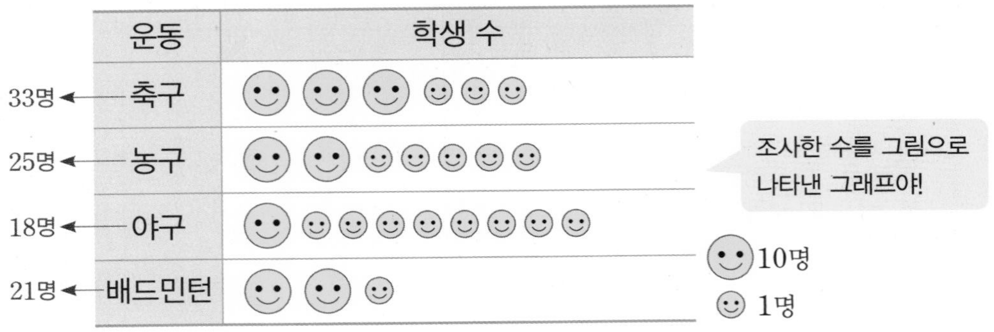

• **축구**를 좋아하는 학생은 **33명**입니다.

• **가장 많은 학생**이 좋아하는 운동은 **축구**입니다.
  → 큰 그림의 수가 가장 많은 운동

• **가장 적은 학생**이 좋아하는 운동은 **야구**입니다.
  → 큰 그림의 수가 가장 적은 운동

• 조사한 3학년 학생은 모두 $33+25+18+21=97$(명)입니다.

• 농구를 좋아하는 학생은 25명, 배드민턴을 좋아하는 학생은 21명이므로
농구를 좋아하는 학생이 배드민턴을 좋아하는 학생보다 $25-21=4$(명) 더 많습니다.

개념 자세히 보기

• 그림그래프를 보고 표로 나타내어 보아요!

축구: 3개, 3개이므로 $30+3=33$(명)입니다.

농구: 2개, 5개이므로 $20+5=25$(명)입니다.

야구: 1개, 8개이므로 $10+8=18$(명)입니다.

배드민턴: 2개, 1개이므로 $20+1=21$(명)입니다.

➡ (합계)$=33+25+18+21=97$(명)

좋아하는 운동별 학생 수

운동	축구	농구	야구	배드민턴	합계
학생 수(명)	33	25	18	21	97

1 **인성이네 학교 3학년 학생들이 가 보고 싶은 나라를 조사하여 그래프로 나타내었습니다. □ 안에 알맞은 수나 말을 써넣으세요.**

가 보고 싶은 나라별 학생 수

나라	학생 수
미국	
스위스	
터키	
호주	

10명
1명

조사한 수를 그림으로
나타낸 그래프를 알아보아요.

① 조사한 수를 그림으로 나타낸 그래프를 □(이)라고 합니다.

② 은 □명, 은 □명을 나타냅니다.

③ 미국에 가 보고 싶은 학생은 □명입니다.

2 **유정이가 살고 있는 지역의 학교에 있는 나무의 수를 조사하여 그림그래프로 나타내었습니다. 물음에 답하세요.**

학교별 나무의 수

학교	나무의 수
별빛	
달빛	
구름	
하늘	

10그루
1그루

① 과 은 각각 몇 그루를 나타낼까요?

( ), ( )

② 구름 학교에 있는 나무는 몇 그루일까요?

( )

③ 나무가 가장 많은 학교는 어느 학교일까요?

( )

큰 그림의 수가
많을수록 나무가 많아요.

3 그림그래프로 나타내기

● 그림그래프로 나타내기

• 그림그래프로 나타내는 방법 알아보기

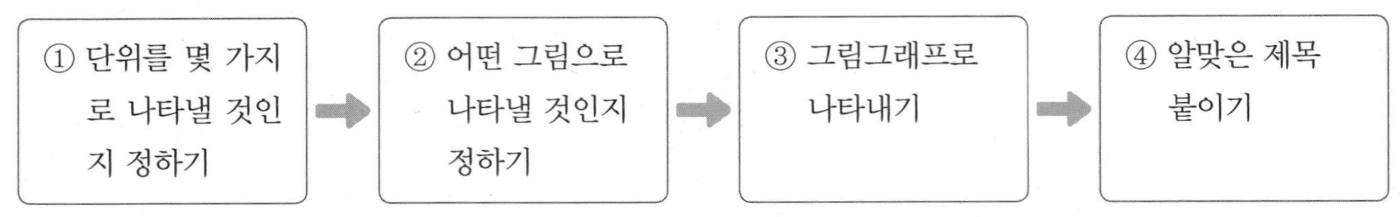

• 표를 보고 그림그래프로 나타내기

농장별 튤립 생산량 → 그림그래프에 알맞은 제목 붙이기

농장	꽃님	햇님	정원	화원	합계
생산량(송이)	26	33	18	25	102

농장별 튤립 생산량

농장	생산량
꽃님	🌷🌷🌷🌷🌷🌷🌷🌷
햇님	🌷🌷🌷🌷🌷🌷
정원	🌷🌷🌷🌷🌷🌷🌷🌷🌷
화원	🌷🌷🌷🌷🌷🌷🌷

(큰 그림) 10송이, (작은 그림) 1송이

→ 각 항목의 자료의 수에 맞게 그림으로 나타내기

자료의 항목 빠짐없이 쓰기

농장별 튤립 생산량이 두 자리 수이므로 그림을 2가지로 나타내기

• 위의 표를 보고 다른 그림그래프로 나타내기

농장별 튤립 생산량

농장	생산량
꽃님	🌷🌷🌷🌷
햇님	🌷🌷🌷🌷🌷🌷
정원	🌷🌷🌷🌷🌷
화원	🌷🌷🌷

(큰 그림) 10송이, (중간 그림) 5송이, (작은 그림) 1송이

개념 자세히 보기

• 표와 그림그래프의 편리한 점을 알아보아요!

표	각각의 자료의 수와 합계를 쉽게 알 수 있습니다.
그림그래프	각각의 자료의 수와 크기를 그림으로 쉽게 비교할 수 있습니다.

정답과 풀이 44쪽

1 지우가 가지고 있는 책의 수를 조사하여 표로 나타내었습니다. 물음에 답하세요.

종류별 책의 수

종류	동화책	위인전	만화책	합계
책의 수(권)	56	37	44	137

① 표를 보고 그림그래프를 그릴 때 10권과 1권을 어떤 그림으로 나타내는 것이 좋을지 □ 안에 알맞은 수를 써넣으세요.

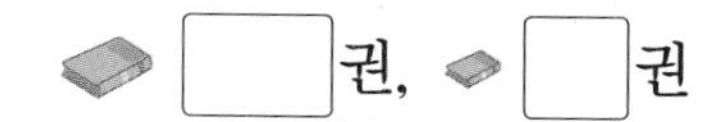

② 표를 보고 그림그래프를 완성해 보세요.

종류별 책의 수

종류	책의 수
동화책	(큰 그림 5개, 작은 그림 6개)
위인전	
만화책	

(큰 그림) □권
(작은 그림) 1권

②의 그림그래프에서 큰 그림의 수가 많을수록 책의 수가 많아요.

③ 가장 많이 가지고 있는 책의 종류는 무엇일까요?

(   )

2 마을별 자전거 수를 조사하여 표로 나타내었습니다. 표를 보고 그림그래프를 완성해 보세요.

마을별 자전거 수

마을	샛별	한마음	큰꿈	합계
자전거 수(대)	24	31	18	73

마을별 자전거 수

마을	자전거 수
샛별	◎◎○○○○
한마음	
큰꿈	

◎ 10대
○ 1대

십의 자리	일의 자리
2	4
◎◎	○○○○

기본기 강화 문제

1 표의 내용 알아보기

1 유진이네 학교 3학년 학생들이 좋아하는 놀이 기구를 조사하여 표로 나타내었습니다. 물음에 답하세요.

좋아하는 놀이 기구별 학생 수

놀이 기구	회전 그네	우주 비행기	대관 람차	궤도 열차	합계
학생 수(명)	33	18	15	42	108

(1) 우주 비행기를 좋아하는 학생은 몇 명일까요?

( )

(2) 많은 학생이 좋아하는 놀이 기구부터 순서대로 써 보세요.

( )

2 마을별 초등학교에 입학한 신입생 수를 조사하여 표로 나타내었습니다. 물음에 답하세요.

마을별 초등학교 신입생 수

마을	금빛	은빛	달빛	별빛	합계
신입생 수(명)	25		42	21	120

(1) 은빛 마을의 신입생은 몇 명일까요?

( )

(2) 신입생 수가 가장 적은 마을은 어느 마을일까요?

( )

(3) 달빛 마을의 신입생은 금빛 마을의 신입생보다 몇 명 더 많을까요?

( )

3 준호네 학교 3학년 학생들이 좋아하는 TV 프로그램을 조사하여 표로 나타내었습니다. 물음에 답하세요.

좋아하는 TV 프로그램별 학생 수

프로그램	만화	드라마	예능	스포츠	합계
학생 수(명)	31	28	40		113

(1) 스포츠를 좋아하는 학생은 몇 명일까요?

( )

(2) 가장 많은 학생이 좋아하는 TV 프로그램은 무엇일까요?

( )

(3) 조사한 학생은 모두 몇 명일까요?

( )

4 성규네 반 학생들의 장래 희망을 조사하여 표로 나타내었습니다. 물음에 답하세요.

장래 희망별 학생 수

장래 희망	운동 선수	연예인	선생님	과학자	합계
학생 수(명)	7	12	8		31

(1) 장래 희망이 과학자인 학생은 몇 명일까요?

( )

(2) 장래 희망이 선생님인 학생 수는 장래 희망이 과학자인 학생 수의 몇 배일까요?

( )

(3) 학생 수가 많은 장래 희망부터 순서대로 써 보세요.

( )

2 자료를 보고 표로 나타내기

- 자료를 보고 표로 나타내어 보세요.

1

학용품

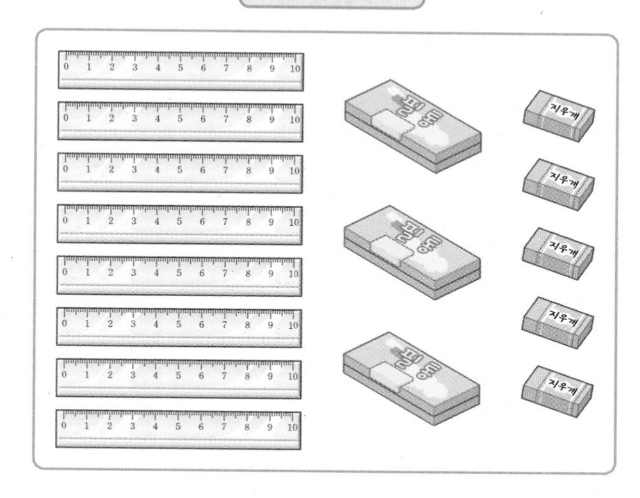

종류별 학용품의 수

종류	자	필통	지우개	합계
학용품의 수(개)				

2

9월의 날씨

일	월	화	수	목	금	토
		1	2	3	4	5
6	7	8	9	10	11	12
13	14	15	16	17	18	19
20	21	22	23	24	25	26
27	28	29	30			

맑음 흐림 비

9월의 날씨별 날수

날씨	맑음	흐림	비	합계
날수(일)				

3

모둠별 모은 신문지의 무게

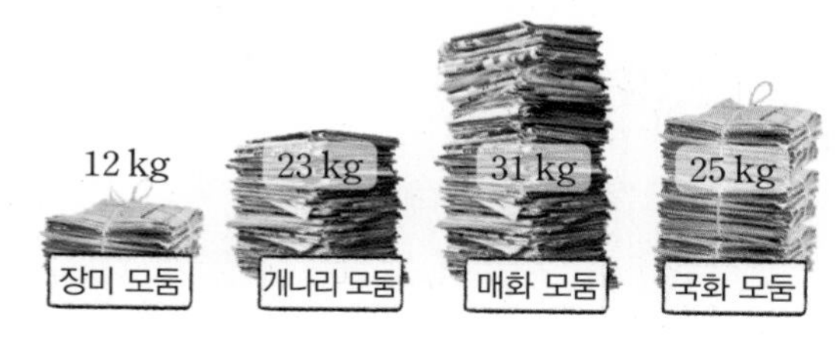

모둠별 모은 신문지의 무게

모둠	장미	개나리	매화	국화	합계
신문지의 무게(kg)					

4

좋아하는 민속놀이별 학생 수

팽이치기 연날리기

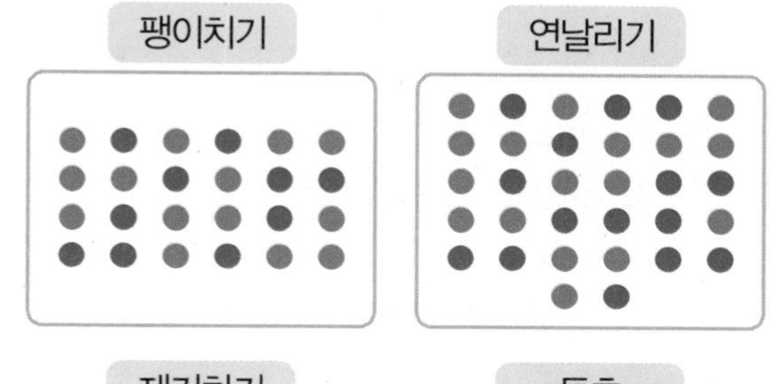

제기차기 투호

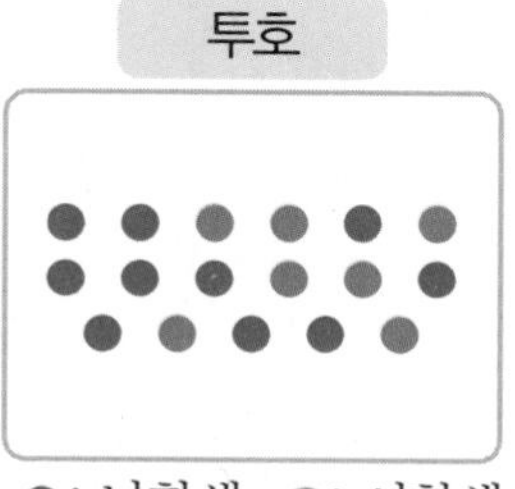

●: 남학생 ●: 여학생

좋아하는 민속놀이별 학생 수

민속놀이	팽이치기	연날리기	제기차기	투호	합계
남학생 수(명)					
여학생 수(명)					

③ 그림그래프 알아보기

1 민아네 학교 3학년 학생 중 체험 학습에 참가한 학생 수를 조사하여 그림그래프로 나타내었습니다. 물음에 답하세요.

반별 체험 학습에 참가한 학생 수

반	학생 수
1반	☺ ☺☺☺☺☺
2반	☺☺
3반	☺☺☺☺☺☺☺☺
4반	☺ ☺☺☺

☺ 10명 ☺ 1명

(1) ☺과 ☺은 각각 몇 명을 나타낼까요?

☺ (　　　　)

☺ (　　　　)

(2) 체험 학습에 참가한 4반 학생은 몇 명일까요?

(　　　　)

(3) 체험 학습에 가장 많이 참가한 반은 몇 반일까요?

(　　　　)

(4) 체험 학습에 가장 적게 참가한 반은 몇 반일까요?

(　　　　)

(5) 체험 학습에 참가한 3학년 학생은 모두 몇 명일까요?

(　　　　)

2 어느 편의점에서 12월 첫째 주부터 넷째 주까지 판매한 호빵의 수를 조사하여 그림그래프로 나타내었습니다. 물음에 답하세요.

주별 호빵 판매량

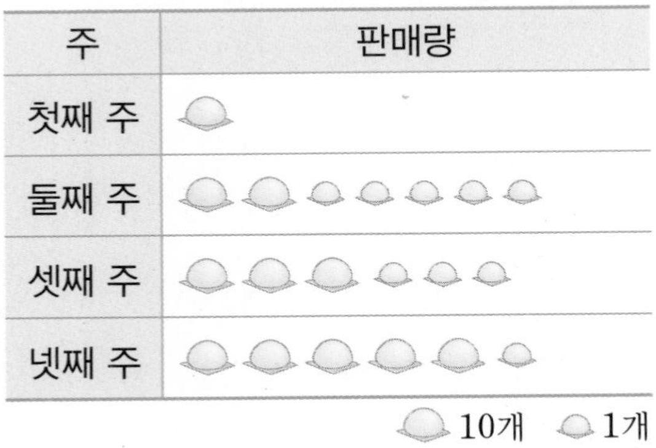

주	판매량
첫째 주	◓
둘째 주	◓◓ ◓◓◓◓◓
셋째 주	◓◓◓ ◓◓◓
넷째 주	◓◓◓◓◓ ◓

◓ 10개 ◓ 1개

(1) ◓과 ◓은 각각 몇 개를 나타낼까요?

◓ (　　　　)

◓ (　　　　)

(2) 둘째 주에 판매한 호빵은 몇 개일까요?

(　　　　)

(3) 호빵을 가장 적게 판매한 주는 몇째 주일까요?

(　　　　)

(4) 셋째 주에 판매한 호빵은 둘째 주에 판매한 호빵보다 몇 개 더 많을까요?

(　　　　)

(5) 12월 첫째 주부터 넷째 주까지 판매한 호빵은 모두 몇 개일까요?

(　　　　)

(6) 호빵을 가장 많이 판매한 주와 가장 적게 판매한 주의 판매량의 차는 몇 개일까요?

(　　　　)

정답과 풀이 44쪽

표를 보고 그림그래프로 나타내기

- **표를 보고 그림그래프를 완성해 보세요.**

1

마을별 심은 나무의 수

마을	햇빛	고은	행복	별빛	사랑	합계
나무의 수 (그루)	38	22	16	40	24	140

마을별 심은 나무의 수

마을	나무의 수
햇빛	🌳🌳🌳🌱🌱🌱🌱🌱🌱🌱🌱
고은	
행복	
별빛	
사랑	

🌳10그루 🌱1그루

2

참가하고 싶은 종목별 학생 수

종목	공 굴리기	장애물 달리기	줄다리기	이어 달리기	합계
학생 수(명)	26	14	32	19	91

참가하고 싶은 종목별 학생 수

종목	학생 수
공 굴리기	
장애물 달리기	
줄다리기	
이어달리기	

☺10명 ☺1명

3

농장별 기르는 닭의 수

농장	소망	사랑	행복	믿음	합계
닭의 수 (마리)	230	410	350	500	1490

농장별 기르는 닭의 수

농장	닭의 수

◎100마리 ○10마리

4

과수원별 사과 생산량

과수원	숲속	구름	양지	새싹	소망	합계
생산량 (상자)	320	180	250	460	140	1350

과수원별 사과 생산량

과수원	생산량
숲속	🍎🍎🍎●●

🍎100상자 🍎50상자 ●10상자

5 그림그래프를 보고 표로 나타내기

• 그림그래프를 보고 표로 나타내어 보세요.

1

요일별 우유 판매량

요일	판매량
월요일	
화요일	
수요일	
목요일	

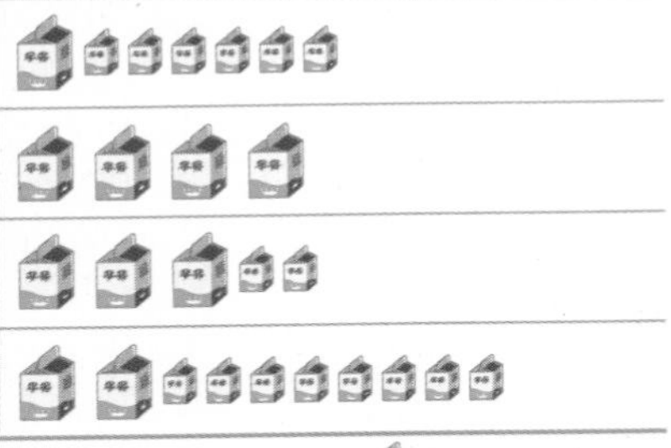

10개 1개

요일별 우유 판매량

요일(요일)	월	화	수	목	합계
판매량(개)					

2

학생별 1년 동안 읽은 책의 수

이름	책의 수
주호	
영아	
미정	
강민	

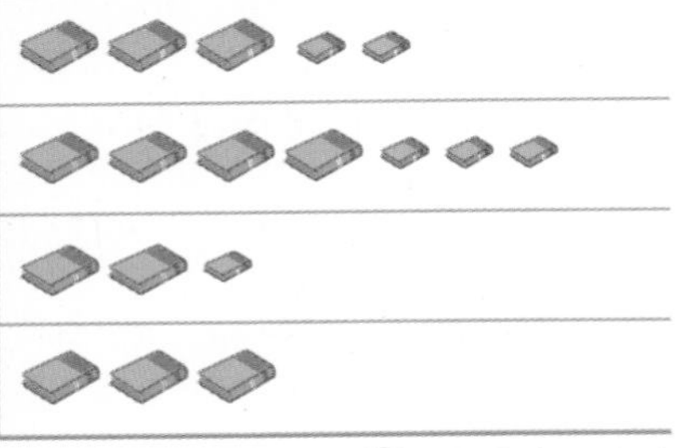

10권 1권

학생별 1년 동안 읽은 책의 수

이름	주호	영아	미정	강민	합계
책의 수(권)					

6 표와 그림그래프를 완성하기

• 표와 그림그래프를 완성해 보세요.

1

농장별 귤 생산량

농장	생산량
주렁	
탱탱	
달콤	
싱싱	

100상자 10상자

농장별 귤 생산량

농장	주렁	탱탱	달콤	싱싱	합계
생산량(상자)		260	420		

2

월별 아이스크림 판매량

월	판매량
5월	
6월	
7월	
8월	

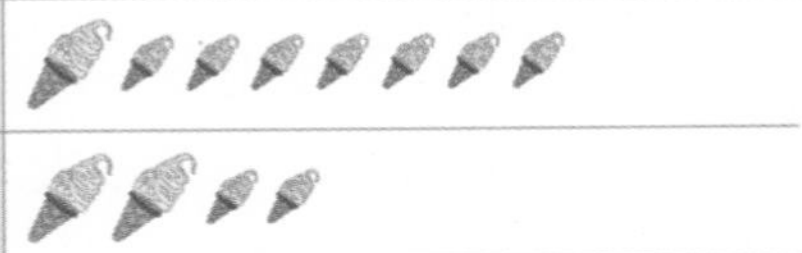

100개 10개

월별 아이스크림 판매량

월	5월	6월	7월	8월	합계
판매량(개)	80	130			

정답과 풀이 46쪽

자료를 보고 표와 그림그래프로 나타내기

[1~2] 지호네 학교 3학년 학생들이 받고 싶은 생일 선물을 조사하였습니다. 물음에 답하세요.

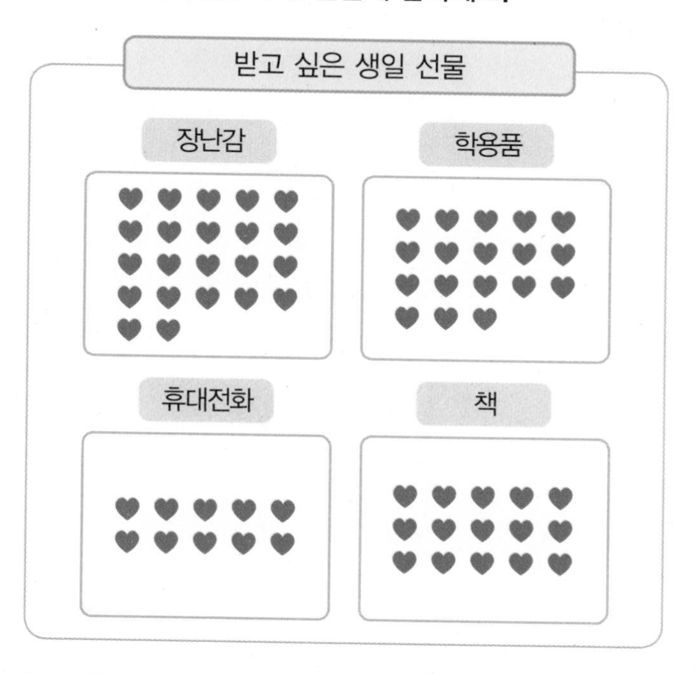

1 자료를 보고 표로 나타내어 보세요.

받고 싶은 생일 선물별 학생 수

선물	장난감	학용품	휴대전화	책	합계
학생 수(명)					

2 1의 표를 보고 그림그래프로 나타내어 보세요.

받고 싶은 생일 선물별 학생 수

선물	학생 수
장난감	☺☺☺☺
학용품	
휴대전화	
책	

☺10명 ☺1명

[3~4] 수정이네 학교 3학년 학생들이 태어난 계절을 조사하였습니다. 물음에 답하세요.

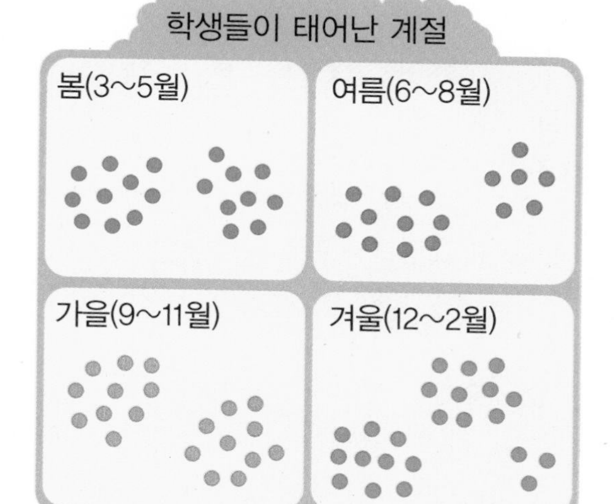

3 자료를 보고 표로 나타내어 보세요.

태어난 계절별 학생 수

계절	봄	여름	가을	겨울	합계
학생 수(명)					

4 3의 표를 보고 그림그래프로 나타내어 보세요.

태어난 계절별 학생 수

계절	학생 수
봄	
여름	
가을	
겨울	

☺10명 ☺1명

8 표를 보고 여러 가지 그림그래프로 나타내기

[1~2] 어느 마을의 과수원별 복숭아 생산량을 조사하여 표로 나타내었습니다. 물음에 답하세요.

과수원별 복숭아 생산량

과수원	가	나	다	라	합계
생산량 (상자)	21	13	25	27	86

1 표를 보고 그림그래프로 나타내어 보세요.

과수원별 복숭아 생산량

과수원	생산량
가	
나	
다	
라	

◎10상자 ○1상자

2 표를 보고 ◎은 10상자, ◯은 5상자, ○은 1상자로 나타내려고 합니다. 그림그래프로 나타내어 보세요.

과수원별 복숭아 생산량

과수원	생산량
가	
나	
다	
라	

◎10상자 ◯5상자 ○1상자

[3~4] 수아네 아파트 어느 동의 요일별 음식물 쓰레기의 양을 조사하여 표로 나타내었습니다. 물음에 답하세요.

요일별 음식물 쓰레기의 양

요일(요일)	월	화	수	목	금	합계
쓰레기의 양 (kg)	50	37	45	48	36	216

3 표를 보고 그림그래프로 나타내어 보세요.

요일별 음식물 쓰레기의 양

요일	쓰레기의 양
월요일	
화요일	
수요일	
목요일	
금요일	

◯10kg ○1kg

4 표를 보고 ◯는 10 kg, △는 5 kg, ○는 1 kg으로 나타내려고 합니다. 그림그래프로 나타내어 보세요.

요일별 음식물 쓰레기의 양

요일	쓰레기의 양
월요일	
화요일	
수요일	
목요일	
금요일	

◯10kg △5kg ○1kg

단원 평가

점수	확인

[1~3] 은호네 모둠 학생들이 좋아하는 과일을 조사하였습니다. 물음에 답하세요.

좋아하는 과일

귤 은호	사과 수빈	민석	딸기 지우	배 은지
현우	윤영	태민	호준	준수
수아	호영	재희	지희	유미

1 조사한 자료를 보고 표로 나타내어 보세요.

좋아하는 과일별 학생 수

과일	귤	사과	딸기	배	합계
학생 수(명)					

2 사과를 좋아하는 학생은 몇 명일까요?

( )

3 은호네 모둠 학생은 모두 몇 명일까요?

( )

4 강희네 마을의 일주일 동안의 농장별 귤 생산량을 조사하여 그림그래프로 나타내었습니다. 한라 농장의 귤 생산량이 25상자일 때 ●과 •은 각각 몇 상자를 나타낼까요?

농장별 귤 생산량

농장	생산량
한라	●●•••••
탐라	●●●••
서귀포	●●●●•

● ( ), • ( )

[5~8] 어느 마을의 과수원별 감나무의 수를 조사하여 그림그래프로 나타내었습니다. 물음에 답하세요.

과수원별 감나무의 수

과수원	감나무의 수
시원	🌳🌱
상큼	🌳🌱🌱🌱🌱🌱🌱🌱
햇살	🌳🌳🌳🌱🌱
푸른	🌳🌳

🌳100그루 🌱10그루

5 🌳과 🌱은 각각 몇 그루를 나타낼까요?

🌳 ( )

🌱 ( )

6 상큼 과수원에 있는 감나무는 몇 그루일까요?

( )

7 감나무가 가장 많은 과수원은 어느 과수원일까요?

( )

8 이 마을의 과수원에 있는 감나무는 모두 몇 그루일까요?

( )

[9~10] 예담이네 학교 3학년 여학생들의 혈액형을 조사하여 표로 나타내었습니다. 물음에 답하세요.

혈액형별 학생 수

혈액형	A형	B형	O형	AB형	합계
학생 수(명)	20	16	24	10	70

9 표를 보고 그림그래프를 완성해 보세요.

혈액형별 학생 수

혈액형	학생 수
A형	☺☺
B형	
O형	
AB형	

☺10명 ☺1명

10 학생 수가 가장 많은 혈액형은 무엇일까요?

( )

11 마을별 도서관에서 빌려 간 책의 수를 나타낸 표를 보고 그림그래프로 나타내어 보세요.

마을별 빌려 간 책의 수

마을	달님	초록	바다	합계
책의 수(권)	110	150	230	490

마을별 빌려 간 책의 수

마을	책의 수
달님	
초록	
바다	

100권 10권

[12~15] 유민이네 학교 3학년 학생들 중 휴대전화를 가지고 있는 학생 수를 조사하여 표로 나타내었습니다. 물음에 답하세요.

반별 휴대전화를 가지고 있는 학생 수

반	1반	2반	3반	4반	합계
학생 수(명)	16		13	21	70

12 2반에서 휴대전화를 가지고 있는 학생은 몇 명일까요?

( )

13 표를 보고 그림그래프로 나타내어 보세요.

반별 휴대전화를 가지고 있는 학생 수

반	학생 수
1반	
2반	
3반	
4반	

☺10명 ☺1명

14 휴대전화를 가지고 있는 학생이 가장 많은 반은 몇 반일까요?

( )

15 3반의 학생은 30명입니다. 3반에서 휴대전화를 가지고 있지 않은 학생은 몇 명일까요?

( )

[16~18] 효주네 학교는 이번 주에 열리는 지역 마라톤 대회에서 거리 응원을 하기로 하였습니다. 학년별로 한 학생에게 1개씩 깃발이 제공된다고 합니다. 물음에 답하세요.

제공되는 학년별 깃발의 수

학년	3학년	4학년	5학년	6학년	합계
깃발 수(개)	63	75	84	68	290

16 5학년에 제공되는 깃발은 몇 개일까요?

( )

17 표를 보고 그림그래프를 완성해 보세요.

제공되는 학년별 깃발의 수

학년	깃발의 수
3학년	▶▶▶▶▶▶▸▸▸
4학년	
5학년	
6학년	

▶10개 ▶5개 ▸1개

18 거리 응원에 참가하는 학생이 가장 많은 학년과 가장 적은 학년의 학생 수의 차를 구해 보세요.

( )

서술형 문제

정답과 풀이 48쪽

[19~20] 어느 마을의 작년 과수원별 사과 생산량을 조사하여 그림그래프로 나타내었습니다. 물음에 답하세요.

과수원별 사과 생산량

과수원	생산량
가	●●●●••
나	●●•••••
다	●●●••••

● 100상자 • 10상자

19 생산량이 가장 많은 과수원의 생산량은 몇 상자인지 보기 처럼 풀이 과정을 쓰고 답을 구해 보세요.

보기
생산량이 가장 적은 과수원은 큰 그림이 가장 적은 나 과수원으로 250상자입니다.
답 250상자

생산량이 가장 많은 과수원은

답

20 다 과수원이 올해 생산량을 400상자로 하려면 작년보다 몇 상자를 더 생산해야 하는지 보기 처럼 풀이 과정을 쓰고 답을 구해 보세요.

보기
나 과수원의 작년 생산량은 250상자이므로 $400-250=150$(상자)를 더 생산해야 합니다.
답 150상자

다 과수원의 작년 생산량은

답

6

사고력이 반짝

보기 와 같이 성냥개비 1개를 옮기면 올바른 식이 만들어집니다. 옮겨야 할 성냥개비를 찾고, 올바른 식을 써 보세요.

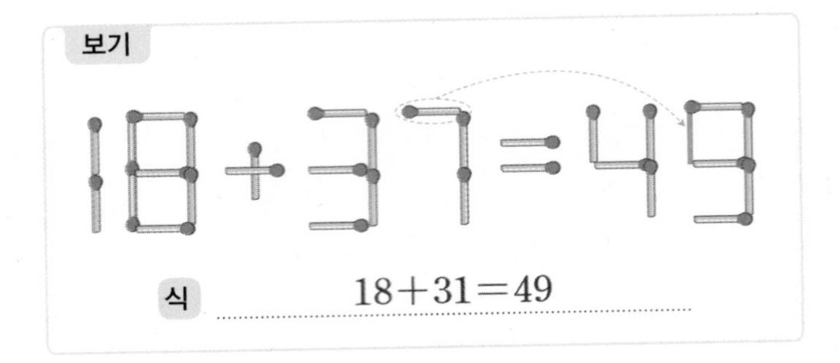

1 20+59=81

식 ....

2 60-36=54

식 ....

계산이 아닌 개념을 깨우치는

수학을 품은 연산

디딤돌 연산은 수학이다.

1~6학년(학기용)

수학 공부의 새로운 패러다임

한걸음 한걸음 디딤돌을 걷다 보면 수학이 완성됩니다.

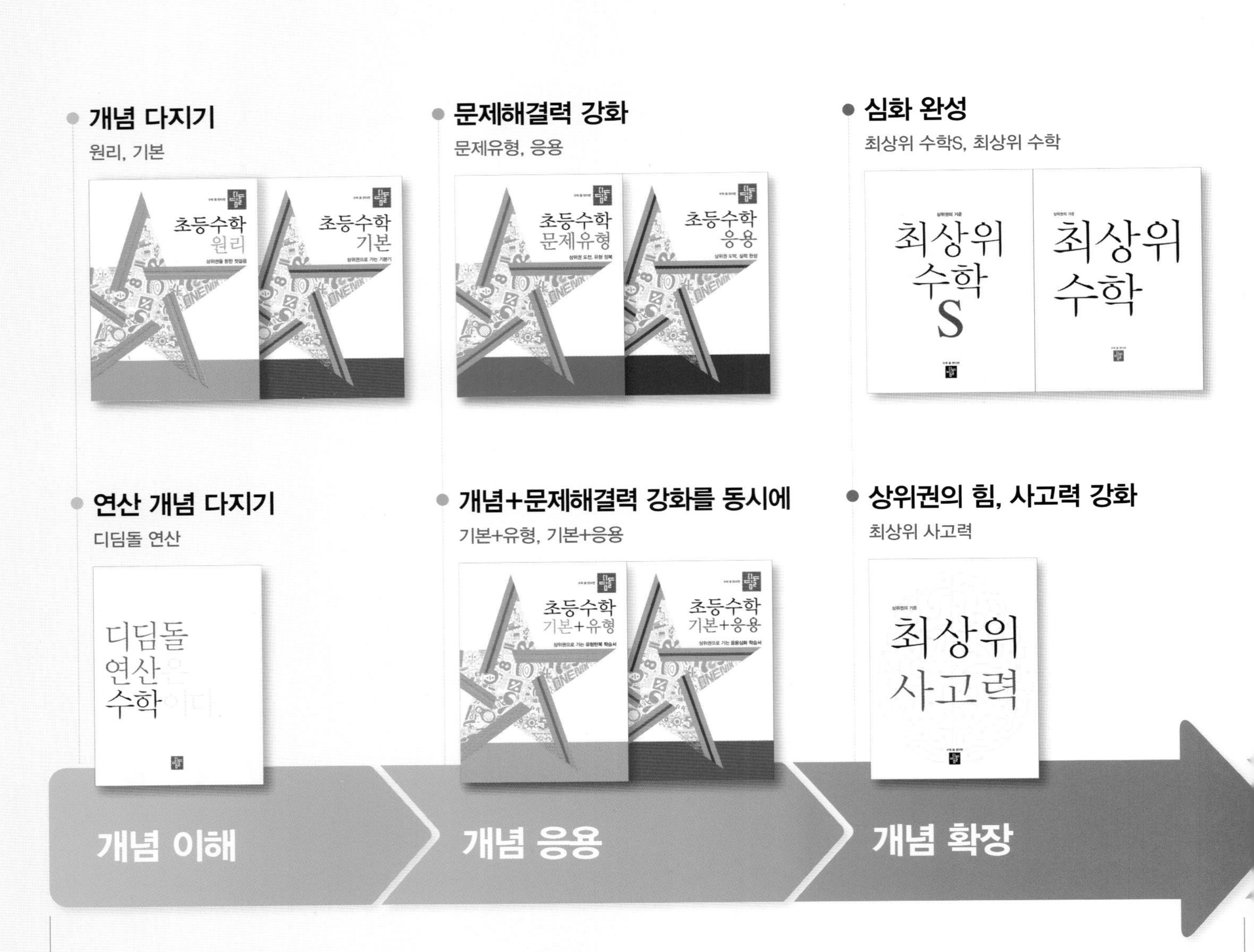

학습 능력과 목표에 따라
맞춤형이 가능한 디딤돌 초등 수학

원리 | 정답과 풀이

3-2

수학 좀 한다면

디딤돌

1 (세 자리 수)×(한 자리 수)(1) 9쪽

① 2, 4 / 2, 8 / 2, 6 / 4, 8, 6, 486

② ①

	1	3	3	
×			3	
			9	← 3×3
		9	0	← 30×3
	3	0	0	← 100×3
	3	9	9	

②

	1	3	3	
×			3	
	3	0	0	← 100×3
		9	0	← 30×3
			9	← 3×3
	3	9	9	

③ 6 / 4, 6 / 8, 4, 6

④ ① 400, 80, 4, 484 ② 600, 90, 3, 693

1 백 모형이 4개, 십 모형이 8개, 일 모형이 6개이므로 243×2=400+80+6=486입니다.

2 계산 순서가 달라져도 계산 결과가 같습니다.

3 일의 자리, 십의 자리, 백의 자리 순서로 계산합니다.

4 ① 121=100+20+1로 가르기 하여 곱합니다.
② 231=200+30+1로 가르기 하여 곱합니다.

2 (세 자리 수)×(한 자리 수)(2) 11쪽

① 3, 6 / 3, 6 / 3, 12 / 6, 6, 12, 672

② ①

	1	1	8	
×			3	
		2	4	← 8×3
		3	0	← 10×3
	3	0	0	← 100×3
	3	5	4	

②

	1	1	8	
×			3	
	3	0	0	← 100×3
		3	0	← 10×3
		2	4	← 8×3
	3	5	4	

③ 1, 2 / 1, 9, 2 / 1, 8, 9, 2

④ ① 800, 40, 18, 858 ② 600, 60, 24, 684

1 백 모형이 6개, 십 모형이 6개, 일 모형이 12개이므로 224×3=600+60+12=672입니다.

3 십의 자리의 계산 결과에 일의 자리에서 올림한 수 1을 잊지 말고 더합니다.

4 ① 429=400+20+9로 가르기 하여 곱합니다.
② 228=200+20+8로 가르기 하여 곱합니다.

3 (세 자리 수)×(한 자리 수)(3) 13쪽

① 3, 6 / 3, 12 / 3, 9 / 6, 12, 9, 729

② ① 6 / 1, 8, 6 / 1, 4, 8, 6
② 8 / 1, 2, 8 / 1, 1, 7, 2, 8

③ ① 9, 180, 600, 789 ② 8, 320, 4000, 4328

1 백 모형이 6개, 십 모형이 12개, 일 모형이 9개이므로 $243\times3=600+120+9=729$입니다.

2 십의 자리에서 올림한 수는 백의 자리의 계산 결과에 더하고, 백의 자리에서 올림한 수는 계산 결과의 천의 자리에 씁니다.

3 ①

```
    2 6 3
  ×     3
  -------
        9  ←3×3
    1 8 0  ←60×3
    6 0 0  ←200×3
  -------
    7 8 9
```

②

```
    5 4 1
  ×     8
  -------
        8  ←1×8
    3 2 0  ←40×8
  4 0 0 0  ←500×8
  -------
  4 3 2 8
```

기본기 강화 문제

① (세 자리 수)×(한 자리 수) 연습(1) 14쪽

1 999	**2** 866	**3** 960
4 684	**5** 476	**6** 860
7 375	**8** 918	**9** 846
10 805	**11** 3564	**12** 4466

5
```
      1
    2 3 8
  ×     2
  -------
    4 7 6
```

6
```
      2
    2 1 5
  ×     4
  -------
    8 6 0
```

7
```
      1
    1 2 5
  ×     3
  -------
    3 7 5
```

8
```
      1
    3 0 6
  ×     3
  -------
    9 1 8
```

9
```
    2
    2 8 2
  ×     3
  -------
    8 4 6
```

10
```
    3
    1 6 1
  ×     5
  -------
    8 0 5
```

11
```
    3
    8 9 1
  ×     4
  -------
  3 5 6 4
```

12
```
    2 5
    6 3 8
  ×     7
  -------
  4 4 6 6
```

② (세 자리 수)×(한 자리 수) 연습(2) 14쪽

1

	1	4	4
×			2
	2	8	8

2

	2	0	3
×			3
	6	0	9

3 (올림 1)

	3	3	6
×			2
	6	7	2

4 (올림 6)

	1	0	9
×			7
	7	6	3

5 (올림 2)

	1	4	1
×			6
	8	4	6

6 (올림 2)

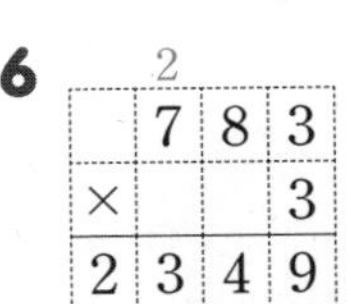

	7	8	3
×			3
2	3	4	9

7 (올림 2)

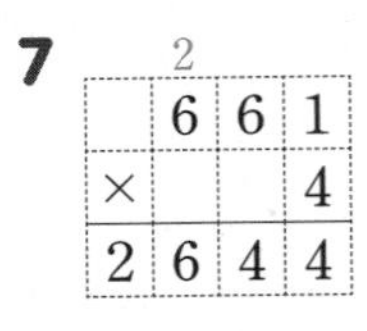

	6	6	1
×			4
2	6	4	4

8 (올림 2 5)

	4	3	8
×			7
3	0	6	6

③ 수를 가르기 하여 계산하기(1) 15쪽

1 300, 60, 6, 366　**2** 800, 20, 12, 832

3 600, 60, 30, 690　**4** 500, 450, 5, 955

5 3500, 560, 7, 4067

1 $122=100+20+2$로 생각하여 계산합니다.

2 $416=400+10+6$으로 생각하여 계산합니다.

3 $115=100+10+5$로 생각하여 계산합니다.

4 $191=100+90+1$로 생각하여 계산합니다.

5 $581=500+80+1$로 생각하여 계산합니다.

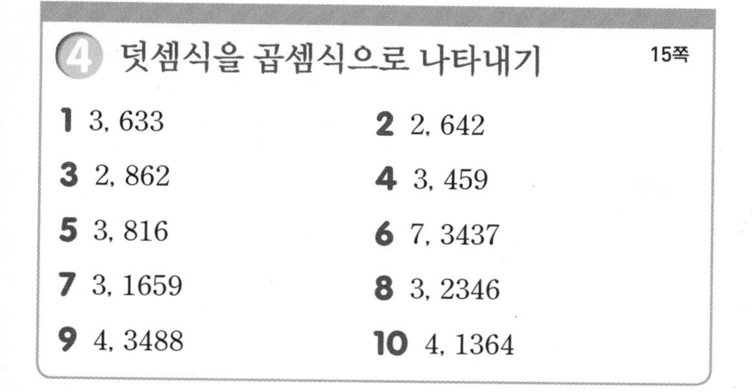

4 덧셈식을 곱셈식으로 나타내기 15쪽

1 3, 633　**2** 2, 642
3 2, 862　**4** 3, 459
5 3, 816　**6** 7, 3437
7 3, 1659　**8** 3, 2346
9 4, 3488　**10** 4, 1364

1~10 $■+■+\cdots\cdots+■=■\times▲$ (■을 ▲번 더함)

5 곱셈 연습(1) 16쪽

1 333, 444, 555　**2** 331, 662, 993
3 210, 315, 420　**4** 704, 1056, 1408
5 813, 1084, 1355　**6** 984, 1476, 1968

1~6 곱하는 수가 일정하게 커지면 곱도 일정하게 커집니다.

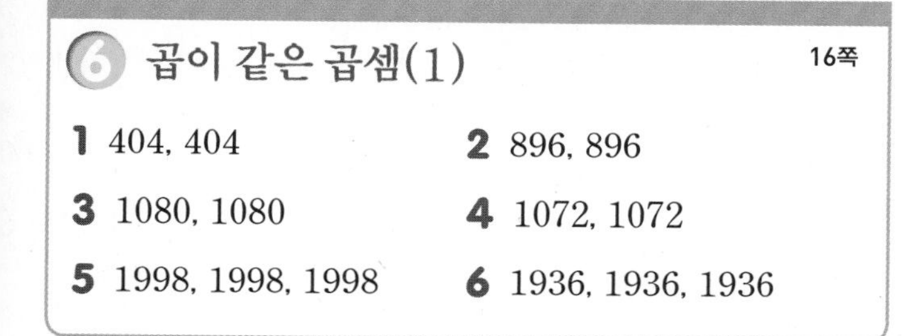

6 곱이 같은 곱셈(1) 16쪽

1 404, 404　**2** 896, 896
3 1080, 1080　**4** 1072, 1072
5 1998, 1998, 1998　**6** 1936, 1936, 1936

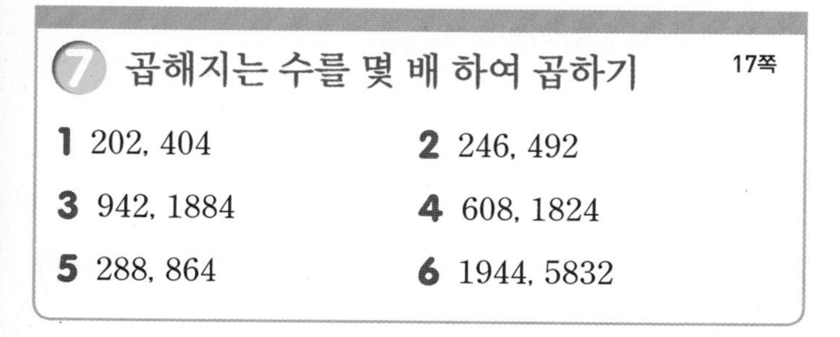

7 곱해지는 수를 몇 배 하여 곱하기 17쪽

1 202, 404　**2** 246, 492
3 942, 1884　**4** 608, 1824
5 288, 864　**6** 1944, 5832

1~3 곱해지는 수가 2배가 되면 곱도 2배가 됩니다.

4~6 곱해지는 수가 3배가 되면 곱도 3배가 됩니다.

8 수를 나누어 곱하기(1) 17쪽

1 (위에서부터) 844, 422　**2** (위에서부터) 660, 220
3 (위에서부터) 1776, 444　**4** (위에서부터) 1998, 999
5 (위에서부터) 2619, 873

1 211×4의 곱은 211×2의 곱을 구한 후 그 곱을 2배 한 값과 같습니다.

2 110×6의 곱은 110×2의 곱을 구한 후 그 곱을 3배 한 값과 같습니다.

3 222×8의 곱은 222×2의 곱을 구한 후 그 곱을 4배 한 값과 같습니다.

4 333×6의 곱은 333×3의 곱을 구한 후 그 곱을 2배 한 값과 같습니다.

5 291×9의 곱은 291×3의 곱을 구한 후 그 곱을 3배 한 값과 같습니다.

9 곱의 크기 비교하기(1) 18쪽

1 208, ㉠ 209　**2** 963, ㉠ 964
3 814, ㉠ 800　**4** 627, ㉠ 626
5 519, ㉠ 600　**6** 2608, ㉠ 2607
7 3965, ㉠ 3964

1 $104\times2=208$입니다. $104\times2<\square$에서 $208<\square$이므로 □ 안에는 208보다 큰 수를 써넣습니다.

2 $321\times3=963$입니다. $321\times3<\square$에서 $963<\square$이므로 □ 안에는 963보다 큰 수를 써넣습니다.

3 $407\times2=814$입니다. $407\times2>\square$에서 $814>\square$이므로 □ 안에는 814보다 작은 수를 써넣습니다.

4 $209\times3=627$입니다. $209\times3>\square$에서 $627>\square$이므로 □ 안에는 627보다 작은 수를 써넣습니다.

5 $173\times3=519$입니다. $173\times3<\square$에서 $519<\square$이므로 □ 안에는 519보다 큰 수를 써넣습니다.

6 $652\times4=2608$입니다. $652\times4>\square$에서 $2608>\square$이므로 □ 안에는 2608보다 작은 수를 써넣습니다.

7 793×5=3965입니다. 793×5>□에서 3965>□이므로 □ 안에는 3965보다 작은 수를 써넣습니다.

10 잘못된 부분을 찾아 바르게 계산하기(1) 18쪽

1
$$\begin{array}{r} {\scriptstyle 1} \\ 1\,1\,2 \\ \times \quad 6 \\ \hline 6\,7\,2 \end{array}$$

2
$$\begin{array}{r} {\scriptstyle 3} \\ 1\,9\,2 \\ \times \quad 4 \\ \hline 7\,6\,8 \end{array}$$

3
$$\begin{array}{r} 6\,3\,1 \\ \times \quad 2 \\ \hline 1\,2\,6\,2 \end{array}$$

4
$$\begin{array}{r} {\scriptstyle 2} \\ 3\,4\,0 \\ \times \quad 5 \\ \hline 1\,7\,0\,0 \end{array}$$

5
$$\begin{array}{r} {\scriptstyle 2\,1} \\ 6\,3\,2 \\ \times \quad 7 \\ \hline 4\,4\,2\,4 \end{array}$$

1 십의 자리 계산에서 일의 자리에서 올림한 수를 더하지 않고 계산하였습니다.

2 백의 자리 계산에서 십의 자리에서 올림한 수를 더하지 않고 계산하였습니다.

3~4 백의 자리 계산에서 천의 자리로 올림한 수를 천의 자리에 쓰지 않았습니다.

5 십의 자리 계산에서 일의 자리에서 올림한 수를 더하지 않고 계산하였습니다.

11 간식 찾기 19쪽

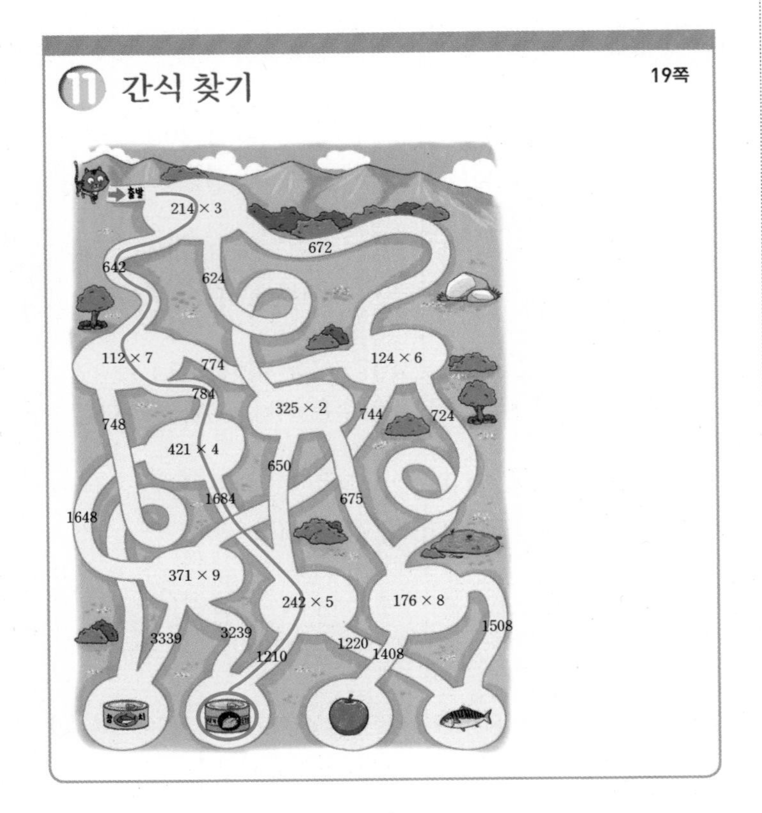

12 빈칸에 알맞은 수 구하기 20쪽

1 4 **2** 3 **3** 3
4 5 **5** 7, 4 **6** 7, 2

1 일의 자리 계산에서 올림이 없으므로 □×2=8에서 □=8÷2=4입니다.

2 올림이 없으므로 십의 자리 계산에서 □×3=9, □=9÷3=3입니다.

3 일의 자리 계산에서 2×□의 일의 자리 숫자가 6인 것은 2×3=6, 2×8=16이므로 □=3 또는 □=8입니다.
□=3일 때: 332×3=996 (○)
□=8일 때: 332×8=2656 (×)

4 일의 자리 계산에서 □×6의 일의 자리 숫자가 0인 것은 0×6=0, 5×6=30이므로 □=0 또는 □=5입니다.
□=0일 때: 110×6=660 (×)
□=5일 때: 115×6=690 (○)

5
$$\begin{array}{r} 4\,㉠\,3 \\ \times \quad 3 \\ \hline 1\,㉡\,1\,9 \end{array}$$

- 십의 자리 계산: ㉠×3의 일의 자리 숫자가 1이므로 7×3=21에서 ㉠=7입니다.
- 백의 자리 계산: 4×3=12이므로 십의 자리에서 올림한 수를 더하면 12+2=14=1㉡에서 ㉡=4입니다.

6
$$\begin{array}{r} ㉠\,4\,㉡ \\ \times \quad 8 \\ \hline 5\,9\,3\,6 \end{array}$$

- 일의 자리 계산에서 ㉡×8의 일의 자리 숫자가 6인 것은 2×8=16, 7×8=56이므로 ㉡=2 또는 ㉡=7입니다.
㉡=2일 때: 십의 자리 계산에서 4×8+1=33이므로 알맞습니다.
㉡=7일 때: 십의 자리 계산에서 4×8+5=37이므로 알맞지 않습니다.
따라서 ㉡=2입니다.
- 백의 자리 계산에서 ㉠×8+3=59, ㉠×8=56, ㉠=56÷8=7입니다.

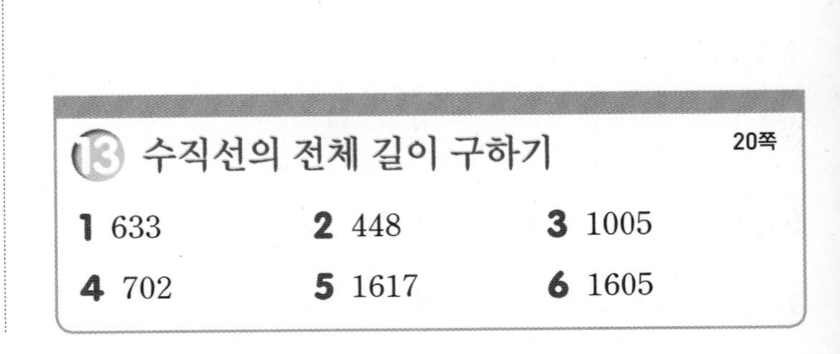

13 수직선의 전체 길이 구하기 20쪽

1 633 **2** 448 **3** 1005
4 702 **5** 1617 **6** 1605

1 □$=211\times3=633$　　2 □$=112\times4=448$

3 □$=201\times5=1005$　　4 □$=117\times6=702$

5 □$=231\times7=1617$　　6 □$=321\times5=1605$

14 곱의 크기 비교하기(2)　　21쪽

1 7, 8, 9　　**2** 5, 6, 7, 8, 9

3 1, 2　　**4** 1, 2, 3, 4, 5

5 1, 2, 3, 4, 5, 6, 7, 8　　**6** 3, 4, 5, 6, 7, 8, 9

1 $326\times3=978$이고, $163\times6=978$이므로 □ 안에 들어갈 수 있는 수는 6보다 큰 수인 7, 8, 9입니다.

2 $422\times2=844$이고, $211\times4=844$이므로 □ 안에 들어갈 수 있는 수는 4보다 큰 수인 5, 6, 7, 8, 9입니다.

3 $146\times6=876$이고, $292\times3=876$이므로 □ 안에 들어갈 수 있는 수는 3보다 작은 수인 1, 2입니다.

4 $849\times2=1698$이고, $283\times6=1698$이므로 □ 안에 들어갈 수 있는 수는 6보다 작은 수인 1, 2, 3, 4, 5입니다.

5 $963\times3=2889$이고, $321\times9=2889$이므로 □ 안에 들어갈 수 있는 수는 9보다 작은 수인 1, 2, 3, 4, 5, 6, 7, 8입니다.

6 $128\times8=1024$이고, $512\times2=1024$이므로 □ 안에 들어갈 수 있는 수는 2보다 큰 수인 3, 4, 5, 6, 7, 8, 9입니다.

15 구슬의 무게 구하기　　21쪽

1 654　**2** 981　**3** 424　**4** 848

5 1236　**6** 2060　**7** 480　**8** 720

1 $327\times2=654$(g)　　**2** $327\times3=981$(g)

3 $212\times2=424$(g)　　**4** $212\times4=848$(g)

5 $412\times3=1236$(g)　　**6** $412\times5=2060$(g)

7 $120\times4=480$(g)　　**8** $120\times6=720$(g)

4 (몇십)×(몇십), (몇십몇)×(몇십)　　23쪽

① ① (계산 순서대로) 120, 360, 360
② (계산 순서대로) 36, 360, 360

② ① 300, 3000　② 245, 2450

③ ① 100, 2400　② 10, 1620

④ ① 1500　② 1360

1 ① $12\times30=12\times10\times3=120\times3=360$
② $12\times30=12\times3\times10=36\times10=360$

2 ① (몇십)×(몇십)은 (몇십)×(몇)의 10배입니다.
② (몇십몇)×(몇십)은 (몇십몇)×(몇)의 10배입니다.

3 ① $30\times80=3\times10\times8\times10=3\times8\times100$
$=24\times100=2400$
② $27\times60=27\times6\times10=162\times10=1620$

4 ① $5\times3=15$이므로 $50\times30=1500$입니다.
② $34\times4=136$이므로 $34\times40=1360$입니다.

5 (몇)×(몇십몇)　　25쪽

① (왼쪽에서부터) 6×10, 6×4 / 60, 24 / 60, 24, 84

② ①
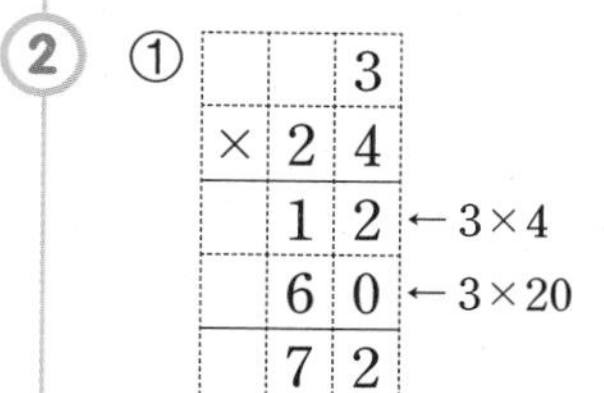

②

		5	
×	2	1	
		5	← 5×1
1	0	0	← 5×20
1	0	5	

③
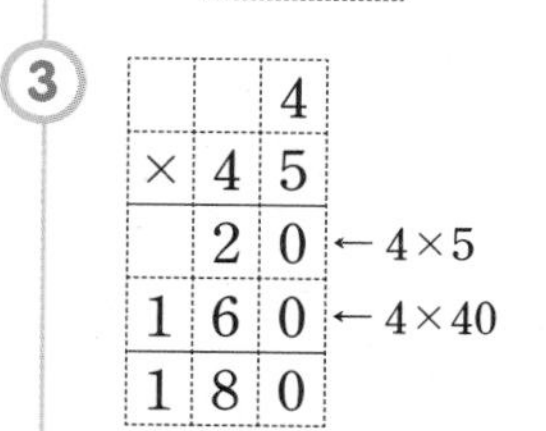

	4	5	
×		4	
	2	0	← 5×4
1	6	0	← 40×4
1	8	0	

/ 같습니다에 ○표

④ ① 54, 54, 108　② 48, 60, 108

4 ① $18=9+9$로 생각하여 계산합니다.
② $18=8+10$으로 생각하여 계산합니다.

6 (몇십몇)×(몇십몇) 27쪽

① (위에서부터) 7×10, 20×2, 7×2 / 200, 70, 40, 14, 324, 324

② 6, 5 / 6, 5, 5, 2, 0, 5, 8, 5

③ ①

	2	3	
×	3	4	
	9	2	← 23×4
6	9	0	← 23×30
7	8	2	

②

		6	7	
	×	4	2	
	1	3	4	← 67×2
2	6	8	0	← 67×40
2	8	1	4	

④ (위에서부터) ① 792, 88 ② 792, 132

2 13×45 ➡

	1	3
×	4	5
	6	5

➡

	1	3
×	4	5
	6	5
5	2	0
5	8	5

4 ① 22×36의 곱은 22×4의 곱을 구한 후 그 곱을 9배 한 값과 같습니다.
② 22×36의 곱은 22×6의 곱을 구한 후 그 곱을 6배 한 값과 같습니다.

7 곱셈의 활용 29쪽

① ① 15, 사과 ② 사과, 상자
③ 21, 15 ④ 21, 15, 315

② ① 22, 장미 ② 장미, 다발
③ 24, 22 ④ 24, 22, 528

③ 305, 2440 / 2440자루

1 (전체 사과의 수)
=(한 상자에 들어 있는 사과의 수)×(상자의 수)
$=21\times15=315$(개)

2 (전체 장미의 수)
=(한 다발에 들어 있는 장미의 수)×(다발의 수)
$=24\times22=528$(송이)

3 (필요한 연필의 수)
=(3학년 학생 수)×(한 명에게 줄 연필의 수)
$=305\times8=2440$(자루)

기본기 강화 문제

16 (몇십)×(몇십), (몇십몇)×(몇십) 연습(1) 30쪽

1 30, 300 **2** 120, 1200 **3** 150, 1500
4 315, 3150 **5** 432, 4320 **6** 243, 2430

17 (몇십)×(몇십), (몇십몇)×(몇십) 연습(2) 30쪽

1 140, 1400 **2** 270, 2700 **3** 12, 1200
4 12, 1200 **5** 156, 1560 **6** 256, 2560
7 760, 2280 **8** 830, 3320

1~2 (몇십)×(몇십)은 (몇십)×(몇)의 10배입니다.

3~4 (몇십)×(몇십)은 (몇)×(몇)의 100배입니다.

5~6 (몇십몇)×(몇십)은 (몇십몇)×(몇)의 10배입니다.

7 $76\times30=76\times10\times3=760\times3=2280$

8 $83\times40=83\times10\times4=830\times4=3320$

18 수를 가르기 하여 계산하기(2) 31쪽

1 80, 36, 116 **2** 180, 24, 204
3 360, 54, 414 **4** 240, 144, 384
5 1560, 117, 1677 **6** 1860, 744, 2604

1~6 곱하는 수를 십의 자리와 일의 자리로 가르기 하여 곱합니다.

19 색칠된 모눈의 수를 곱셈식으로 나타내기 31쪽

1 14, 112 **2** 12, 336
3 23, 16, 368 **4** 24, 12, 288

1 색칠된 모눈의 수는 가로 8칸, 세로 14칸이므로 8×14입니다. $8\times10=80$, $8\times4=32$이므로 $8\times14=80+32=112$입니다.

2 색칠된 모눈의 수는 가로 28칸, 세로 12칸이므로 28×12입니다. $28\times10=280$, $28\times2=56$이므로 $28\times12=280+56=336$입니다.

3 색칠된 모눈의 수는 가로 23칸, 세로 16칸이므로 23×16입니다. $23\times10=230$, $23\times6=138$이므로 $23\times16=230+138=368$입니다.

4 색칠된 모눈의 수는 가로 24칸, 세로 12칸이므로 24×12입니다. $20\times10=200$, $4\times10=40$, $20\times2=40$, $4\times2=8$이므로 $24\times12=200+40+40+8=288$입니다.

20 (몇)×(몇십몇), (몇십몇)×(몇십몇) 연습(1) 32쪽

1 208 **2** 168 **3** 297 **4** 527
5 572 **6** 1833 **7** 3534 **8** 3869
9 4472 **10** 3366

1
$$\begin{array}{r} 4 \\ \times\ 52 \\ \hline 208 \end{array}$$

2
$$\begin{array}{r} {}^{2}\ \ \\ 7 \\ \times\ 24 \\ \hline 168 \end{array}$$

3
$$\begin{array}{r} {}^{2}\ \ \\ 9 \\ \times\ 33 \\ \hline 297 \end{array}$$

4
$$\begin{array}{r} 17 \\ \times\ 31 \\ \hline 17 \\ 510 \\ \hline 527 \end{array}$$

5
$$\begin{array}{r} 22 \\ \times\ 26 \\ \hline 132 \\ 440 \\ \hline 572 \end{array}$$

6
$$\begin{array}{r} 39 \\ \times\ 47 \\ \hline 273 \\ 1560 \\ \hline 1833 \end{array}$$

7
$$\begin{array}{r} 62 \\ \times\ 57 \\ \hline 434 \\ 3100 \\ \hline 3534 \end{array}$$

8
$$\begin{array}{r} 53 \\ \times\ 73 \\ \hline 159 \\ 3710 \\ \hline 3869 \end{array}$$

9
$$\begin{array}{r} 86 \\ \times\ 52 \\ \hline 172 \\ 4300 \\ \hline 4472 \end{array}$$

10
$$\begin{array}{r} 34 \\ \times\ 99 \\ \hline 306 \\ 3060 \\ \hline 3366 \end{array}$$

21 (몇)×(몇십몇), (몇십몇)×(몇십몇) 연습(2) 32쪽

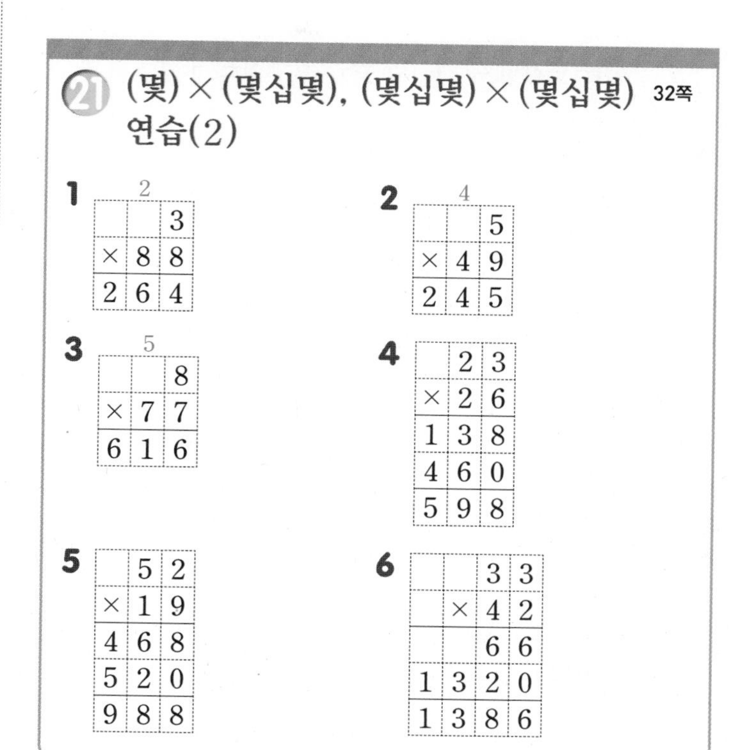

22 네이피어 곱셈 방법 33쪽

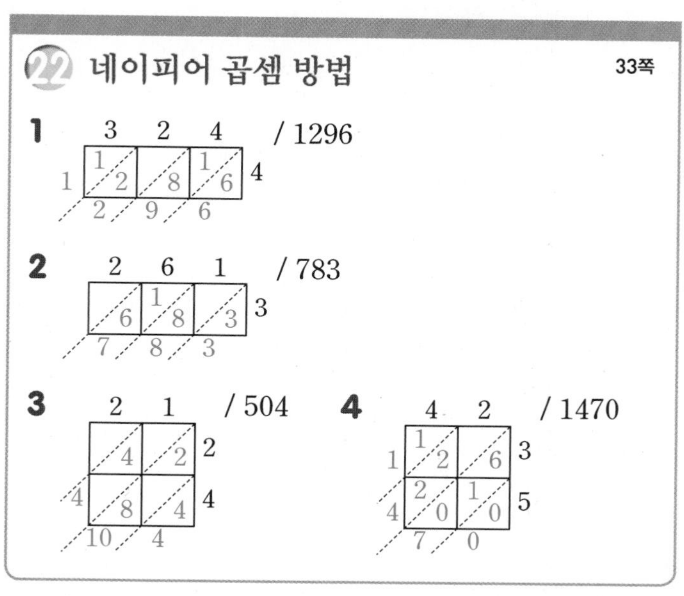

3

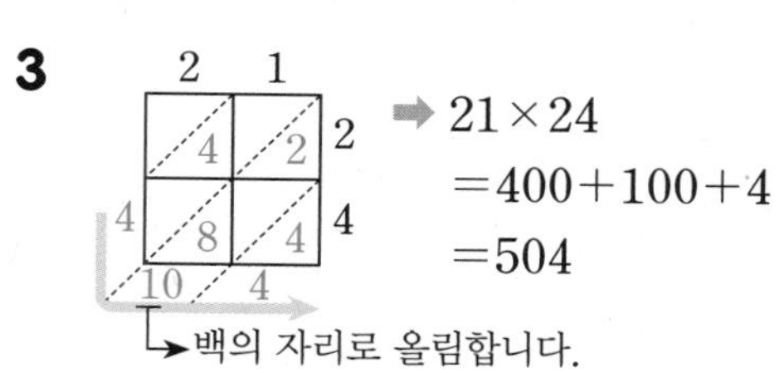

23 곱셈 연습(2) 34쪽

1 1800, 1830, 1860 **2** 221, 238, 255

3 1118, 1161, 1204 **4** 608, 576, 544

5 2800, 2730, 2660 **6** 2075, 1992, 1909

1~3 곱하는 수가 1씩 커지면 곱은 곱해지는 수만큼씩 커집니다.

4~6 곱하는 수가 1씩 작아지면 곱은 곱해지는 수만큼씩 작아집니다.

24 곱이 같은 곱셈(2) 34쪽

1 1600, 1600 **2** 1800, 1800

3 1500, 1500 **4** 648, 648, 648

5 330, 330, 330 **6** 1344, 1344, 1344

25 몇 배씩 커지는 곱셈 35쪽

1 600, 1200, 2400 **2** 960, 1920, 3840

3 220, 660, 1980 **4** 182, 364, 728

5 867, 1734, 3468

1~2 곱해지는 수가 2배씩 커지면 곱도 2배씩 커집니다.

3 곱해지는 수가 3배씩 커지면 곱도 3배씩 커집니다.

4~5 곱하는 수가 2배씩 커지면 곱도 2배씩 커집니다.

26 잘못된 부분을 찾아 바르게 계산하기(2) 35쪽

1
$$\begin{array}{r} 7 \\ \times\ 42 \\ \hline 14 \\ 280 \\ \hline 294 \end{array}$$

2
$$\begin{array}{r} 5 \\ \times\ 47 \\ \hline 35 \\ 200 \\ \hline 235 \end{array}$$

3
$$\begin{array}{r} {\scriptstyle 4} \\ 5 \\ \times\ 39 \\ \hline 195 \end{array}$$

4
$$\begin{array}{r} 24 \\ \times\ 14 \\ \hline 96 \\ 240 \\ \hline 336 \end{array}$$

5
$$\begin{array}{r} 68 \\ \times\ 59 \\ \hline 612 \\ 3400 \\ \hline 4012 \end{array}$$

1 7×40=280인데 28로 잘못 계산했습니다.

2 5×7과 5×40을 계산해야 하는데 5×4와 5×70을 계산했습니다.

3 십의 자리 계산에서 일의 자리에서 올림한 수를 더하지 않았습니다.

4 24×4의 계산에서 올림한 수를 더하지 않았습니다.

5 68×50=3400인데 340으로 잘못 계산했습니다.

27 곱셈 원리 36쪽

1 6 **2** 5 **3** 58 **4** 21 **5** 98

6 9 **7** 8 **8** 61 **9** 45 **10** 57

1 6×40은 6의 40배이고, 6×39는 6의 39배입니다. 따라서 6×40은 6×39에 6을 더한 것과 같습니다.

2 5×16은 5의 16배이고, 5×15는 5의 15배입니다. 따라서 5×16은 5×15에 5를 더한 것과 같습니다.

3 58×30은 58의 30배이고, 58×29는 58의 29배입니다. 따라서 58×30은 58×29에 58을 더한 것과 같습니다.

4 21×72는 21의 72배이고, 21×71은 21의 71배입니다. 따라서 21×72는 21×71에 21을 더한 것과 같습니다.

5 98×23은 98의 23배이고, 98×22는 98의 22배입니다. 따라서 98×23은 98×22에 98을 더한 것과 같습니다.

6 9×19는 9의 19배이고, 9×20은 9의 20배입니다. 따라서 9×19는 9×20에서 9를 뺀 것과 같습니다.

7 8×35는 8의 35배이고, 8×36은 8의 36배입니다. 따라서 8×35는 8×36에서 8을 뺀 것과 같습니다.

8 61×27은 61의 27배이고, 61×28은 61의 28배입니다. 따라서 61×27은 61×28에서 61을 뺀 것과 같습니다.

9 45×24는 45의 24배이고, 45×25는 45의 25배입니다. 따라서 45×24는 45×25에서 45를 뺀 것과 같습니다.

10 57×49는 57의 49배이고, 57×50은 57의 50배입니다. 따라서 57×49는 57×50에서 57을 뺀 것과 같습니다.

28 두 수를 바꾸어 곱하기 36쪽

1 46, 2 **2** 126, 3
3 284, 4 **4** 144, 4
5 76, 4 **6** 140, 4
7 192, 8 **8** 335, 5
9 161, 7 **10** 736, 8

29 수를 나누어 곱하기(2) 37쪽

1 (위에서부터) 210, 30 **2** (위에서부터) 450, 150
3 (위에서부터) 352, 88 **4** (위에서부터) 2430, 270
5 (위에서부터) 744, 93

1 15×14의 곱은 15×2의 곱을 구한 후 그 곱을 7배 한 값과 같습니다.

2 25×18의 곱은 25×6의 곱을 구한 후 그 곱을 3배 한 값과 같습니다.

3 22×16의 곱은 22×4의 곱을 구한 후 그 곱을 4배 한 값과 같습니다.

4 45×54의 곱은 45×6의 곱을 구한 후 그 곱을 9배 한 값과 같습니다.

5 31×24의 곱은 31×3의 곱을 구한 후 그 곱을 8배 한 값과 같습니다.

30 곱이 같은 곱셈식 만들기 37쪽

1 42 **2** 28 **3** 46 **4** 63
5 82 **6** 72 **7** 27

1 24×21 ($\div2\downarrow$, $\downarrow\times2$) $=12\times\boxed{42}$

2 36×14 ($\div2\downarrow$, $\downarrow\times2$) $=18\times\boxed{28}$

3 38×23 ($\div2\downarrow$, $\downarrow\times2$) $=19\times\boxed{46}$

4 51×21 ($\div3\downarrow$, $\downarrow\times3$) $=17\times\boxed{63}$

5 46×41 ($\div2\downarrow$, $\downarrow\times2$) $=23\times\boxed{82}$

6 84×24 ($\div3\downarrow$, $\downarrow\times3$) $=28\times\boxed{72}$

7 26×54 ($\times2\downarrow$, $\downarrow\div2$) $=52\times\boxed{27}$

31 가장 큰 수와 가장 작은 수의 곱 구하기 38쪽

1 636 **2** 15, 1290
3 97, 46, 4462 **4** 76, 35, 2660
5 87, 45, 3915

1 $5>3>2>1$이므로
가장 큰 두 자리 수: 53, 가장 작은 두 자리 수: 12
➡ $53\times12=636$

2 $8>6>5>1$이므로
가장 큰 두 자리 수: 86, 가장 작은 두 자리 수: 15
➡ $86\times15=1290$

3 $9>7>6>4$이므로
가장 큰 두 자리 수: 97, 가장 작은 두 자리 수: 46
➡ $97\times46=4462$

4 $7>6>5>3$이므로
가장 큰 두 자리 수: 76, 가장 작은 두 자리 수: 35
➡ $76\times35=2660$

5 $8>7>5>4$이므로
가장 큰 두 자리 수: 87, 가장 작은 두 자리 수: 45
➡ $87\times45=3915$

32 곱셈의 활용 38쪽

1 42, 336 / 336원 **2** 30, 20, 600 / 600개
3 $60\times24=1440$, 1440분
4 15, 240 / 12, 240 / 240, 240, 480

3 1시간은 60분이므로 24시간은 $60\times24=1440$(분)입니다.

단원 평가

39~41쪽

1 800, 60, 4 / 864
2 (1) 484 (2) 342
3 6, 2502
4 (1) > (2) <
5 3200
6 (위에서부터) 3500, 900, 2100, 1500
7 (위에서부터) (1) 600, 120 (2) 1120, 140
8

		6
×	2	6
	3	6
1	2	0
1	5	6

9 5
10 648, 2880, 3528
11 (1) 702 (2) 1825
12 24, 13, 312
13 (선 잇기)
14 1080
15 $\begin{array}{r} 53 \\ \times\ 42 \\ \hline 106 \\ 2120 \\ \hline 2226 \end{array}$
16 ㉢, ㉡, ㉠
17 2590개
18 2064
19 1245 cm
20 144개

1 백의 자리, 십의 자리, 일의 자리로 나누어 계산한 후 더합니다.
432=400+30+2이므로
$400\times2=800$
$30\times2=60$
$2\times2=4$
$432\times2=864$

2 (1) $\begin{array}{r} 121 \\ \times\ \ 4 \\ \hline 484 \end{array}$ (2) $\begin{array}{r} 114 \\ \times\ \ 3 \\ \hline 342 \end{array}$

3 417을 6번 더했으므로 곱셈식으로 나타내면 $417\times6=2502$입니다.

4 (1) $643\times5=3215$이므로 $643\times5>3200$
(2) $879\times4=3516$이므로 $879\times4<4000$

5 $40\times8=320$
10배↓ ↓10배
$40\times80=3200$

6 $70\times50=3500$, $30\times30=900$, $70\times30=2100$, $50\times30=1500$

7 (1) 30×20의 곱은 30×4의 곱을 구한 후 그 곱을 5배 한 값과 같습니다.
(2) 28×40의 곱은 28×5의 곱을 구한 후 그 곱을 8배 한 값과 같습니다.

9 $4\times36=144$입니다. $5\times28=140$, $6\times28=168$이므로 □ 안에 들어갈 수 있는 수 중에서 가장 큰 수는 5입니다.

11 (1) $\begin{array}{r} 9 \\ \times\ 78 \\ \hline 72 \\ 630 \\ \hline 702 \end{array}$ (2) $\begin{array}{r} 25 \\ \times\ 73 \\ \hline 75 \\ 1750 \\ \hline 1825 \end{array}$

12 색칠된 모눈의 수는 가로 24칸, 세로 13칸이므로 24×13입니다.
$20\times10=200$, $4\times10=40$, $20\times3=60$, $4\times3=12$이므로 $24\times13=200+40+60+12=312$입니다.

13 $123\times5=615$, $424\times2=848$, $729\times5=3645$
$53\times16=848$, $45\times81=3645$, $41\times15=615$

14 $54>43>39>33>20$이므로 가장 큰 수는 54이고, 가장 작은 수는 20입니다. ➡ $54\times20=1080$

15 $53\times40=2120$을 212로 잘못 계산했습니다.

16 ㉠ $125\times3=375$ ㉡ $38\times70=2660$
㉢ $31\times94=2914$
따라서 $2914>2660>375$이므로 ㉢>㉡>㉠입니다.

17 (전체 사과의 수)
=(한 상자에 담은 사과의 수)×(상자의 수)
=$37\times70=2590$(개)

18 만들 수 있는 가장 큰 두 자리 수는 86, 가장 작은 두 자리 수는 24입니다. ➡ $86\times24=2064$

서술형
19 상자 5개를 포장하는 데 필요한 색 테이프는 $249\times5=1245$(cm)입니다.

평가 기준	배점(5점)
문제에 알맞은 곱셈식을 만들었나요?	2점
필요한 색 테이프의 길이를 구했나요?	3점

서술형
20 한 상자에 8개씩 18상자에 들어 있는 멜론은 모두 $8\times18=144$(개)입니다.

평가 기준	배점(5점)
문제에 알맞은 곱셈식을 만들었나요?	2점
멜론은 모두 몇 개인지 구했나요?	3점

2 나눗셈

체험학습에서 딴 사과를 진호는 한 상자에 4개씩, 유리는 한 상자에 6개씩 담으려고 합니다.
각 상자에 담을 사과의 개수만큼 [ ]에 ○를 그리고, 남은 사과를 ( )에 □로 그려 보세요.

1 (몇십)÷(몇) 45쪽

① ① (위에서부터) 3, 0 / 3 ② 25

② ① 1, 10 ② 4, 40

③ (왼쪽에서부터) 1, 2, 1, 0 / 1, 5, 2, 1, 0, 1, 0

④ ① (위에서부터) 5 / 6 / 3, 0, 5
② (위에서부터) 2 / 5, 10 / 1, 0, 2

1 ① $9 \div 3 = 3$ ➡ $90 \div 3 = 30$

2 나누는 수가 같을 때 나누어지는 수가 10배가 되면 몫도 10배가 됩니다.
① $5 \div 5 = 1$ ➡ $50 \div 5 = 10$
② $8 \div 2 = 4$ ➡ $80 \div 2 = 40$

4 ①
$$\begin{array}{r} 15 \\ 6\overline{)90} \\ \underline{60} \leftarrow 6\times10 \\ 30 \\ \underline{30} \leftarrow 6\times5 \\ 0 \end{array}$$

②
$$\begin{array}{r} 12 \\ 5\overline{)60} \\ \underline{50} \leftarrow 5\times10 \\ 10 \\ \underline{10} \leftarrow 5\times2 \\ 0 \end{array}$$

2 (몇십몇)÷(몇)(1) 47쪽

① ① 23 ② 25

② ① (왼쪽에서부터) 3, 9, 6 / 3, 2, 9, 6, 6
② (왼쪽에서부터) 2, 1, 2 / 2, 4, 1, 2, 1, 2

③ ① (위에서부터) 1, 2 / 4, 10 / 8, 2
② (위에서부터) 1, 6 / 3, 10 / 1, 8, 6

2 ① 십의 자리 계산: $90 \div 3 = 30$
일의 자리 계산: $6 \div 3 = 2$ ➡ $96 \div 3 = 32$
② 십의 자리 계산: $60 \div 3 = 20$
일의 자리 계산: $12 \div 3 = 4$ ➡ $72 \div 3 = 24$

3 ①
$$\begin{array}{r} 12 \\ 4\overline{)48} \\ \underline{40} \leftarrow 4\times10 \\ 8 \\ \underline{8} \leftarrow 4\times2 \\ 0 \end{array}$$

②
$$\begin{array}{r} 16 \\ 3\overline{)48} \\ \underline{30} \leftarrow 3\times10 \\ 18 \\ \underline{18} \leftarrow 3\times6 \\ 0 \end{array}$$

3 (몇십몇)÷(몇)(2) 49쪽

1 ① 5, 3, 0, 5
② (왼쪽에서부터) 1, 4, 1, 8 / 1, 4, 4, 1, 8, 1, 6, 2

2 ① (위에서부터) 1, 2 / 3, 10 / 6, 2 / 1
② (위에서부터) 1, 2 / 5, 10 / 1, 0, 2 / 2

3 ① 13, 0 ② 17, 3

2 나누어지는 수의 십의 자리부터 계산합니다. 십의 자리 계산에서 남은 수와 일의 자리 수를 합하여 나누는 수로 나눈 몫을 몫의 일의 자리에 씁니다.

① $$\begin{array}{r} 12 \\ 3\overline{)37} \\ \underline{30} \leftarrow 3\times10 \\ 7 \\ \underline{6} \leftarrow 3\times2 \\ 1 \end{array}$$

② $$\begin{array}{r} 12 \\ 5\overline{)62} \\ \underline{50} \leftarrow 5\times10 \\ 12 \\ \underline{10} \leftarrow 5\times2 \\ 2 \end{array}$$

기본기 강화 문제

1 나누어지는 수가 10배일 때 몫 알아보기 50쪽

1 2, 20	**2** 2, 20	**3** 1, 10
4 2, 20	**5** 3, 30	**6** 1, 10

2 수를 가르기 하여 나눗셈하기(1) 50쪽

1 10, 1, 11	**2** 10, 4, 14	**3** 20, 3, 23
4 20, 1, 21	**5** 10, 1, 11	

1 십의 자리 계산: $30\div3=10$
일의 자리 계산: $3\div3=1$ ⇒ $33\div3=11$

2 십의 자리 계산: $20\div2=10$
일의 자리 계산: $8\div2=4$ ⇒ $28\div2=14$

3 십의 자리 계산: $60\div3=20$
일의 자리 계산: $9\div3=3$ ⇒ $69\div3=23$

4 십의 자리 계산: $80\div4=20$
일의 자리 계산: $4\div4=1$ ⇒ $84\div4=21$

5 십의 자리 계산: $90\div9=10$
일의 자리 계산: $9\div9=1$ ⇒ $99\div9=11$

3 (몇십)÷(몇), (몇십몇)÷(몇) 연습(1) 51쪽

1 35	**2** 14	**3** 18	**4** 11
5 22	**6** 22	**7** 34	**8** 31
9 31	**10** 11		

1 $$\begin{array}{r} 35 \\ 2\overline{)70} \\ \underline{60} \\ 10 \\ \underline{10} \\ 0 \end{array}$$

2 $$\begin{array}{r} 14 \\ 5\overline{)70} \\ \underline{50} \\ 20 \\ \underline{20} \\ 0 \end{array}$$

3 $$\begin{array}{r} 18 \\ 5\overline{)90} \\ \underline{50} \\ 40 \\ \underline{40} \\ 0 \end{array}$$

4 $$\begin{array}{r} 11 \\ 2\overline{)22} \\ \underline{20} \\ 2 \\ \underline{2} \\ 0 \end{array}$$

5 $$\begin{array}{r} 22 \\ 2\overline{)44} \\ \underline{40} \\ 4 \\ \underline{4} \\ 0 \end{array}$$

6 $$\begin{array}{r} 22 \\ 3\overline{)66} \\ \underline{60} \\ 6 \\ \underline{6} \\ 0 \end{array}$$

7 $$\begin{array}{r} 34 \\ 2\overline{)68} \\ \underline{60} \\ 8 \\ \underline{8} \\ 0 \end{array}$$

8 $$\begin{array}{r} 31 \\ 2\overline{)62} \\ \underline{60} \\ 2 \\ \underline{2} \\ 0 \end{array}$$

9 $$\begin{array}{r} 31 \\ 3\overline{)93} \\ \underline{90} \\ 3 \\ \underline{3} \\ 0 \end{array}$$

10 $$\begin{array}{r} 11 \\ 8\overline{)88} \\ \underline{80} \\ 8 \\ \underline{8} \\ 0 \end{array}$$

4 (몇십)÷(몇), (몇십몇)÷(몇) 연습(2) 51쪽

1 10	**2** 10	**3** 16	**4** 15
5 12	**6** 13	**7** 13	**8** 32
9 41	**10** 11	**11** 22	**12** 33
13 11	**14** 44	**15** 32	**16** 12

5 수를 가르기 하여 나눗셈하기(2) 52쪽

1 10, 8, 18 **2** 10, 4, 14 **3** 10, 9, 19
4 10, 2, 12 **5** 10, 6, 16 **6** 10, 5, 15
7 20, 5, 25 **8** 10, 4, 14 **9** 10, 8, 18
10 10, 6, 16

6 수를 가르기 하여 나눗셈하기(3) 52쪽

1 20 / 3, 1 / 23, 1 **2** 10 / 4, 1 / 14, 1
3 20 / 3, 3 / 23, 3 **4** 10 / 1, 5 / 11, 5
5 10 / 3, 1 / 13, 1

7 (몇십몇)÷(몇) 연습(1) 53쪽

1 17 **2** 39 **3** 27
4 19 **5** 14⋯1 **6** 12⋯3
7 17⋯1 **8** 16⋯1 **9** 13⋯3
10 13⋯1

1
```
    1 7
3)5 1
  3 0
  2 1
  2 1
    0
```

2
```
    3 9
2)7 8
  6 0
  1 8
  1 8
    0
```

3
```
    2 7
2)5 4
  4 0
  1 4
  1 4
    0
```

4
```
    1 9
5)9 5
  5 0
  4 5
  4 5
    0
```

5
```
    1 4
3)4 3
  3 0
  1 3
  1 2
    1
```

6
```
    1 2
5)6 3
  5 0
  1 3
  1 0
    3
```

7
```
    1 7
2)3 5
  2 0
  1 5
  1 4
    1
```

8
```
    1 6
5)8 1
  5 0
  3 1
  3 0
    1
```

9
```
    1 3
7)9 4
  7 0
  2 4
  2 1
    3
```

10
```
    1 3
6)7 9
  6 0
  1 9
  1 8
    1
```

8 (몇십몇)÷(몇) 연습(2) 53쪽

1 17 **2** 13 **3** 19
4 14 **5** 13 **6** 19
7 14 **8** 14⋯1 **9** 11⋯5
10 24⋯3 **11** 18⋯1 **12** 15⋯1
13 19⋯2 **14** 15⋯1 **15** 13⋯2
16 13⋯3

1
```
    1 7
2)3 4
  2 0
  1 4
  1 4
    0
```

2
```
    1 3
5)6 5
  5 0
  1 5
  1 5
    0
```

3
```
    1 9
4)7 6
  4 0
  3 6
  3 6
    0
```

4
```
    1 4
6)8 4
  6 0
  2 4
  2 4
    0
```

5
```
    1 3
7)9 1
  7 0
  2 1
  2 1
    0
```

6
```
    1 9
2)3 8
  2 0
  1 8
  1 8
    0
```

7
```
    1 4
3)4 2
  3 0
  1 2
  1 2
    0
```

8
```
    1 4
4)5 7
  4 0
  1 7
  1 6
    1
```

9
```
    1 1
7 ) 8 2
    7 0
    1 2
      7
      5
```

10
```
    2 4
4 ) 9 9
    8 0
    1 9
    1 6
      3
```

11
```
    1 8
2 ) 3 7
    2 0
    1 7
    1 6
      1
```

12
```
    1 5
3 ) 4 6
    3 0
    1 6
    1 5
      1
```

13
```
    1 9
3 ) 5 9
    3 0
    2 9
    2 7
      2
```

14
```
    1 5
4 ) 6 1
    4 0
    2 1
    2 0
      1
```

15
```
    1 3
6 ) 8 0
    6 0
    2 0
    1 8
      2
```

16
```
    1 3
7 ) 9 4
    7 0
    2 4
    2 1
      3
```

9 등식 완성하기(1)

54쪽

1 4　**2** 4　**3** 6　**4** 72
5 99　**6** 2　**7** 3　**8** 2
9 30　**10** 26

1~5 나누어지는 수와 나누는 수가 똑같이 ■배가 되면 나눗셈의 몫이 같습니다.

6~10 나누어지는 수와 나누는 수를 똑같이 ■로 나누면 나눗셈의 몫이 같습니다.

10 같은 수를 나누기(1)

54쪽

1 20, 12, 10　**2** 40, 20, 16
3 24, 16, 12　**4** 24, 18, 12
5 32, 24, 16

1~5 나누어지는 수가 같으면 나누는 수가 클수록 몫은 작아집니다.

11 계산하지 않고 몫의 크기 비교하기(1)

55쪽

1 59÷4에 ○표　**2** 94÷2에 ○표
3 72÷3에 ○표　**4** 58÷3에 ○표
5 73÷2에 ○표　**6** 88÷5에 ○표

1 나누는 수가 같으면 나누어지는 수가 클수록 몫이 큽니다. 59>47>39이므로 59÷4의 몫이 가장 큽니다.

2 나누어지는 수를 비교하면 94>86>51이므로 94÷2의 몫이 가장 큽니다.

3 나누어지는 수를 비교하면 72>61>52이므로 72÷3의 몫이 가장 큽니다.

4 나누어지는 수가 같으면 나누는 수가 작을수록 몫이 큽니다. 3<4<6이므로 58÷3의 몫이 가장 큽니다.

5 나누는 수를 비교하면 2<3<5이므로 73÷2의 몫이 가장 큽니다.

6 나누는 수를 비교하면 5<6<8이므로 88÷5의 몫이 가장 큽니다.

12 잘못된 부분을 찾아 바르게 계산하기(1)

55쪽

1
```
    2 4
4 ) 9 6
    8 0
    1 6
    1 6
      0
```

2
```
    2 5
2 ) 5 1
    4 0
    1 1
    1 0
      1
```

3
```
    1 5
4 ) 6 2
    4 0
    2 2
    2 0
      2
```

4
```
    1 5
5 ) 7 8
    5 0
    2 8
    2 5
      3
```

1 몫의 십의 자리 계산을 한 후 일의 자리 수를 내리지 않고 계산하였으므로 잘못 계산하였습니다.

2 나머지는 나누는 수보다 작아야 하는데, 나머지가 나누는 수보다 크므로 잘못 계산하였습니다.
따라서 몫을 1 크게 하여 나눗셈을 합니다.

3 몫의 십의 자리 계산을 한 후 일의 자리 수를 내리지 않고 계산하였으므로 잘못 계산하였습니다.

4 나머지는 나누는 수보다 작아야 하는데, 나머지가 나누는 수보다 크므로 잘못 계산하였습니다.
따라서 몫을 1 크게 하여 나눗셈을 합니다.

13 나머지가 가장 작은 나눗셈식 찾기 56쪽

1 ㉠ **2** ㉣ **3** ㉡
4 ㉢ **5** ㉡

1 ㉠ $66\div5=13\cdots\underline{1}$ ㉡ $54\div4=13\cdots\underline{2}$
㉢ $74\div4=18\cdots\underline{2}$ ㉣ $53\div3=17\cdots\underline{2}$
따라서 나머지가 가장 작은 것은 ㉠입니다.

2 ㉠ $35\div3=11\cdots\underline{2}$ ㉡ $41\div3=13\cdots\underline{2}$
㉢ $78\div4=19\cdots\underline{2}$ ㉣ $57\div2=28\cdots\underline{1}$
따라서 나머지가 가장 작은 것은 ㉣입니다.

3 ㉠ $83\div3=27\cdots\underline{2}$ ㉡ $53\div4=13\cdots\underline{1}$
㉢ $77\div6=12\cdots\underline{5}$ ㉣ $94\div5=18\cdots\underline{4}$
따라서 나머지가 가장 작은 것은 ㉡입니다.

4 ㉠ $98\div8=12\cdots\underline{2}$ ㉡ $56\div3=18\cdots\underline{2}$
㉢ $64\div3=21\cdots\underline{1}$ ㉣ $75\div6=12\cdots\underline{3}$
따라서 나머지가 가장 작은 것은 ㉢입니다.

5 ㉠ $63\div4=15\cdots\underline{3}$ ㉡ $93\div2=46\cdots\underline{1}$
㉢ $76\div6=12\cdots\underline{4}$ ㉣ $69\div5=13\cdots\underline{4}$
따라서 나머지가 가장 작은 것은 ㉡입니다.

14 곱셈과 나눗셈의 관계(1) 56쪽

1 55, 55 **2** 84, 84 **3** 96, 96
4 72, 72 **5** 81, 81 **6** 60, 60

1~6 ■÷▲=● ⟺ ▲×●=■

15 계산 결과가 맞는지 확인하기(1) 57쪽

1 9, 4 / $7\times9=63$ ➡ $63+4=67$
2 19, 2 / $4\times19=76$ ➡ $76+2=78$
3 14, 1 / $6\times14=84$ ➡ $84+1=85$
4 12, 3 / $8\times12=96$ ➡ $96+3=99$

1 계산을 하고, 나누는 수와 몫의 곱에 나머지를 더하면 나누어지는 수가 되는지 확인해 봅니다.

$$\begin{array}{r} 9 \leftarrow \text{몫} \\ 7\overline{)67} \\ \underline{63} \\ 4 \leftarrow \text{나머지} \end{array}$$

확인 $7\times9=63$
➡ $63+4=67$

2
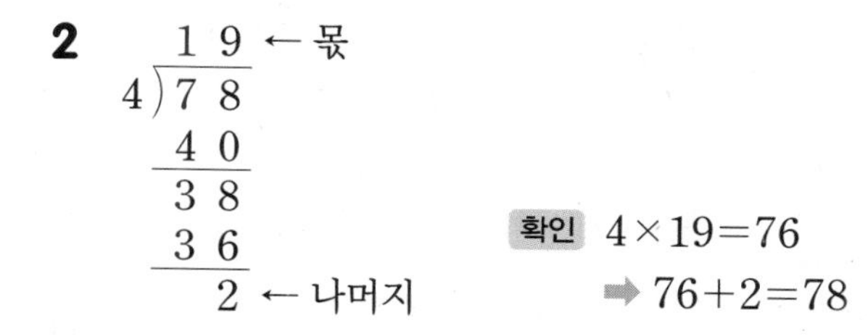

3
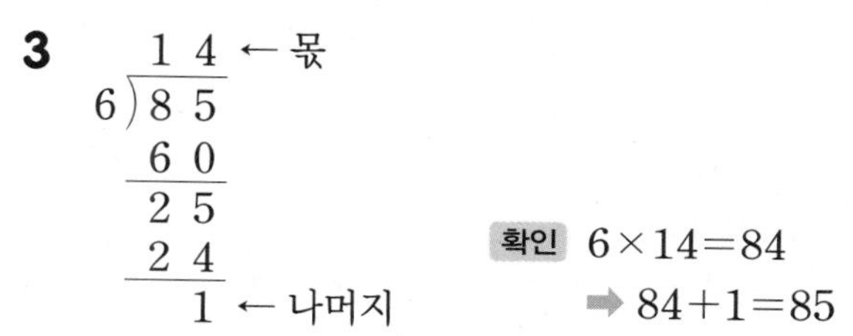

4
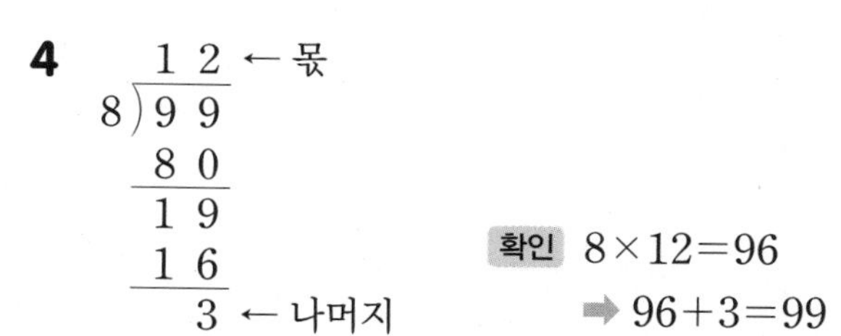

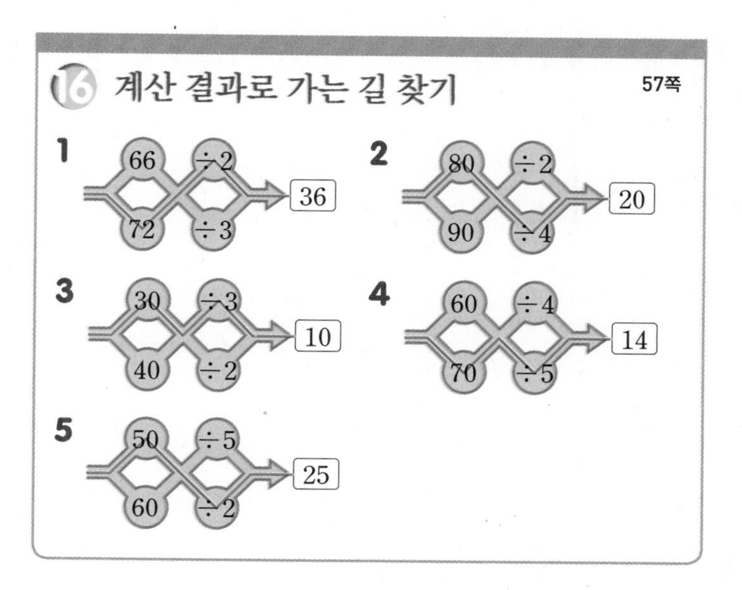

1 $66 \div 2 = 33$, $66 \div 3 = 22$, $72 \div 2 = 36$, $72 \div 3 = 24$이므로 72와 $\div 2$를 지나도록 선을 긋습니다.

2 $80 \div 2 = 40$, $80 \div 4 = 20$, $90 \div 2 = 45$, $90 \div 4 = 22 \cdots 2$이므로 80과 $\div 4$를 지나도록 선을 긋습니다.

3 $30 \div 3 = 10$, $30 \div 2 = 15$, $40 \div 3 = 13 \cdots 1$, $40 \div 2 = 20$이므로 30과 $\div 3$을 지나도록 선을 긋습니다.

4 $60 \div 4 = 15$, $60 \div 5 = 12$, $70 \div 4 = 17 \cdots 2$, $70 \div 5 = 14$이므로 70과 $\div 5$를 지나도록 선을 긋습니다.

5 $50 \div 5 = 10$, $50 \div 2 = 25$, $60 \div 5 = 12$, $60 \div 2 = 30$이므로 50과 $\div 2$를 지나도록 선을 긋습니다.

4 (세 자리 수)÷(한 자리 수)(1) 59쪽

① (　　)(　　)(○)

② ① (왼쪽에서부터)
1, 3 / 1, 8, 3, 2, 4 / 1, 8, 0, 3, 2, 4
② (왼쪽에서부터) 5, 3, 0 / 5, 7, 3, 0, 4, 2

③ ① (위에서부터) 2, 4, 5 / 6, 200 / 1, 2, 40 / 1, 5, 5 / 0
② (위에서부터) 8, 2 / 5, 6, 80 / 1, 4, 2 / 0

1 <u>4</u>00÷<u>5</u>에서 4<5이므로 몫이 두 자리 수입니다.
<u>4</u>76÷<u>7</u>에서 4<7이므로 몫이 두 자리 수입니다.
<u>6</u>04÷<u>4</u>에서 6>4이므로 몫이 세 자리 수입니다.

3 ①
```
      2 4 5
   3)7 3 5
     6 0 0  ←3×200
     1 3 5
     1 2 0  ←3×40
         1 5
         1 5  ←3×5
           0
```
②
```
        8 2
   7)5 7 4
     5 6 0  ←7×80
         1 4
         1 4  ←7×2
           0
```

5 (세 자리 수)÷(한 자리 수)(2) 61쪽

① (왼쪽에서부터)
1, 3 / 1, 5, 3, 1, 5 / 1, 5, 3, 3, 1, 5, 9, 2

② ① (위에서부터) 1, 9, 3 / 2, 100 / 1, 8, 90 / 6, 3 / 1
② (위에서부터) 4, 4 / 1, 6, 40 / 1, 6, 4 / 3

③ ① 49, 245, 245, 4, 249
② 157, 471, 471, 1, 472

2 ①
```
      1 9 3
   2)3 8 7
     2 0 0  ←2×100
     1 8 7
     1 8 0  ←2×90
           7
           6  ←2×3
           1
```
②
```
        4 4
   4)1 7 9
     1 6 0  ←4×40
         1 9
         1 6  ←4×4
           3
```

3 ① 나누는 수: 5, 몫: 49, 나머지: 4
확인 $5 \times 49 = 245$ ➡ $245 + 4 = 249$
② 나누는 수: 3, 몫: 157, 나머지: 1
확인 $3 \times 157 = 471$ ➡ $471 + 1 = 472$

기본기 강화 문제

17 나누어지는 수가 몇 배일 때 몫 알아보기 62쪽

1 1, 10, 100　**2** 2, 20, 200　**3** 2, 20, 200
4 2, 20, 200　**5** 3, 30, 300

1~5 나누는 수가 같을 때 나누어지는 수가 10배가 되면 몫도 10배가 됩니다.

18 (세 자리 수)÷(한 자리 수) 연습(1) 62쪽

1 115　**2** 168　**3** 79
4 72　**5** 129⋯2　**6** 276⋯1
7 52⋯1　**8** 81⋯5　**9** 86⋯1
10 86⋯2

1
```
  115
2)230
  2
   3
   2
   10
   10
    0
```

2
```
  168
3)504
  3
  20
  18
   24
   24
    0
```

3
```
   79
5)395
  35
   45
   45
    0
```

4
```
   72
9)648
  63
   18
   18
    0
```

5
```
  129
3)389
  3
   8
   6
   29
   27
    2
```

6
```
  276
2)553
  4
  15
  14
   13
   12
    1
```

7
```
   52
8)417
  40
   17
   16
    1
```

8
```
   81
6)491
  48
   11
    6
    5
```

9
```
   86
9)775
  72
   55
   54
    1
```

10
```
   86
7)604
  56
   44
   42
    2
```

⑲ (세 자리 수) ÷ (한 자리 수) 연습(2)

63쪽

1 157 **2** 105 **3** 59
4 74 **5** 67 **6** 156
7 47 **8** 168…1 **9** 153…2
10 127…3 **11** 92…5 **12** 89…1

1
```
  157
2)314
  2
  11
  10
   14
   14
    0
```

2
```
  105
4)420
  4
   20
   20
    0
```

3
```
   59
3)177
  15
   27
   27
    0
```

4
```
   74
6)444
  42
   24
   24
    0
```

5
```
   67
4)268
  24
   28
   28
    0
```

6
```
  156
3)468
  3
  16
  15
   18
   18
    0
```

7
```
   47
6)282
  24
   42
   42
    0
```

8

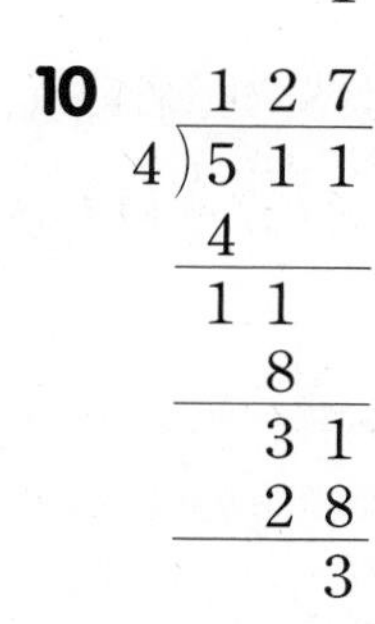

9
```
  153
3)461
  3
  16
  15
   11
    9
    2
```

10
```
  127
4)511
  4
  11
   8
   31
   28
    3
```

11

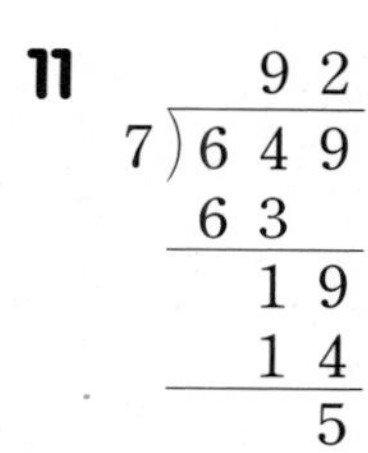

12
```
   89
8)713
  64
   73
   72
    1
```

⑳ 같은 수로 나누기(1)

63쪽

1 400, 401, 402 **2** 168, 169, 170
3 123, 124, 125 **4** 43, 44, 45
5 27, 28, 29

1 나누는 수가 2로 같고, 나누어지는 수가 2씩 커지면 몫은 1씩 커집니다.

2 나누는 수가 3으로 같고, 나누어지는 수가 3씩 커지면 몫은 1씩 커집니다.

3 나누는 수가 5로 같고, 나누어지는 수가 5씩 커지면 몫은 1씩 커집니다.

4 나누는 수가 6으로 같고, 나누어지는 수가 6씩 커지면 몫은 1씩 커집니다.

5 나누는 수가 7로 같고, 나누어지는 수가 7씩 커지면 몫은 1씩 커집니다.

21 같은 수로 나누기(2)

64쪽

1 104, 1 / 104, 2 / 104, 3

2 118, 3 / 118, 4 / 118, 5

3 59, 2 / 59, 3 / 59, 4

4 54, 4 / 54, 5 / 54, 6

5 63, 5 / 63, 6 / 63, 7

1~5 나누는 수가 같을 때 나누어지는 수가 1씩 커지면 나머지는 1씩 커집니다.

22 같은 수를 나누기(2)

64쪽

1 147, 1 / 98, 1 / 73, 3

2 219, 1 / 164, 2 / 131, 3

3 44, 3 / 35, 4 / 29, 5

4 87, 1 / 74, 5 / 65, 3

5 37, 4 / 32, 7 / 29, 2

23 등식 완성하기(2)

65쪽

1 3　**2** 4　**3** 5

4 2　**5** 6　**6** 6

7 7　**8** 8

1 $306 \div 2 = 153$이므로 $153 = 150 + \square$에서 $\square = 153 - 150$, $\square = 3$입니다.

2 $620 \div 5 = 124$이므로 $124 = 120 + \square$에서 $\square = 124 - 120$, $\square = 4$입니다.

3 $110 \div 2 = 55$이므로 $55 = 50 + \square$에서 $\square = 55 - 50$, $\square = 5$입니다.

4 $192 \div 6 = 32$이므로 $32 = 30 + \square$에서 $\square = 32 - 30$, $\square = 2$입니다.

5 $816 \div 4 = 204$이므로 $204 = 210 - \square$에서 $\square = 210 - 204$, $\square = 6$입니다.

6 $912 \div 8 = 114$이므로 $114 = 120 - \square$에서 $\square = 120 - 114$, $\square = 6$입니다.

7 $215 \div 5 = 43$이므로 $43 = 50 - \square$에서 $\square = 50 - 43$, $\square = 7$입니다.

8 $434 \div 7 = 62$이므로 $62 = 70 - \square$에서 $\square = 70 - 62$, $\square = 8$입니다.

24 계산하지 않고 몫의 크기 비교하기(2)

65쪽

1 $240 \div 3$에 ○표　**2** $350 \div 5$에 ○표

3 $180 \div 2$에 ○표　**4** $240 \div 3$에 ○표

5 $360 \div 4$에 ○표　**6** $720 \div 3$에 ○표

1~3 나누는 수가 같으면 나누어지는 수가 클수록 몫이 큽니다.

4~6 나누어지는 수가 같으면 나누는 수가 작을수록 몫이 큽니다.

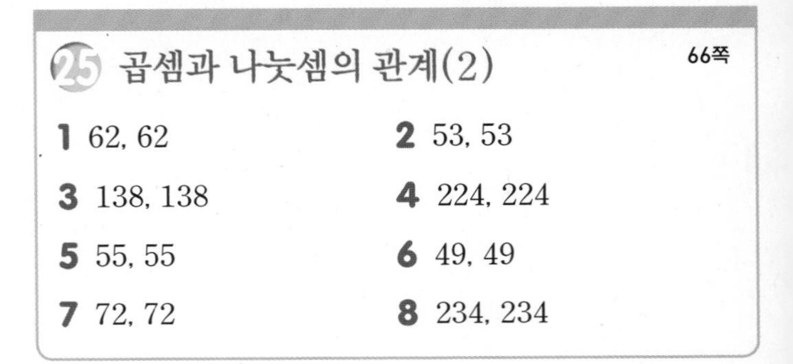

25 곱셈과 나눗셈의 관계(2)

66쪽

1 62, 62　**2** 53, 53

3 138, 138　**4** 224, 224

5 55, 55　**6** 49, 49

7 72, 72　**8** 234, 234

1~8 ■÷▲=● ⟺ ▲×●=■

26 구슬의 무게 구하기 66쪽

1 44　**2** 164　**3** 133

4 58　**5** 59　**6** 69

1 $132 \div 3 = 44$(g)　**2** $820 \div 5 = 164$(g)

3 $665 \div 5 = 133$(g)　**4** $464 \div 8 = 58$(g)

5 $354 \div 6 = 59$(g)　**6** $207 \div 3 = 69$(g)

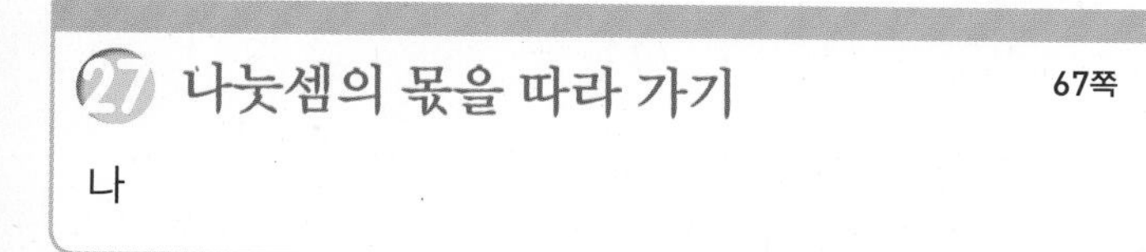

27 나눗셈의 몫을 따라 가기 67쪽

나

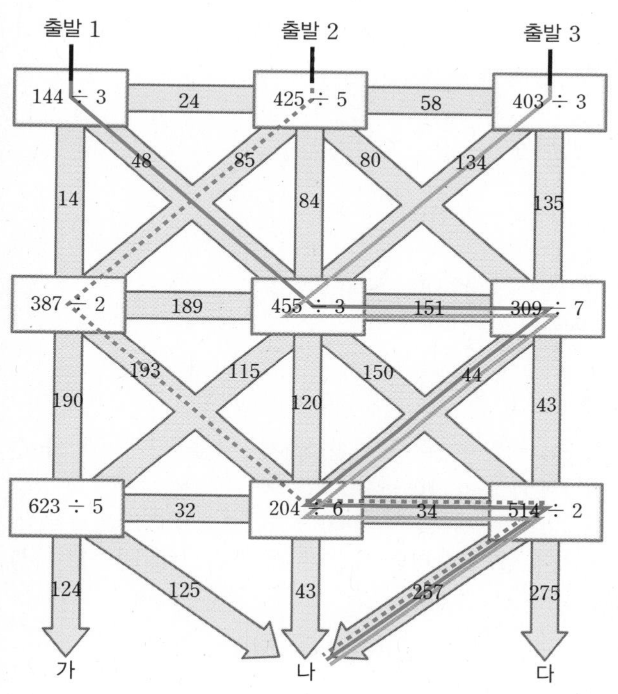

$144 \div 3 = 48$, $425 \div 5 = 85$, $403 \div 3 = 134 \cdots 1$,
$387 \div 2 = 193 \cdots 1$, $455 \div 3 = 151 \cdots 2$, $309 \div 7 = 44 \cdots 1$,
$623 \div 5 = 124 \cdots 3$, $204 \div 6 = 34$, $514 \div 2 = 257$

28 잘못된 부분을 찾아 바르게 계산하기(2) 68쪽

1
```
    2 8 6
 2)5 7 2
   4
   1 7
   1 6
     1 2
     1 2
       0
```

2
```
     8 5
 5)4 2 5
   4 0
     2 5
     2 5
       0
```

3
```
     6 6
 6)3 9 7
   3 6
     3 7
     3 6
       1
```

4
```
   1 0 6
 7)7 4 8
   7
     4 8
     4 2
       6
```

1 몫의 백의 자리 계산이 잘못되었습니다.

2 $\underline{42}5 \div \underline{5}$에서 $4 < 5$이므로 몫이 두 자리 수인데 몫을 세 자리 수로 잘못 계산하였습니다.

3 몫의 십의 자리를 계산한 후 일의 자리 수를 내리지 않고 계산하였으므로 잘못 계산하였습니다.

4 몫의 십의 자리를 계산하지 않았으므로 몫의 십의 자리에 0을 써야 하는데 일의 자리의 계산 결과를 썼으므로 잘못 계산하였습니다.

29 계산 결과가 맞는지 확인하기(2) 68쪽

1 98, 7 / $9 \times 98 = 882$ ➡ $882 + 7 = 889$

2 175, 1 / $2 \times 175 = 350$ ➡ $350 + 1 = 351$

3 76, 3 / $6 \times 76 = 456$ ➡ $456 + 3 = 459$

4 92, 3 / $4 \times 92 = 368$ ➡ $368 + 3 = 371$

1
```
     9 8 ← 몫
 9)8 8 9
   8 1
     7 9
     7 2
       7 ← 나머지
```
확인 $9 \times 98 = 882$
➡ $882 + 7 = 889$

2
```
   1 7 5 ← 몫
 2)3 5 1
   2
   1 5
   1 4
     1 1
     1 0
       1 ← 나머지
```
확인 $2 \times 175 = 350$
➡ $350 + 1 = 351$

3
```
     7 6 ← 몫
 6)4 5 9
   4 2
     3 9
     3 6
       3 ← 나머지
```
확인 $6 \times 76 = 456$
➡ $456 + 3 = 459$

4

$$\begin{array}{r} 92 \leftarrow \text{몫} \\ 4\overline{)371} \\ \underline{36} \\ 11 \\ \underline{8} \\ 3 \leftarrow \text{나머지} \end{array}$$

확인 $4\times92=368$
➡ $368+3=371$

단원 평가

69~71쪽

1 4, 40
2 (1) 14 (2) 25
3 10, 5, 15
4 ㉡
5 22
6 (1) = (2) <
7 24, 24, 48
8 31명
9 (위에서부터) 1, 2 / 7, 0, 10 / 1, 4 / 1, 4, 2
10 (위에서부터) 1, 9, 3, 2, 7, 2 / 19, 2
11 ⑤
12 5, 20, 20, 23
13 (위에서부터) 1, 5, 3 / 4, 100 / 2, 0, 50 / 1, 2, 3
14 49, 6 / 49, 7 / 49, 8
15

$$\begin{array}{r} 285 \\ 3\overline{)857} \\ \underline{6} \\ 25 \\ \underline{24} \\ 17 \\ \underline{15} \\ 2 \end{array}$$

16 32개, 1개
17 985, 4, 246, 1
18 59
19 10배
20 10자루, 4자루

1 나누는 수가 같을 때 나누어지는 수가 10배가 되면 몫도 10배가 됩니다.

2 (1)

$$\begin{array}{r} 14 \\ 5\overline{)70} \\ \underline{50} \\ 20 \\ \underline{20} \\ 0 \end{array}$$

(2)

$$\begin{array}{r} 25 \\ 3\overline{)75} \\ \underline{60} \\ 15 \\ \underline{15} \\ 0 \end{array}$$

3 십의 자리의 계산: $20\div2=10$
일의 자리의 계산: $10\div2=5$
$30\div2=15$

4 ㉠ $60\div2=30$ ㉡ $80\div4=20$ ㉢ $90\div3=30$

5 66을 똑같이 3묶음으로 묶으면 한 묶음은 22이므로 $66\div3=22$입니다.

6 (1) $48\div4=12$, $36\div3=12$
(2) $55\div5=11$, $39\div3=13$ ➡ $55\div5<39\div3$

7 $48\div2=24$ ⟺ $2\times24=48$

8 (한 모둠의 학생 수)
=(전체 학생 수)÷(모둠 수)
$=93\div3=31$(명)

9 십의 자리 수를 7로 나눈 몫을 몫의 십의 자리에 쓰고, 십의 자리 계산에서 남은 수와 일의 자리 수를 합하여 7로 나눈 몫을 몫의 일의 자리에 씁니다.

10

$$\begin{array}{r} 19 \leftarrow \text{몫} \\ 3\overline{)59} \\ \underline{30} \\ 29 \\ \underline{27} \\ 2 \leftarrow \text{나머지} \end{array}$$

11 나머지는 나누는 수보다 작아야 합니다.

12 나누는 수와 몫의 곱에 나머지를 더하면 나누어지는 수가 되는지 확인해 봅니다.

13

$$\begin{array}{r} 153 \\ 4\overline{)613} \\ \underline{400} \leftarrow 4\times100 \\ 213 \\ \underline{200} \leftarrow 4\times50 \\ 13 \\ \underline{12} \leftarrow 4\times3 \\ 1 \end{array}$$

16 $193\div6=32\cdots1$이므로 한 상자에 귤을 32개씩 담을 수 있고 1개가 남습니다.

17 몫이 가장 크게 하려면 가장 큰 세 자리 수를 만들고 가장 작은 수로 나눕니다.
$9>8>5>4$이므로 $985\div4=246\cdots1$입니다.

18 어떤 수를 □라고 하면 $\square\div8=7\cdots3$입니다.
$8\times7=56$ ➡ $56+3=\square$에서 $\square=59$입니다.

서술형
19 60은 6의 10배이므로 $60\div2$의 몫은 $6\div2$의 몫의 10배입니다.

평가 기준	배점
나누어지는 수와 몫의 관계를 알고 있나요?	2점
몫은 몇 배인지 구했나요?	3점

서술형
20 $84\div8=10\cdots4$이므로 한 사람이 연필을 10자루씩 가질 수 있고 4자루가 남습니다.

평가 기준	배점
알맞은 나눗셈식을 만들었나요?	2점
한 사람이 가지게 되는 연필의 수와 남는 연필의 수를 구했나요?	3점

3 원

수애와 윤호는 크기가 점점 커지는 원 3개를 서로 다른 모양으로 그리고 있어요.
수애와 윤호의 그림을 완성해 보세요.

1 원의 중심, 반지름, 지름 알아보기 75쪽

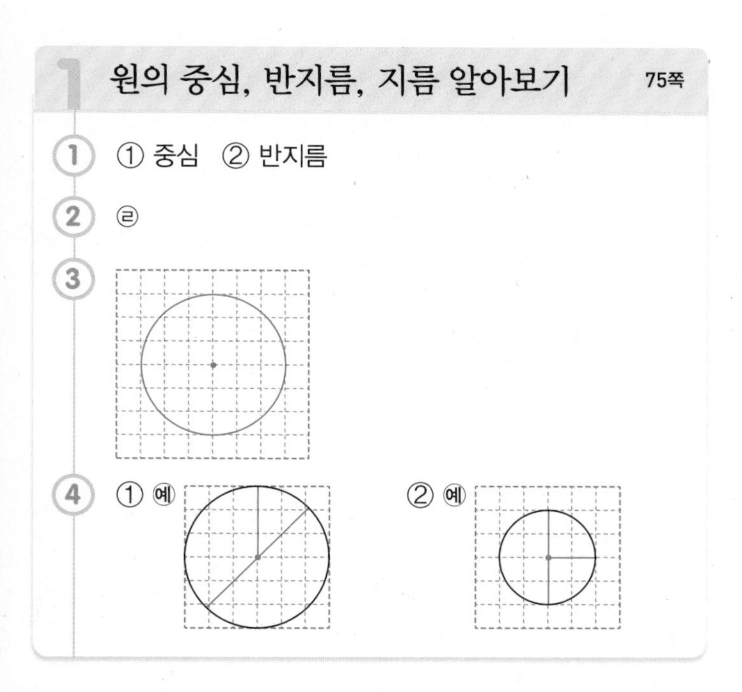

1. ① 중심 ② 반지름
2. ㄹ
3.
4. ① 예 ② 예

1 ① 원의 중심은 고정된 부분이므로 점 ㅇ은 원의 중심입니다.

2 연필을 꽂는 칸이 누름 못에서 멀어질수록 원의 크기도 커집니다.

3 누름 못을 원의 중심에 꽂고 누름 못과 원 위의 한 점까지의 길이가 모눈 3칸이 되도록 띠 종이에 구멍을 뚫어 원을 그립니다.

2 원의 성질 알아보기 77쪽

1. ① 지름 ② 지름
2. ① 선분 ㄹㅈ ② 선분 ㄹㅈ
3. ① 4 ② 7, 7
4. ① 10 ② 2

1 ② 원의 지름은 원을 똑같이 둘로 나눕니다.

2 ② 원의 지름은 원 위의 두 점을 이은 선분 중 가장 깁니다.

3 한 원에서 지름은 길이가 모두 같습니다.

4 ① (원의 지름)=(원의 반지름)$\times 2=5\times 2=10$ (cm)
② (원의 반지름)=(원의 지름)$\div 2=4\div 2=2$ (cm)

3 컴퍼스를 이용하여 원 그리기, 원을 이용하여 여러 가지 모양 그려 보기 79쪽

① ① 예

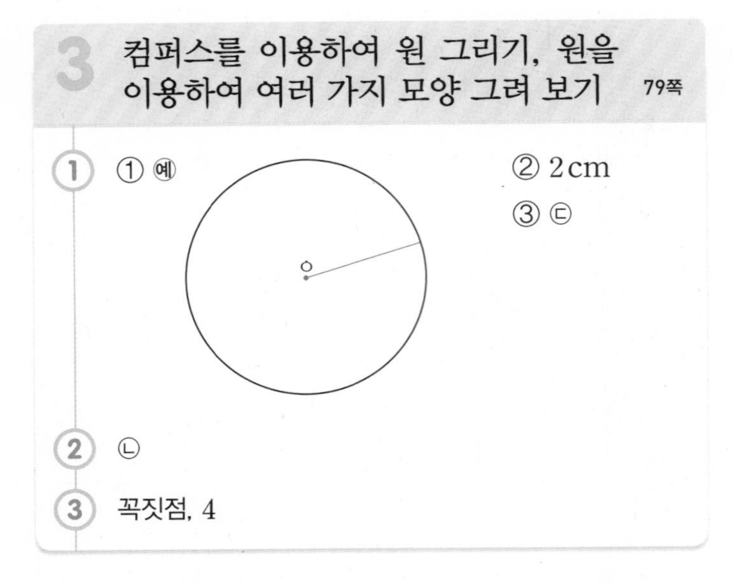

② 2 cm

③ ㉢

② ㉡

③ 꼭짓점, 4

1 ① 원의 중심과 원 위의 한 점을 이은 선분을 긋습니다.
② 원의 반지름을 재어 보면 2 cm입니다.
③ 컴퍼스의 침과 연필심 사이의 길이는 원의 반지름과 같습니다.

2 ㉠ 원의 중심은 다르게, 반지름은 같게 하여 그렸습니다.
㉡ 원의 중심은 같게, 반지름은 다르게 하여 그렸습니다.

3 컴퍼스의 침을 정사각형의 꼭짓점에 꽂고 컴퍼스를 모눈 3칸만큼 벌린 후 원의 일부분을 4개 그립니다.

기본기 강화 문제

① 원의 중심 알아보기 80쪽

1 점 ㄴ **2** 점 ㄴ

3 점 ㄹ **4** 점 ㅁ

② 원의 반지름을 나타내는 선분 찾아보기 80쪽

1 선분 ㅇㄷ **2** 선분 ㅇㅅ

3 선분 ㅇㄷ **4** 선분 ㅇㅁ

1~4 원의 중심과 원 위의 한 점을 이은 선분을 찾아봅니다.

③ 원의 반지름을 긋고, 길이 재어 보기 81쪽

1 예 / 2 cm

2 예 / 2.5 cm

3 예 / 1 cm

4 예 / 1.5 cm

1~4 원의 중심과 원 위의 한 점을 잇는 선분을 3개씩 그어 봅니다. 한 원에서 반지름은 길이가 모두 같습니다.

④ 원의 지름을 나타내는 선분 찾아보기 81쪽

1 선분 ㄷㅅ **2** 선분 ㄷㅂ

3 선분 ㄴㅂ **4** 선분 ㄱㅁ

1~4 원 위의 두 점을 이은 선분 중 원의 중심을 지나는 선분을 찾아봅니다.

⑤ 원의 반지름과 지름의 관계 알아보기 82쪽

1 6 **2** 14 **3** 6

4 7 **5** 9

1 한 원에서 지름은 반지름의 2배입니다.
➡ (원의 지름)=(원의 반지름)$\times$2=3$\times$2=6 (cm)

2 (원의 지름)=(원의 반지름)$\times$2=7$\times$2=14 (cm)

3 한 원에서 반지름은 지름의 반입니다.
➡ (원의 반지름)=(원의 지름)$\div$2=12$\div$2=6 (cm)

4 (원의 반지름)=(원의 지름)$\div$2=14$\div$2=7 (cm)

5 (원의 반지름)=(원의 지름)$\div$2=18$\div$2=9 (cm)

6 선분의 길이 구하기(1) 82쪽

1 7 cm	**2** 8 cm
3 9 cm	**4** 5 cm

1 (큰 원의 반지름)=8$\div$2=4 (cm)
(작은 원의 반지름)=6$\div$2=3 (cm)
선분 ㄱㄴ의 길이는 두 원의 반지름의 합과 같으므로 4+3=7 (cm)입니다.

2 선분 ㄷㄹ의 길이는 작은 원의 반지름의 4배이므로 2$\times$4=8 (cm)입니다.

3 작은 원의 지름은 큰 원의 반지름과 같은 6 cm이므로 작은 원의 반지름은 6$\div$2=3 (cm)입니다.
(선분 ㄱㄷ)=(선분 ㄱㄴ)+(선분 ㄴㄷ)=3+6=9 (cm)

4 작은 원의 지름은 큰 원의 반지름과 같으므로 20$\div$2=10 (cm)입니다.
(선분 ㄱㄴ)=(작은 원의 반지름)=10$\div$2=5 (cm)

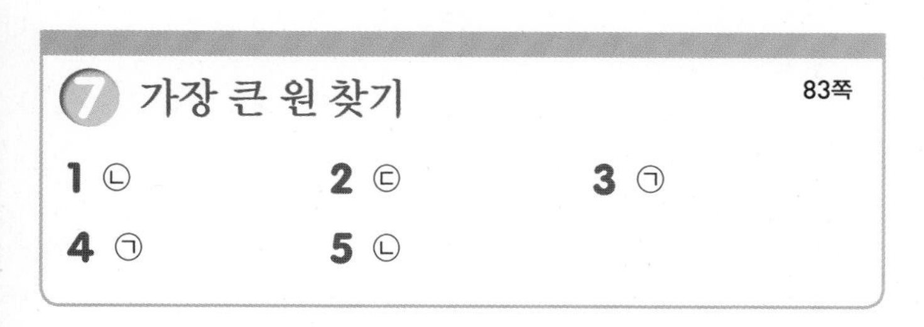

7 가장 큰 원 찾기 83쪽

1 ㉡	**2** ㉢	**3** ㉠
4 ㉠	**5** ㉡	

1 ㉡ (지름)=3$\times$2=6 (cm)
따라서 가장 큰 원은 지름이 가장 긴 ㉡입니다.

2 ㉡ (반지름)=8$\div$2=4 (cm)
따라서 가장 큰 원은 반지름이 가장 긴 ㉢입니다.

3 ㉡ (반지름)=12$\div$2=6 (cm)
따라서 가장 큰 원은 반지름이 가장 긴 ㉠입니다.

4 ㉢ (지름)=6$\times$2=12 (cm)
따라서 가장 큰 원은 지름이 가장 긴 ㉠입니다.

5 ㉡ (지름)=18$\times$2=36 (cm)
따라서 가장 큰 원은 지름이 가장 긴 ㉡입니다.

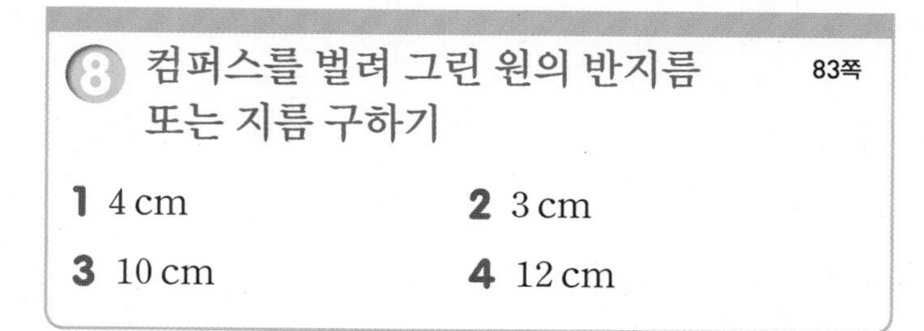

8 컴퍼스를 벌려 그린 원의 반지름 또는 지름 구하기 83쪽

1 4 cm	**2** 3 cm
3 10 cm	**4** 12 cm

3 원의 반지름은 컴퍼스의 침과 연필심 사이의 길이와 같으므로 5 cm입니다. ➡ (원의 지름)=5$\times$2=10 (cm)

4 원의 반지름은 컴퍼스의 침과 연필심 사이의 길이와 같으므로 6 cm입니다. ➡ (원의 지름)=6$\times$2=12 (cm)

9 반지름 또는 지름이 주어질 때 원 그리기 84쪽

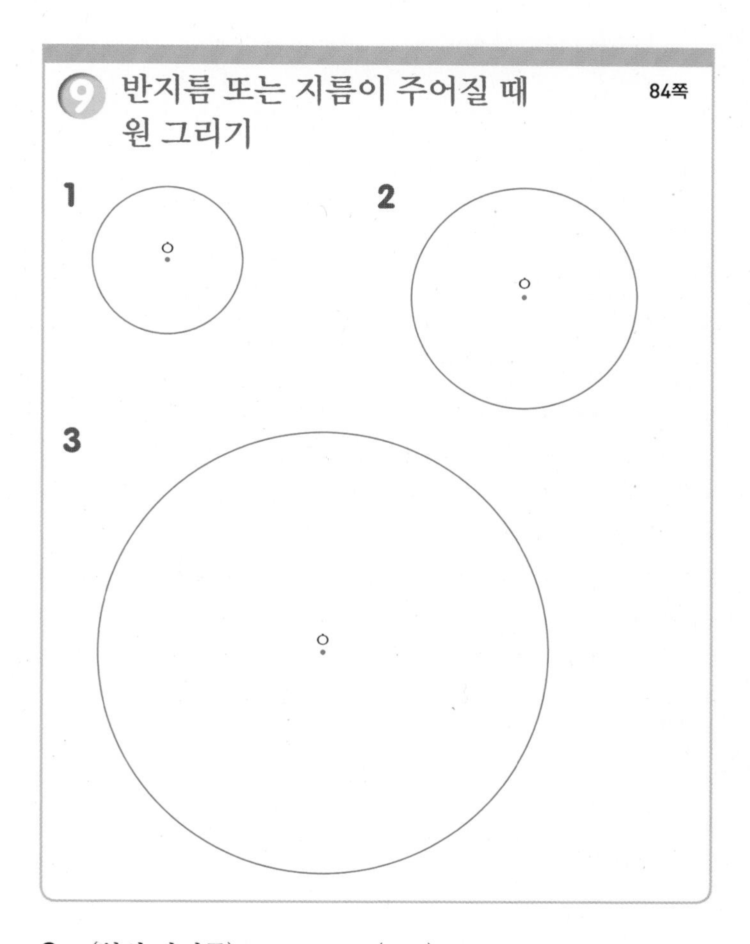

3 (원의 반지름)=6$\div$2=3 (cm)

10 주어진 모양에서 컴퍼스의 침을 꽂아야 할 곳 표시하기 84쪽

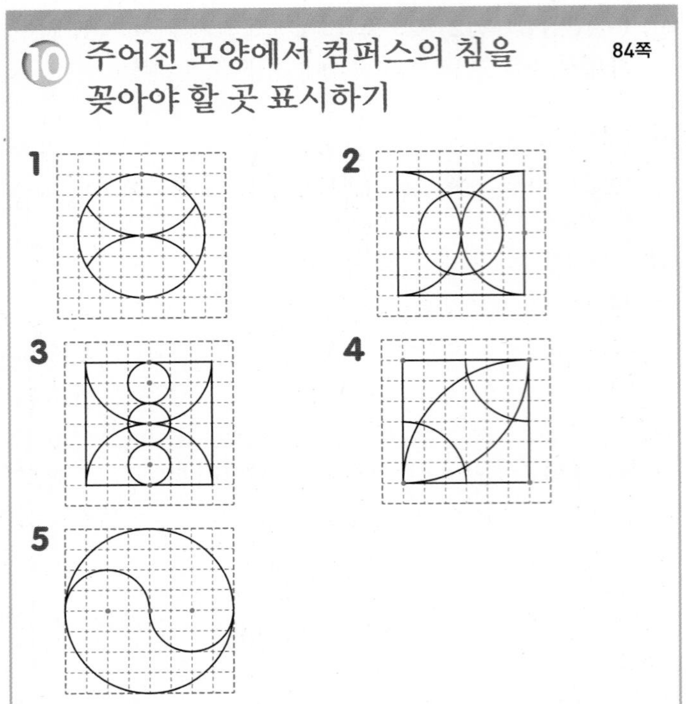

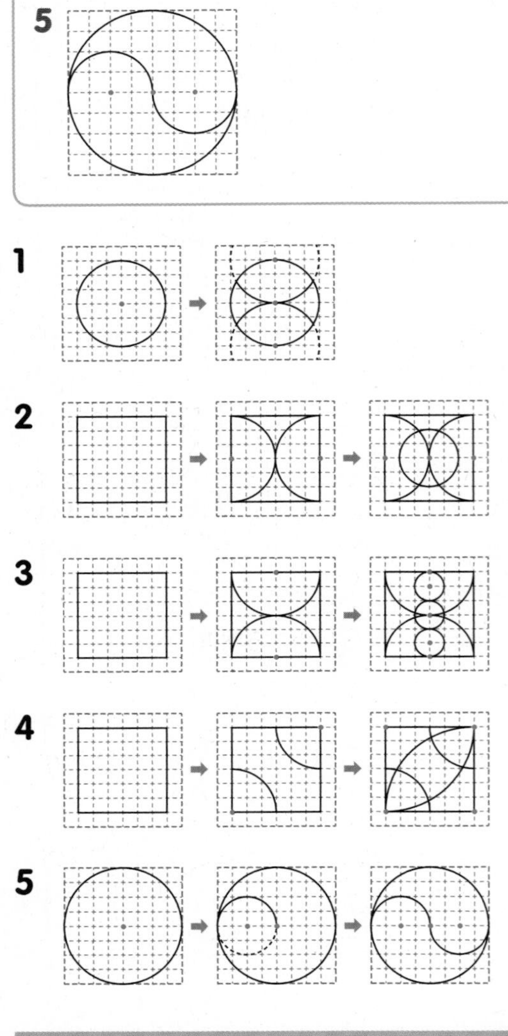

11 주어진 모양과 똑같이 그려 보기 85쪽

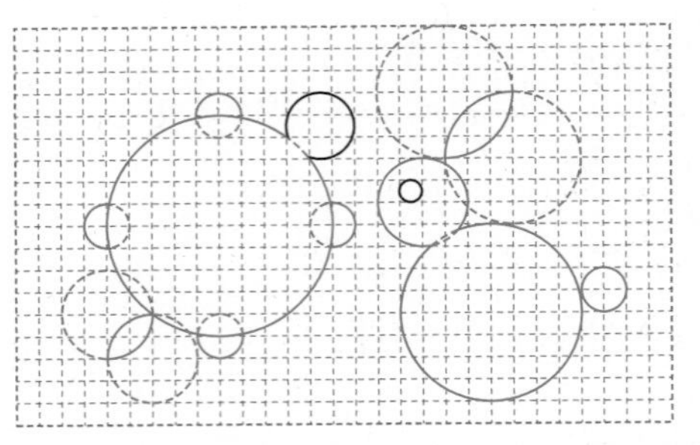

위와 같이 원을 그린 후 점선으로 표시된 부분을 지워서 주어진 모양과 똑같이 그립니다.

12 원을 이용하여 그린 모양을 보고 규칙 찾기 86쪽

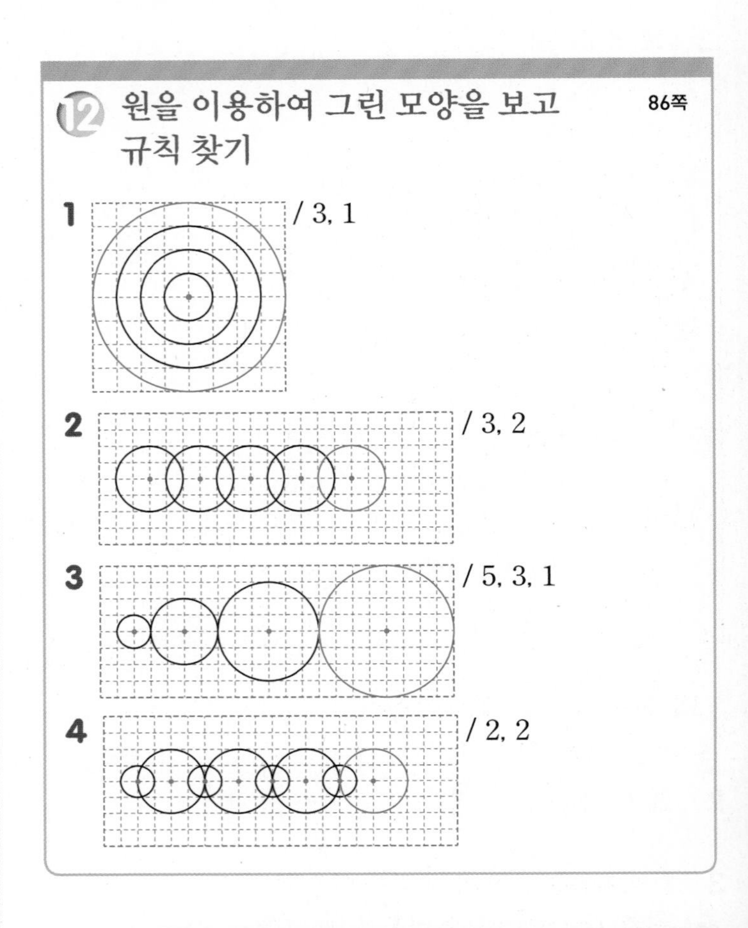

13 선분의 길이 구하기(2) 86쪽

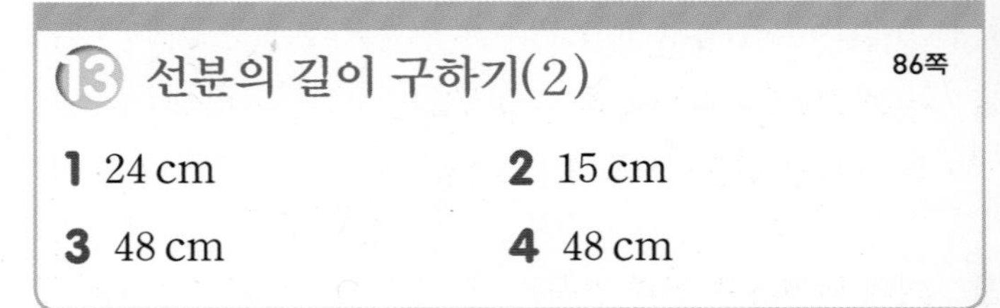

1 24 cm **2** 15 cm

3 48 cm **4** 48 cm

1 (선분 ㄱㄴ)$=4\times6=24$ (cm)

2 (원의 반지름)$=6\div2=3$ (cm)
(선분 ㄱㄴ)$=3\times5=15$ (cm)

3 삼각형 ㄱㄴㄷ의 한 변은 $8\times2=16$ (cm)이므로 삼각형 ㄱㄴㄷ의 세 변의 길이의 합은 $16\times3=48$ (cm)입니다.

4 사각형 ㄱㄴㄷㄹ의 한 변은 $3\times4=12$ (cm)이므로 사각형 ㄱㄴㄷㄹ의 네 변의 길이의 합은 $12\times4=48$ (cm)입니다.

단원 평가 87~89쪽

1 (위에서부터) 중심, 반지름　2 ④
3 선분 ㄷㅁ　4 12 cm　5 6 cm
6 예 / 1 cm　7 10 cm
8 ㉡
9 ( )(○)( )　10 8 cm
11　12
13 5군데　14 3, 3, 1
15
16 ㉢　17
18 30 cm　19 12 cm　20 26 cm

2 원의 중심은 1개입니다.

3 원의 지름은 원 위의 두 점을 이은 선분 중에서 원의 중심을 지나는 선분이므로 선분 ㄷㅁ입니다.

4 원의 지름은 원 위의 두 점을 이은 선분 중에서 원의 중심을 지나는 선분이므로 12 cm입니다.

5 원의 반지름은 원의 중심과 원 위의 한 점을 이은 선분이므로 6 cm입니다.

6 원의 중심과 원 위의 한 점을 이은 선분을 긋고, 그 길이를 재어 보면 1 cm입니다.

7 원의 반지름은 5 cm이고, 원의 지름은 반지름의 2배입니다. ➡ (원의 지름)$=5\times2=10$ (cm)

8 ㉠ 한 원에서 반지름은 셀 수 없이 많이 그을 수 있습니다.
㉢ 한 원에서 지름은 반지름의 2배입니다.

9 원의 반지름이 2 cm이므로 컴퍼스의 침과 연필심 사이의 길이가 2 cm가 되도록 벌린 것을 찾습니다.

10 컴퍼스의 침과 연필심 사이의 길이는 원의 반지름과 같으므로 원의 반지름은 4 cm이고, 지름은 $4\times2=8$ (cm)입니다.

12 (원의 반지름)$=2\div2=1$ (cm)
컴퍼스의 침과 연필심 사이의 길이가 1 cm가 되도록 벌린 후 컴퍼스의 침을 원의 중심 ㅇ에 꽂고 원을 그립니다.

13 원은 6개이지만 가장 큰 원과 두 번째로 큰 원의 중심은 같으므로 컴퍼스의 침을 꽂아야 할 곳은 모두 5군데입니다.

15 원의 중심은 오른쪽으로 4칸 이동하고, 원의 반지름은 4칸이 되도록 그립니다.

16 ㉠ (원의 반지름)$=16\div2=8$ (cm)
따라서 가장 큰 원은 반지름이 가장 긴 ㉢입니다.

다른 풀이
㉡ (원의 지름)$=5\times2=10$ (cm)
㉢ (원의 지름)$=9\times2=18$ (cm)
따라서 가장 큰 원은 지름이 가장 긴 ㉢입니다.

17 정사각형을 그리고, 정사각형의 각 변의 가운데 점을 원의 중심으로 하는 원의 일부분을 4개 그립니다.

18 (원의 반지름)$=12\div2=6$ (cm)
선분 ㄱㅂ의 길이는 원의 반지름의 5배와 같습니다.
➡ (선분 ㄱㅂ)$=6\times5=30$ (cm)

서술형
19 나 원의 반지름은 6 cm이므로 지름은 $6\times2=12$ (cm)입니다.

평가 기준	배점(5점)
나 원의 반지름을 구했나요?	2점
나 원의 지름을 구했나요?	3점

서술형
20 (선분 ㄹㅁ)$=9\times2=18$ (cm)
➡ (선분 ㄹㄷ)$=18+8=26$ (cm)

평가 기준	배점(5점)
선분 ㄹㅁ의 길이를 구했나요?	2점
선분 ㄹㄷ의 길이를 구했나요?	3점

4 분수

1 분수로 나타내기 93쪽

(1) 1

(2) ① $\frac{6}{9}$ ② $\frac{2}{3}$

(3) ① 8 ② $\frac{1}{8}$ ③ $\frac{3}{8}$

2 ① $\frac{(\text{부분 묶음 수})}{(\text{전체 묶음 수})}=\frac{6}{9}$

② $\frac{(\text{부분 묶음 수})}{(\text{전체 묶음 수})}=\frac{2}{3}$

3 ① 24를 3씩 묶으면 8묶음이 됩니다.

② 3은 8묶음 중에서 1묶음이므로 3은 24의 $\frac{1}{8}$입니다.

③ 9는 8묶음 중에서 3묶음이므로 9는 24의 $\frac{3}{8}$입니다.

다른 풀이

② 3씩 묶으면 3은 1묶음, 24는 8묶음 ➡ $\frac{1}{8}$

③ 3씩 묶으면 9는 3묶음, 24는 8묶음 ➡ $\frac{3}{8}$

2 분수만큼은 얼마인지 알아보기 95쪽

(1) ① 3, 3 ② 9, 9

(2) ① 2 ② 4

(3) ① 4 ② 16 ③ 20

1 ① 사탕 12개를 4묶음으로 똑같이 나눈 것 중의 1묶음은 3개이므로 12의 $\frac{1}{4}$은 3입니다.

② 사탕 12개를 4묶음으로 똑같이 나눈 것 중의 3묶음은 9개이므로 12의 $\frac{3}{4}$은 9입니다.

2 ① 6의 $\frac{1}{3}$은 6을 3묶음으로 똑같이 나눈 것 중의 1묶음이므로 $6\div3=2$입니다.

② $\frac{2}{3}$는 $\frac{1}{3}$이 2개이므로 6의 $\frac{2}{3}$는 6의 $\frac{1}{3}$의 2배입니다.

➡ $2\times2=4$

3 (0, 4, 8, 12, 16, 20, 24(cm); $\frac{1}{6}$, $\frac{4}{6}$, $\frac{5}{6}$)

① 24 cm를 6부분으로 똑같이 나누면 한 부분은 $24\div6=4$ (cm)입니다.

➡ 24 cm의 $\frac{1}{6}$은 4 cm입니다.

② 24 cm의 $\frac{4}{6}$는 24 cm의 $\frac{1}{6}$의 4배이므로 $4\times4=16$ (cm)입니다.

③ 24 cm의 $\frac{5}{6}$는 24 cm의 $\frac{1}{6}$의 5배이므로 $4\times5=20$ (cm)입니다.

3 여러 가지 분수 알아보기 97쪽

1. $\frac{3}{2}$, $\frac{5}{2}$
2. ① 진분수 ② 가분수 ③ 자연수
3. $2\frac{1}{2}$
4. ① $\frac{5}{3}$ ② $1\frac{1}{2}$

1 0부터 1까지 2칸으로 똑같이 나누어져 있으므로 작은 눈금 한 칸의 크기는 $\frac{1}{2}$입니다.

2 ① 분자가 분모보다 작은 분수를 진분수라고 합니다.
② 분자가 분모와 같거나 분모보다 큰 분수를 가분수라고 합니다.
③ 1, 2, 3과 같은 수를 자연수라고 합니다.

3 2와 $\frac{1}{2}$은 $2\frac{1}{2}$이라고 씁니다.

4 ① $\frac{1}{3}$이 5개이므로 $\frac{5}{3}$입니다.

② 도형 1개와 $\frac{1}{2}$은 $1\frac{1}{2}$입니다.

다른 풀이

① $1\frac{2}{3}$ ➡ 1과 $\frac{2}{3}$ ➡ $\frac{3}{3}$과 $\frac{2}{3}$ ➡ $\frac{5}{3}$

② $\frac{3}{2}$ ➡ $\frac{2}{2}$와 $\frac{1}{2}$ ➡ 1과 $\frac{1}{2}$ ➡ $1\frac{1}{2}$

4 분모가 같은 분수의 크기 비교 99쪽

1. 예 (그림), >, 예 (그림)
2. $\frac{1}{5}$, $1\frac{1}{5}$, $2\frac{1}{5}$ (수직선 0, 1, 2, 3) / <
3. 31 / 31, >, >
4. ① < ② < ③ >

1 $\frac{7}{4}$이 $\frac{5}{4}$보다 색칠한 칸이 더 많으므로 $\frac{7}{4}>\frac{5}{4}$입니다.

2 수직선에서 오른쪽에 있을수록 더 큰 분수이므로 $1\frac{1}{5}<2\frac{1}{5}$입니다.

3 • $3\frac{7}{8}$ ➡ 3과 $\frac{7}{8}$ ➡ $\frac{24}{8}$와 $\frac{7}{8}$ ➡ $\frac{31}{8}$

• $31>28$이므로 $\frac{31}{8}>\frac{28}{8}$입니다. ➡ $3\frac{7}{8}>\frac{28}{8}$

4 ① $8<9$이므로 $\frac{8}{7}<\frac{9}{7}$

② $2<3$이므로 $2\frac{7}{9}<3\frac{5}{9}$

③ $2\frac{1}{2}=\frac{5}{2}$이므로 $\frac{7}{2}>\frac{5}{2}$ ➡ $\frac{7}{2}>2\frac{1}{2}$

다른 풀이

③ $\frac{7}{2}=3\frac{1}{2}$이므로 $3\frac{1}{2}>2\frac{1}{2}$ ➡ $\frac{7}{2}>2\frac{1}{2}$

기본기 강화 문제

1 그림을 보고 분수로 나타내기(1) 100쪽

1 1, $\frac{1}{2}$　**2** 3, 2, $\frac{2}{3}$　**3** $\frac{3}{8}$

4 $\frac{4}{5}$　**5** $\frac{3}{4}$

1~5 $\frac{(\text{색칠한 부분의 묶음 수})}{(\text{전체 묶음 수})}$로 나타냅니다.

② 그림을 보고 분수로 나타내기(2) 100쪽

1 3, $\frac{1}{3}$　**2** 4, $\frac{3}{4}$

3 4, $\frac{3}{4}$　**4** 3, $\frac{2}{3}$

1~4 $\frac{(\text{부분 묶음 수})}{(\text{전체 묶음 수})}$로 나타냅니다.

③ 그림을 보고 분수로 나타내기(3) 101쪽

1 $\frac{2}{9}$, $\frac{4}{9}$, $\frac{5}{6}$, $\frac{2}{3}$　**2** $\frac{2}{9}$, $\frac{3}{9}$, $\frac{4}{6}$, $\frac{3}{4}$

1
- 18을 2씩 묶으면 9묶음이 되고, 4는 2묶음이므로 4는 18의 $\frac{2}{9}$입니다.
- 18을 2씩 묶으면 9묶음이 되고, 8은 4묶음이므로 8은 18의 $\frac{4}{9}$입니다.
- 18을 3씩 묶으면 6묶음이 되고, 15는 5묶음이므로 15는 18의 $\frac{5}{6}$입니다.
- 18을 6씩 묶으면 3묶음이 되고, 12는 2묶음이므로 12는 18의 $\frac{2}{3}$입니다.

다른 풀이
- $4\div2=2$, $18\div2=9$이므로 4는 18의 $\frac{2}{9}$입니다.
- $8\div2=4$, $18\div2=9$이므로 8은 18의 $\frac{4}{9}$입니다.
- $15\div3=5$, $18\div3=6$이므로 15는 18의 $\frac{5}{6}$입니다.
- $12\div6=2$, $18\div6=3$이므로 12는 18의 $\frac{2}{3}$입니다.

2
- 36을 4씩 묶으면 9묶음이 되고, 8은 2묶음이므로 8은 36의 $\frac{2}{9}$입니다.
- 36을 4씩 묶으면 9묶음이 되고, 12는 3묶음이므로 12는 36의 $\frac{3}{9}$입니다.
- 36을 6씩 묶으면 6묶음이 되고, 24는 4묶음이므로 24는 36의 $\frac{4}{6}$입니다.
- 36을 9씩 묶으면 4묶음이 되고, 27은 3묶음이므로 27은 36의 $\frac{3}{4}$입니다.

다른 풀이
- $8\div4=2$, $36\div4=9$이므로 8은 36의 $\frac{2}{9}$입니다.
- $12\div4=3$, $36\div4=9$이므로 12는 36의 $\frac{3}{9}$입니다.
- $24\div6=4$, $36\div6=6$이므로 24는 36의 $\frac{4}{6}$입니다.
- $27\div9=3$, $36\div9=4$이므로 27은 36의 $\frac{3}{4}$입니다.

④ 분수만큼은 얼마인지 알아보기(1) 101쪽

1 2, 4　**2** 3, 9

3 4, 12　**4** 5, 20

1

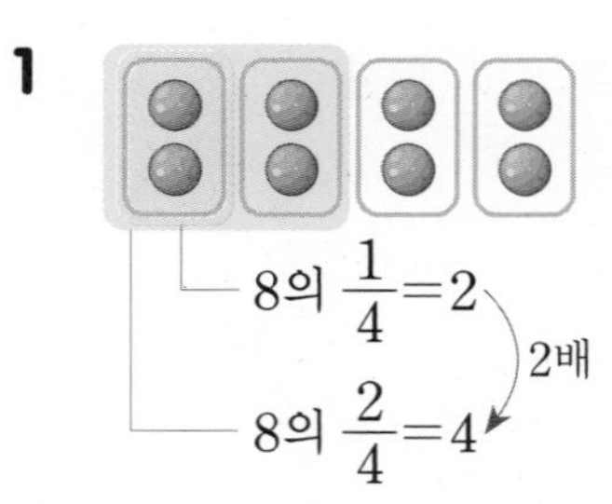

2

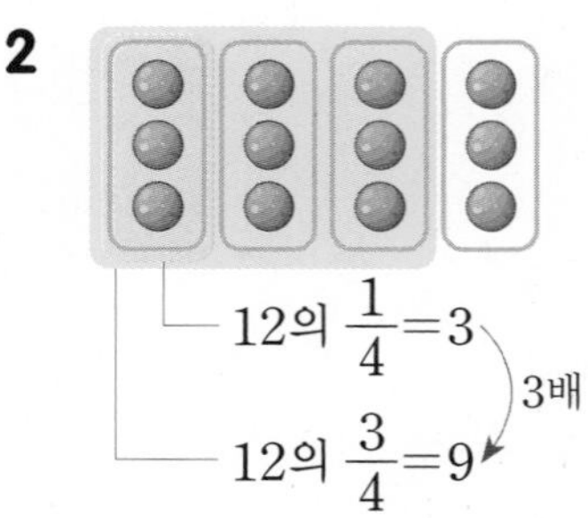

3

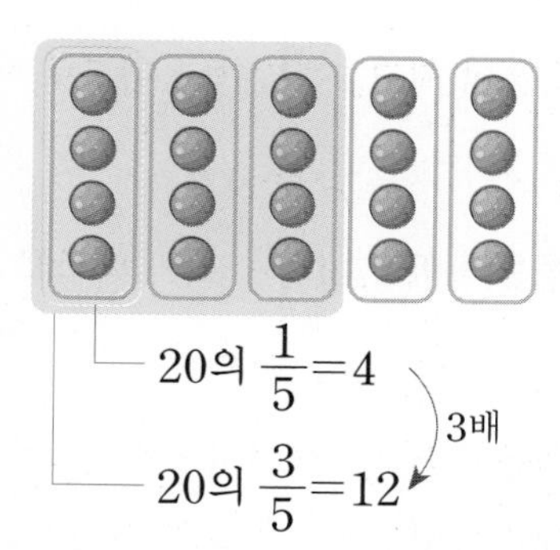

20의 $\frac{1}{5}=4$

20의 $\frac{3}{5}=12$ (3배)

4

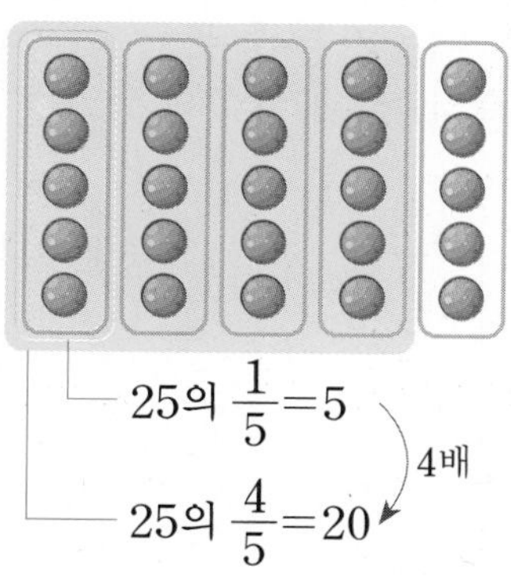

25의 $\frac{1}{5}=5$

25의 $\frac{4}{5}=20$ (4배)

⑤ 분수만큼은 얼마인지 알아보기(2) 102쪽

1 0 7 14 21 28(cm) , 7

2 0 7 14 21 28(cm) , 21

3 0 5 10 15(cm) , 5

4 0 5 10 15(cm) , 10

5 0 20 40 60 80 100(cm) , 20

6 0 20 40 60 80 100(cm) , 60

2 28 cm의 $\frac{1}{4}$은 7 cm

28 cm의 $\frac{3}{4}$은 21 cm (3배)

4 15 cm의 $\frac{1}{3}$은 5 cm

15 cm의 $\frac{2}{3}$는 10 cm (2배)

6 100 cm의 $\frac{1}{5}$은 20 cm

100 cm의 $\frac{3}{5}$은 60 cm (3배)

⑥ 분수만큼은 얼마인지 알아보기(3) 102쪽

1 2, 8	**2** 3, 9	**3** 3, 15
4 4, 12	**5** 3, 21	**6** 9, 45

1 $\frac{4}{5}$는 $\frac{1}{5}$이 4개이므로

10의 $\frac{1}{5}=2=10\div5$

10의 $\frac{4}{5}=8$ (4배)

2 $\frac{3}{4}$은 $\frac{1}{4}$이 3개이므로

12의 $\frac{1}{4}=3=12\div4$

12의 $\frac{3}{4}=9$ (3배)

3 $\frac{5}{7}$는 $\frac{1}{7}$이 5개이므로

21의 $\frac{1}{7}=3=21\div7$

21의 $\frac{5}{7}=15$ (5배)

4 $\frac{3}{4}$은 $\frac{1}{4}$이 3개이므로

16의 $\frac{1}{4}=4=16\div4$

16의 $\frac{3}{4}=12$ (3배)

5 $\frac{7}{8}$은 $\frac{1}{8}$이 7개이므로

24의 $\frac{1}{8}=3=24\div8$

24의 $\frac{7}{8}=21$ (7배)

6 $\frac{5}{6}$는 $\frac{1}{6}$이 5개이므로

54의 $\frac{1}{6}=9=54\div6$

54의 $\frac{5}{6}=45$ (5배)

⑦ 가분수 알아보기 103쪽

1 $\frac{5}{3}$, 3분의 5　2 $\frac{13}{6}$, 6분의 13　3 $\frac{18}{5}$, 5분의 18

4 $\frac{19}{7}$, 7분의 19　5 $\frac{27}{8}$, 8분의 27

1 $\frac{1}{3}$이 5개이므로 $\frac{5}{3}$ ➡ 3분의 5

2 $\frac{1}{6}$이 13개이므로 $\frac{13}{6}$ ➡ 6분의 13

3 $\frac{1}{5}$이 18개이므로 $\frac{18}{5}$ ➡ 5분의 18

4 $\frac{1}{7}$이 19개이므로 $\frac{19}{7}$ ➡ 7분의 19

5 $\frac{1}{8}$이 27개이므로 $\frac{27}{8}$ ➡ 8분의 27

⑧ 대분수 알아보기 103쪽

1 $1\frac{1}{3}$, 1과 3분의 1　2 $1\frac{1}{8}$, 1과 8분의 1

3 $2\frac{5}{6}$, 2와 6분의 5　4 $3\frac{3}{4}$, 3과 4분의 3

5 $2\frac{1}{4}$, 2와 4분의 1

1 도형 1개와 $\frac{1}{3}$ ➡ $1\frac{1}{3}$ ➡ 1과 3분의 1

2 도형 1개와 $\frac{1}{8}$ ➡ $1\frac{1}{8}$ ➡ 1과 8분의 1

3 도형 2개와 $\frac{5}{6}$ ➡ $2\frac{5}{6}$ ➡ 2와 6분의 5

4 도형 3개와 $\frac{3}{4}$ ➡ $3\frac{3}{4}$ ➡ 3과 4분의 3

5 도형 2개와 $\frac{1}{4}$ ➡ $2\frac{1}{4}$ ➡ 2와 4분의 1

⑨ 진분수, 가분수, 대분수 구분하기 104쪽

1 (○)
(○)

2 (×)
(○)

3 (○)
(×)

4 (×)
(○)

2 ○ 안에 가분수와 대분수가 있습니다.

3 △ 안에 진분수와 가분수가 있습니다.

4 □ 안에 진분수와 대분수가 있습니다.

⑩ 그림을 보고 대분수는 가분수로, 가분수는 대분수로 나타내기 104쪽

1 $\frac{5}{2}$　2 $\frac{13}{4}$　3 $1\frac{2}{3}$　4 $1\frac{4}{6}$

1 $\frac{1}{2}$이 5개이므로 $\frac{5}{2}$입니다.

2 $\frac{1}{4}$이 13개이므로 $\frac{13}{4}$입니다.

3 도형 1개와 $\frac{2}{3}$이므로 $1\frac{2}{3}$입니다.

4 도형 1개와 $\frac{4}{6}$이므로 $1\frac{4}{6}$입니다.

⑪ 대분수는 가분수로, 가분수는 대분수로 나타내기 105쪽

1 $\frac{16}{5}$　2 $\frac{19}{8}$　3 $\frac{40}{9}$　4 $\frac{37}{7}$

5 $\frac{34}{7}$　6 $\frac{40}{11}$　7 $\frac{71}{12}$　8 $\frac{51}{8}$

9 $2\frac{4}{7}$　10 $4\frac{7}{9}$　11 $7\frac{2}{5}$　12 $6\frac{5}{9}$

13 $8\frac{3}{8}$　14 $5\frac{4}{10}$　15 $4\frac{9}{12}$　16 $4\frac{4}{16}$

1 3과 $\frac{1}{5}$ ➡ $\frac{15}{5}$와 $\frac{1}{5}$ ➡ $\frac{16}{5}$

2 2와 $\frac{3}{8}$ ➡ $\frac{16}{8}$과 $\frac{3}{8}$ ➡ $\frac{19}{8}$

3 4와 $\frac{4}{9}$ ➡ $\frac{36}{9}$과 $\frac{4}{9}$ ➡ $\frac{40}{9}$

4 5와 $\frac{2}{7}$ ➡ $\frac{35}{7}$와 $\frac{2}{7}$ ➡ $\frac{37}{7}$

5 4와 $\frac{6}{7}$ ➡ $\frac{28}{7}$과 $\frac{6}{7}$ ➡ $\frac{34}{7}$

6 3과 $\frac{7}{11}$ ➡ $\frac{33}{11}$과 $\frac{7}{11}$ ➡ $\frac{40}{11}$

7 5와 $\frac{11}{12}$ ➡ $\frac{60}{12}$과 $\frac{11}{12}$ ➡ $\frac{71}{12}$

8 6과 $\frac{3}{8}$ ➡ $\frac{48}{8}$과 $\frac{3}{8}$ ➡ $\frac{51}{8}$

9 $\frac{14}{7}$와 $\frac{4}{7}$ ➡ 2와 $\frac{4}{7}$ ➡ $2\frac{4}{7}$

10 $\frac{36}{9}$과 $\frac{7}{9}$ ➡ 4와 $\frac{7}{9}$ ➡ $4\frac{7}{9}$

11 $\frac{35}{5}$와 $\frac{2}{5}$ ➡ 7과 $\frac{2}{5}$ ➡ $7\frac{2}{5}$

12 $\frac{54}{9}$와 $\frac{5}{9}$ ➡ 6과 $\frac{5}{9}$ ➡ $6\frac{5}{9}$

13 $\frac{64}{8}$와 $\frac{3}{8}$ ➡ 8과 $\frac{3}{8}$ ➡ $8\frac{3}{8}$

14 $\frac{50}{10}$과 $\frac{4}{10}$ ➡ 5와 $\frac{4}{10}$ ➡ $5\frac{4}{10}$

15 $\frac{48}{12}$과 $\frac{9}{12}$ ➡ 4와 $\frac{9}{12}$ ➡ $4\frac{9}{12}$

16 $\frac{64}{16}$와 $\frac{4}{16}$ ➡ 4와 $\frac{4}{16}$ ➡ $4\frac{4}{16}$

12 분모가 같은 가분수, 대분수의 크기 비교 105쪽

1 $\frac{9}{2}$에 ○표 **2** $\frac{7}{6}$에 ○표 **3** $\frac{10}{4}$에 ○표

4 $\frac{17}{9}$에 ○표 **5** $3\frac{1}{9}$에 ○표 **6** $5\frac{5}{12}$에 ○표

7 $1\frac{2}{3}$에 ○표 **8** $4\frac{6}{7}$에 ○표

1 분모가 같은 가분수는 분자가 클수록 큰 분수입니다.
$9>5$이므로 $\frac{9}{2}>\frac{5}{2}$입니다.

2 $6<7$이므로 $\frac{6}{6}<\frac{7}{6}$입니다.

3 $7<10$이므로 $\frac{7}{4}<\frac{10}{4}$입니다.

4 $17>11$이므로 $\frac{17}{9}>\frac{11}{9}$입니다.

5 자연수 부분이 다른 대분수는 자연수가 클수록 큰 분수입니다. $1<3$이므로 $1\frac{7}{9}<3\frac{1}{9}$입니다.

6 $5>4$이므로 $5\frac{5}{12}>4\frac{7}{12}$입니다.

7 자연수 부분이 같은 대분수는 진분수가 클수록 큰 분수입니다. $\frac{1}{3}<\frac{2}{3}$이므로 $1\frac{1}{3}<1\frac{2}{3}$입니다.

8 $\frac{6}{7}>\frac{2}{7}$이므로 $4\frac{6}{7}>4\frac{2}{7}$입니다.

13 분모가 같은 가분수와 대분수의 크기 비교 106쪽

1 $<$ **2** $>$ **3** $=$ **4** $>$

5 $<$ **6** $>$ **7** $=$ **8** $<$

1 대분수를 가분수로 나타내면
$1\frac{1}{5}=\frac{6}{5}$이므로 $\frac{6}{5}<\frac{8}{5}$입니다.
➡ $1\frac{1}{5}<\frac{8}{5}$

다른 풀이
가분수를 대분수로 나타내면
$\frac{8}{5}=1\frac{3}{5}$이므로 $1\frac{1}{5}<1\frac{3}{5}$입니다.
➡ $1\frac{1}{5}<\frac{8}{5}$

2 대분수를 가분수로 나타내면
$2\frac{2}{7}=\frac{16}{7}$이므로 $\frac{19}{7}>\frac{16}{7}$입니다.
➡ $\frac{19}{7}>2\frac{2}{7}$

다른 풀이
가분수를 대분수로 나타내면
$\frac{19}{7}=2\frac{5}{7}$이므로 $2\frac{5}{7}>2\frac{2}{7}$입니다.
➡ $\frac{19}{7}>2\frac{2}{7}$

3 대분수를 가분수로 나타내면 $3\frac{3}{8}=\frac{27}{8}$입니다.

4 대분수를 가분수로 나타내면

$6\frac{4}{9}=\frac{58}{9}$이므로 $\frac{68}{9}>\frac{58}{9}$입니다. ➡ $\frac{68}{9}>6\frac{4}{9}$

다른 풀이

가분수를 대분수로 나타내면

$\frac{68}{9}=7\frac{5}{9}$이므로 $7\frac{5}{9}>6\frac{4}{9}$입니다. ➡ $\frac{68}{9}>6\frac{4}{9}$

5 대분수를 가분수로 나타내면

$2\frac{1}{3}=\frac{7}{3}$이므로 $\frac{7}{3}<\frac{13}{3}$입니다. ➡ $2\frac{1}{3}<\frac{13}{3}$

다른 풀이

가분수를 대분수로 나타내면

$\frac{13}{3}=4\frac{1}{3}$이므로 $2\frac{1}{3}<4\frac{1}{3}$입니다. ➡ $2\frac{1}{3}<\frac{13}{3}$

6 대분수를 가분수로 나타내면

$5\frac{2}{6}=\frac{32}{6}$이므로 $\frac{32}{6}>\frac{31}{6}$입니다. ➡ $5\frac{2}{6}>\frac{31}{6}$

다른 풀이

가분수를 대분수로 나타내면

$\frac{31}{6}=5\frac{1}{6}$이므로 $5\frac{2}{6}>5\frac{1}{6}$입니다. ➡ $5\frac{2}{6}>\frac{31}{6}$

7 대분수를 가분수로 나타내면 $4\frac{1}{4}=\frac{17}{4}$입니다.

8 대분수를 가분수로 나타내면

$3\frac{1}{2}=\frac{7}{2}$이므로 $\frac{7}{2}<\frac{9}{2}$입니다. ➡ $3\frac{1}{2}<\frac{9}{2}$

다른 풀이

가분수를 대분수로 나타내면

$\frac{9}{2}=4\frac{1}{2}$이므로 $3\frac{1}{2}<4\frac{1}{2}$입니다. ➡ $3\frac{1}{2}<\frac{9}{2}$

14 여러 분수의 크기 비교 106쪽

1 $2\frac{1}{3}$, $\frac{13}{3}$, $4\frac{2}{3}$, $\frac{17}{3}$ **2** $\frac{22}{6}$, $4\frac{4}{6}$, $\frac{31}{6}$, $5\frac{2}{6}$

3 $2\frac{1}{8}$, $\frac{19}{8}$, $\frac{36}{8}$, $4\frac{5}{8}$ **4** $5\frac{1}{4}$, $3\frac{2}{4}$, $\frac{10}{4}$, $\frac{9}{4}$

5 $\frac{35}{11}$, $2\frac{1}{11}$, $\frac{20}{11}$, $1\frac{4}{11}$ **6** $1\frac{9}{14}$, $\frac{18}{14}$, $1\frac{3}{14}$, $\frac{15}{14}$

1 $\frac{13}{3}=4\frac{1}{3}$, $\frac{17}{3}=5\frac{2}{3}$이므로 $2\frac{1}{3}<4\frac{1}{3}<4\frac{2}{3}<5\frac{2}{3}$ 입니다.

➡ $2\frac{1}{3}<\frac{13}{3}<4\frac{2}{3}<\frac{17}{3}$

2 $\frac{22}{6}=3\frac{4}{6}$, $\frac{31}{6}=5\frac{1}{6}$이므로 $3\frac{4}{6}<4\frac{4}{6}<5\frac{1}{6}<5\frac{2}{6}$ 입니다.

➡ $\frac{22}{6}<4\frac{4}{6}<\frac{31}{6}<5\frac{2}{6}$

3 $\frac{19}{8}=2\frac{3}{8}$, $\frac{36}{8}=4\frac{4}{8}$이므로 $2\frac{1}{8}<2\frac{3}{8}<4\frac{4}{8}<4\frac{5}{8}$ 입니다.

➡ $2\frac{1}{8}<\frac{19}{8}<\frac{36}{8}<4\frac{5}{8}$

4 $5\frac{1}{4}=\frac{21}{4}$, $3\frac{2}{4}=\frac{14}{4}$이므로 $\frac{21}{4}>\frac{14}{4}>\frac{10}{4}>\frac{9}{4}$ 입니다.

➡ $5\frac{1}{4}>3\frac{2}{4}>\frac{10}{4}>\frac{9}{4}$

5 $1\frac{4}{11}=\frac{15}{11}$, $2\frac{1}{11}=\frac{23}{11}$이므로 $\frac{35}{11}>\frac{23}{11}>\frac{20}{11}>\frac{15}{11}$ 입니다.

➡ $\frac{35}{11}>2\frac{1}{11}>\frac{20}{11}>1\frac{4}{11}$

6 $1\frac{3}{14}=\frac{17}{14}$, $1\frac{9}{14}=\frac{23}{14}$이므로 $\frac{23}{14}>\frac{18}{14}>\frac{17}{14}>\frac{15}{14}$ 입니다.

➡ $1\frac{9}{14}>\frac{18}{14}>1\frac{3}{14}>\frac{15}{14}$

15 가장 큰 수를 찾아 문장 만들기 107쪽

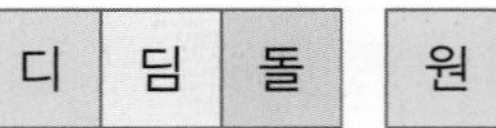

• $1\frac{1}{5}=\frac{6}{5}$이므로 $\frac{7}{5}>\frac{6}{5}>\frac{3}{5}>\frac{1}{5}$입니다.

➡ $\frac{7}{5}>1\frac{1}{5}>\frac{3}{5}>\frac{1}{5}$
(디)

• $1\frac{1}{5}=\frac{6}{5}$이므로 $\frac{6}{5}>\frac{4}{5}>\frac{3}{5}>\frac{2}{5}$입니다.

➡ $1\frac{1}{5}>\frac{4}{5}>\frac{3}{5}>\frac{2}{5}$
(딤)

• $1\frac{3}{5}=\frac{8}{5}$이므로 $\frac{8}{5}>\frac{7}{5}>\frac{5}{5}>\frac{4}{5}$입니다.

➡ $1\frac{3}{5}>\frac{7}{5}>\frac{5}{5}>\frac{4}{5}$
(돌)

• $1\frac{1}{5}=\frac{6}{5}$, $1\frac{4}{5}=\frac{9}{5}$이므로 $\frac{9}{5}>\frac{8}{5}>\frac{7}{5}>\frac{6}{5}$입니다.

➡ $1\frac{4}{5}>\frac{8}{5}>\frac{7}{5}>1\frac{1}{5}$
(원)

• $2\frac{4}{5}=\frac{14}{5}$, $1\frac{4}{5}=\frac{9}{5}$이므로 $\frac{14}{5}>\frac{11}{5}>\frac{9}{5}>\frac{7}{5}$입니다.

➡ $2\frac{4}{5}>\frac{11}{5}>1\frac{4}{5}>\frac{7}{5}$
(리)

• $2\frac{1}{5}=\frac{11}{5}$, $1\frac{1}{5}=\frac{6}{5}$이므로 $\frac{11}{5}>\frac{9}{5}>\frac{7}{5}>\frac{6}{5}$입니다.

➡ $2\frac{1}{5}>\frac{9}{5}>\frac{7}{5}>1\frac{1}{5}$
(가)

• $\frac{11}{5}=2\frac{1}{5}$이므로 $2\frac{2}{5}>2\frac{1}{5}>1\frac{3}{5}>1\frac{1}{5}$입니다.

➡ $2\frac{2}{5}>\frac{11}{5}>1\frac{3}{5}>1\frac{1}{5}$
(최)

• $\frac{9}{5}=1\frac{4}{5}$이므로 $3\frac{1}{5}>1\frac{4}{5}>1\frac{3}{5}>\frac{4}{5}$입니다.

➡ $3\frac{1}{5}>\frac{9}{5}>1\frac{3}{5}>\frac{4}{5}$
(고)

• $\frac{8}{5}=1\frac{3}{5}$, $\frac{19}{5}=3\frac{4}{5}$이므로 $3\frac{4}{5}>3\frac{1}{5}>2\frac{4}{5}>1\frac{3}{5}$입니다.

➡ $\frac{19}{5}>3\frac{1}{5}>2\frac{4}{5}>\frac{8}{5}$
(야)

⑯ 분수의 크기 비교 108쪽

1 (위에서부터) $2\frac{3}{4}$ / $2\frac{3}{4}$, $\frac{7}{4}$

2 (위에서부터) $\frac{23}{5}$ / $\frac{23}{5}$, $3\frac{2}{5}$

3 (위에서부터) $6\frac{1}{6}$ / $\frac{27}{6}$, $6\frac{1}{6}$

4 (위에서부터) $\frac{40}{11}$ / $2\frac{3}{11}$, $\frac{40}{11}$

1 $\frac{6}{4}=1\frac{2}{4}$이므로 $1\frac{2}{4}<2\frac{3}{4}$ ➡ $\frac{6}{4}<2\frac{3}{4}$

$\frac{7}{4}=1\frac{3}{4}$이므로 $1\frac{3}{4}>1\frac{1}{4}$ ➡ $\frac{7}{4}>1\frac{1}{4}$

$\frac{7}{4}=1\frac{3}{4}$이므로 $2\frac{3}{4}>1\frac{3}{4}$ ➡ $2\frac{3}{4}>\frac{7}{4}$

2 $\frac{23}{5}=4\frac{3}{5}$이므로 $2\frac{1}{5}<4\frac{3}{5}$ ➡ $2\frac{1}{5}<\frac{23}{5}$

$1<3$이므로 $1\frac{4}{5}<3\frac{2}{5}$

$\frac{23}{5}=4\frac{3}{5}$이므로 $4\frac{3}{5}>3\frac{2}{5}$ ➡ $\frac{23}{5}>3\frac{2}{5}$

3 $\frac{27}{6}>\frac{15}{6}$, $6\frac{1}{6}>5\frac{4}{6}$

$\frac{27}{6}=4\frac{3}{6}$이므로 $4\frac{3}{6}<6\frac{1}{6}$ ➡ $\frac{27}{6}<6\frac{1}{6}$

4 $2\frac{3}{11}>1\frac{7}{11}$, $\frac{24}{11}<\frac{40}{11}$

$\frac{40}{11}=3\frac{7}{11}$이므로 $2\frac{3}{11}<3\frac{7}{11}$ ➡ $2\frac{3}{11}<\frac{40}{11}$

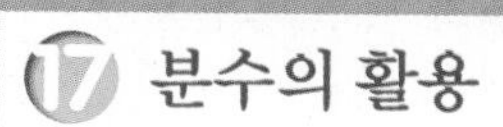

⑰ 분수의 활용 108쪽

1 $\frac{1}{3}$ **2** 3개 **3** 4 cm
4 윤아 **5** 사과나무

1 하루는 24시간입니다. 24를 8씩 묶으면 3묶음이 됩니다. 즉, 8은 24의 $\frac{1}{3}$이므로 윤수가 잠을 자는 시간은 하루의 $\frac{1}{3}$입니다.

2 15를 5묶음으로 똑같이 나누면 1묶음은 3입니다. 따라서 15의 $\frac{1}{5}$은 3이므로 수아가 먹은 귤은 3개입니다.

3 16을 4묶음으로 똑같이 나누면 1묶음은 4입니다. 따라서 16의 $\frac{1}{4}$은 4이므로 별을 만드는 데 사용한 색 테이프는 4 cm입니다.

4 $1\frac{3}{5}=\frac{8}{5}$이므로 $\frac{8}{5}>\frac{7}{5}$입니다. 따라서 윤아가 정호보다 키가 더 큽니다.

5 $2\frac{3}{8}=\frac{19}{8}$이므로 $\frac{19}{8}>\frac{15}{8}$입니다. 따라서 사과나무가 감나무보다 키가 더 큽니다.

단원 평가 109~111쪽

1 4, $\frac{4}{7}$　2 $\frac{2}{5}$　3 (1) 7 (2) 3

4 $\frac{1}{4}$　5 3　6 (선 잇기)

7 4와 8분의 5　8 $3\frac{1}{2}$　9 $\frac{21}{8}$, $2\frac{5}{8}$

10 $\frac{5}{8}$, $\frac{4}{7}$　11 $\frac{10}{6}$, $\frac{3}{3}$

12 0 1 2 (수직선에 7칸 색칠) / 가분수

13 $\frac{7}{9}$, $\frac{3}{4}$에 ○표 / $\frac{9}{8}$, $\frac{5}{4}$에 △표 / $1\frac{4}{5}$, $1\frac{2}{3}$에 □표

14 (1) $\frac{17}{8}$ (2) $1\frac{5}{9}$　15 20

16 (1) $<$ (2) $>$　17 ㉡, ㉣, ㉠, ㉢

18 준선　19 4권　20 4개

2 15를 3씩 묶으면 5묶음이 됩니다.
6은 5묶음 중 2묶음이므로 6은 15의 $\frac{2}{5}$입니다.

3 (1) 35를 5씩 묶으면 7묶음이 됩니다.
25는 7묶음 중 5묶음이므로 25는 35의 $\frac{5}{7}$입니다.
(2) 30을 6씩 묶으면 5묶음이 됩니다.
18은 5묶음 중 3묶음이므로 18은 30의 $\frac{3}{5}$입니다.

4 8을 2씩 묶으면 4묶음이 됩니다.
2는 4묶음 중 1묶음이므로 2는 8의 $\frac{1}{4}$입니다.
따라서 승연이가 먹은 호두파이는 전체의 $\frac{1}{4}$입니다.

6 • 12를 똑같이 3묶음으로 나눈 것 중의 1묶음은 4이므로 12의 $\frac{1}{3}$은 4입니다.
• 12를 똑같이 2묶음으로 나눈 것 중의 1묶음은 6이므로 12의 $\frac{1}{2}$은 6입니다.

9 색칠한 부분은 $\frac{1}{8}$이 21개이므로 $\frac{21}{8}$입니다.
또, 색칠한 부분은 2개와 $\frac{5}{8}$이므로 $2\frac{5}{8}$입니다.

12 $\frac{7}{4}$은 $\frac{1}{4}$이 7개이므로 7칸에 색칠합니다.
$\frac{7}{4}$은 분자가 분모보다 크므로 가분수입니다.

14 (1) 2와 $\frac{1}{8}$ ➡ $\frac{16}{8}$과 $\frac{1}{8}$ ➡ $\frac{17}{8}$
(2) $\frac{9}{9}$와 $\frac{5}{9}$ ➡ 1과 $\frac{5}{9}$ ➡ $1\frac{5}{9}$

15 분모가 20인 가분수는 $\frac{20}{20}$, $\frac{21}{20}$, $\frac{22}{20}$……입니다.
따라서 ◆가 될 수 있는 가장 작은 수는 20입니다.

16 (1) $\frac{24}{7}=3\frac{3}{7}$이므로 $3\frac{3}{7}<3\frac{5}{7}$입니다.
➡ $\frac{24}{7}<3\frac{5}{7}$
(2) $2\frac{3}{15}=\frac{33}{15}$이므로 $\frac{33}{15}>\frac{31}{15}$입니다.
➡ $2\frac{3}{15}>\frac{31}{15}$

17 가분수를 대분수로 나타내면 $\frac{32}{7}=4\frac{4}{7}$, $\frac{28}{7}=4$입니다.
➡ $5\frac{1}{7}>4\frac{6}{7}>\frac{32}{7}(=4\frac{4}{7})>\frac{28}{7}(=4)$

다른 풀이
대분수를 가분수로 나타내면 $5\frac{1}{7}=\frac{36}{7}$, $4\frac{6}{7}=\frac{34}{7}$입니다.
➡ $5\frac{1}{7}(=\frac{36}{7})>4\frac{6}{7}(=\frac{34}{7})>\frac{32}{7}>\frac{28}{7}$

18 $1\frac{1}{3}=\frac{4}{3}$이므로 $\frac{4}{3}<\frac{5}{3}$입니다.
➡ $1\frac{1}{3}<\frac{5}{3}$
따라서 준선이가 동화책을 더 오래 읽었습니다.

서술형
19 20의 $\frac{1}{5}$은 20을 똑같이 5묶음으로 나눈 것 중의 1묶음이므로 4입니다. 따라서 동화책은 4권입니다.

평가 기준	배점(5점)
20의 $\frac{1}{5}$을 구했나요?	4점
동화책은 몇 권인지 구했나요?	1점

서술형
20 분모가 7인 분수 중에서 $\frac{11}{7}$보다 작은 가분수는 $\frac{7}{7}$, $\frac{8}{7}$, $\frac{9}{7}$, $\frac{10}{7}$으로 모두 4개입니다.

평가 기준	배점(5점)
분모가 7인 분수 중 $\frac{11}{7}$보다 작은 가분수를 모두 구했나요?	4점
분모가 7인 분수 중 $\frac{11}{7}$보다 작은 가분수는 모두 몇 개인지 구했나요?	1점

1 들이 비교하기 115쪽

① 2, 3, 1
② 주전자
③ 우유갑
④ 가, 나, 3

1 그릇의 크기가 클수록 들이가 많습니다.

2 주스병에 가득 채운 물을 주전자에 모두 옮겨 담았을 때 물이 가득 차지 않았으므로 들이가 더 많은 것은 주전자입니다.

3 물을 부은 그릇의 모양과 크기가 같으므로 물의 높이가 낮을수록 들이가 적습니다.

4 가 그릇은 컵 6개만큼, 나 그릇은 컵 3개만큼 물이 들어가므로 가 그릇이 나 그릇보다 컵 $6-3=3$(개)만큼 들이가 더 많습니다.

2 들이의 단위, 들이를 어림하고 재어 보기 117쪽

① ① L에 ○표, mL에 ○표 ② 1000
② ① 3 ② 400
③ ① 2000, 2100 ② 1000, 1, 500
④ ① △ ② ○
⑤ 1

1 ① 1 리터 ➡ 1 L, 1 밀리리터 ➡ 1 mL
② 1 L=1000 mL

2 ① 물이 눈금 3까지 채워져 있으므로 3 L입니다.
② 물이 눈금 400까지 채워져 있으므로 400 mL입니다.

3 ① 1 L=1000 mL ➡ 2 L=2000 mL
② 1000 mL=1 L

5 1 L짜리 그릇에 물이 거의 찼으므로 주전자의 들이는 약 1 L라고 할 수 있습니다.

3 들이의 덧셈과 뺄셈 119쪽

① 2, 900

② 3, 200

③ ① 4, 900 ② 7, 600

④ ① 1, 200 ② 2, 700

1 1 L 500 mL 간 곳에서 1 L 400 mL를 더 가면 2 L 900 mL입니다.
➡ 1 L 500 mL+1 L 400 mL
=2 L 900 mL

2 4 L 300 mL만큼 색칠된 도형에서 1 L 100 mL만큼 지우면 3 L 200 mL가 남습니다.
➡ 4 L 300 mL−1 L 100 mL
=3 L 200 mL

3 L 단위의 수끼리, mL 단위의 수끼리 더합니다.

4 L 단위의 수끼리, mL 단위의 수끼리 뺍니다.

기본기 강화 문제

① 들이 비교하기(1) 120쪽

1 ㉯ **2** ㉮ **3** ㉯ **4** ㉯ **5** ㉮

1 ㉮ 그릇에 가득 채운 물이 ㉯ 그릇에 다 들어가고 ㉯ 그릇이 가득 차지 않았으므로 ㉯ 그릇의 들이가 더 많습니다.

2 ㉮ 그릇에 가득 채운 물이 ㉯ 그릇을 가득 채우고도 넘쳤으므로 ㉮ 그릇의 들이가 더 많습니다.

3 ㉮ 그릇에 가득 채운 물이 ㉯ 그릇에 다 들어가고 ㉯ 그릇이 가득 차지 않았으므로 ㉯ 그릇의 들이가 더 많습니다.

4 ㉮ 그릇에 가득 채운 물이 ㉯ 그릇에 다 들어가고 ㉯ 그릇이 가득 차지 않았으므로 ㉯ 그릇의 들이가 더 많습니다.

5 ㉮ 그릇에 가득 채운 물이 ㉯ 그릇을 가득 채우고도 넘쳤으므로 ㉮ 그릇의 들이가 더 많습니다.

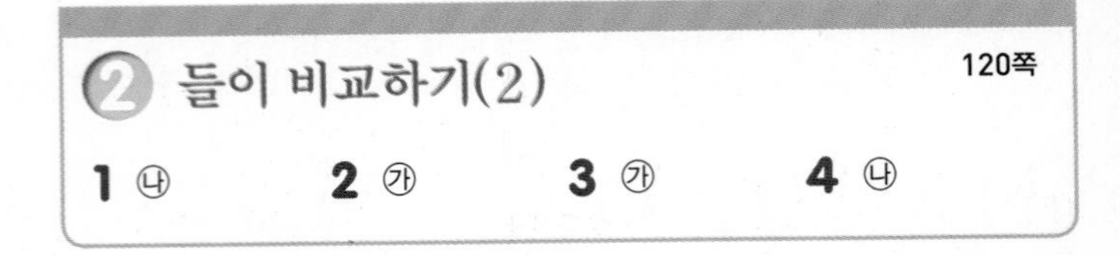

② 들이 비교하기(2) 120쪽

1 ㉯ **2** ㉮ **3** ㉮ **4** ㉯

1 물을 부은 그릇의 모양과 크기가 같으므로 물의 높이가 더 높은 ㉯ 그릇의 들이가 더 많습니다.

2~3 물은 부은 그릇의 모양과 크기가 같으므로 물의 높이가 더 높은 ㉮ 그릇의 들이가 더 많습니다.

4 물은 부은 그릇의 모양과 크기가 같으므로 물의 높이가 더 높은 ㉯ 그릇의 들이가 더 많습니다.

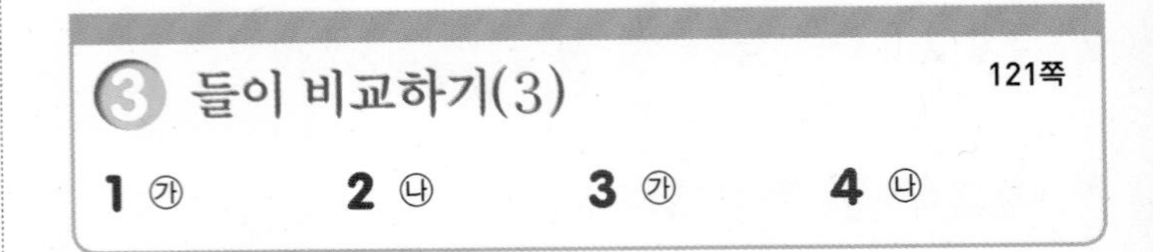

③ 들이 비교하기(3) 121쪽

1 ㉮ **2** ㉯ **3** ㉮ **4** ㉯

1 컵의 수가 많을수록 들이가 많습니다.
4컵>2컵이므로 (㉮의 들이)>(㉯의 들이)입니다.

2 5컵<6컵이므로 (㉮의 들이)<(㉯의 들이)입니다.

3 3컵>2컵이므로 (㉮의 들이)>(㉯의 들이)입니다.

4 4컵<6컵이므로 (㉮의 들이)<(㉯의 들이)입니다.

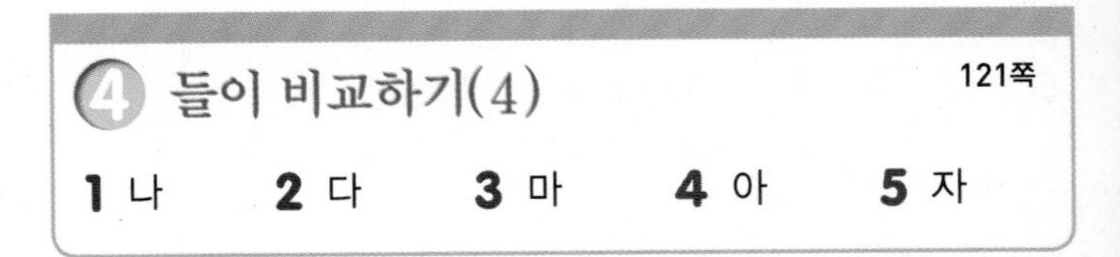

④ 들이 비교하기(4) 121쪽

1 나 **2** 다 **3** 마 **4** 아 **5** 자

1 들이가 많을수록 적은 횟수만큼 붓게 됩니다.
11번>7번이므로 (가의 들이)<(나의 들이)입니다.

2 25번<32번이므로 (다의 들이)>(라의 들이)입니다.

3 14번<15번이므로 (마의 들이)>(바의 들이)입니다.

4 21번>18번이므로 (사의 들이)<(아의 들이)입니다.

5 42번<53번이므로 (자의 들이)>(차의 들이)입니다.

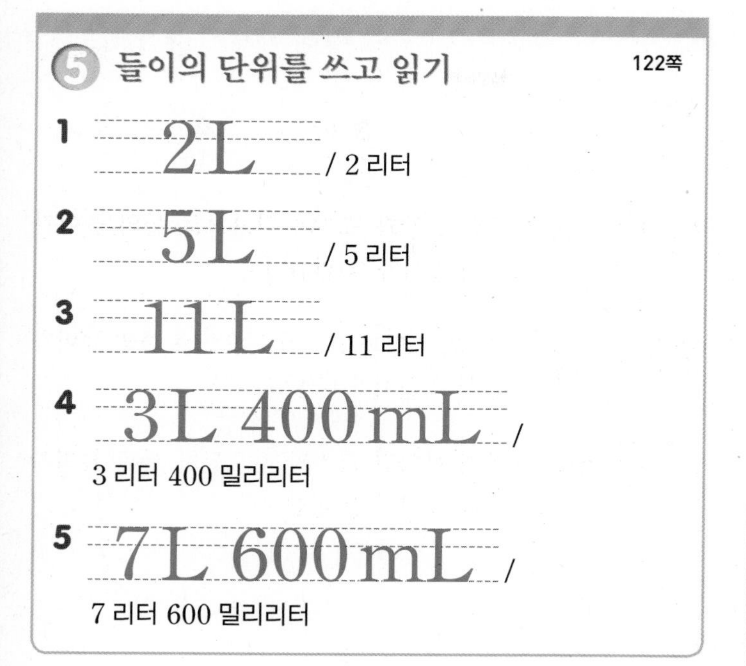
⑤ 들이의 단위를 쓰고 읽기 122쪽

1 2L / 2 리터

2 5L / 5 리터

3 11L / 11 리터

4 3L 400mL / 3 리터 400 밀리리터

5 7L 600mL / 7 리터 600 밀리리터

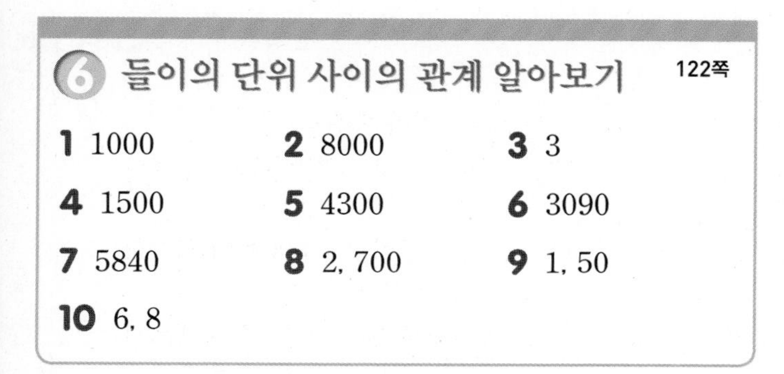
⑥ 들이의 단위 사이의 관계 알아보기 122쪽

1 1000	**2** 8000	**3** 3
4 1500	**5** 4300	**6** 3090
7 5840	**8** 2, 700	**9** 1, 50
10 6, 8		

4 1 L 500 mL=1000 mL+500 mL
=1500 mL

5 4 L 300 mL=4000 mL+300 mL
=4300 mL

6 3 L 90 mL=3000 mL+90 mL
=3090 mL

7 5 L 840 mL=5000 mL+840 mL
=5840 mL

8 2700 mL=2000 mL+700 mL
=2 L+700 mL=2 L 700 mL

9 1050 mL=1000 mL+50 mL
=1 L+50 mL=1 L 50 mL

10 6008 mL=6000 mL+8 mL
=6 L+8 mL=6 L 8 mL

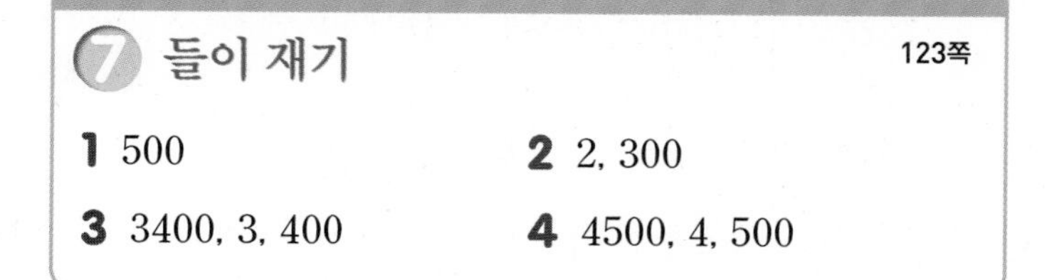
⑦ 들이 재기 123쪽

1 500	**2** 2, 300
3 3400, 3, 400	**4** 4500, 4, 500

2 작은 눈금 한 칸의 크기는 100 mL입니다.
2 L보다 300 mL 더 많으므로 2 L 300 mL입니다.

3 3000 mL와 400 mL이므로 3400 mL입니다.
➡ 3400 mL=3 L 400 mL

4 4000 mL와 500 mL이므로 4500 mL입니다.
➡ 4500 mL=4 L 500 mL

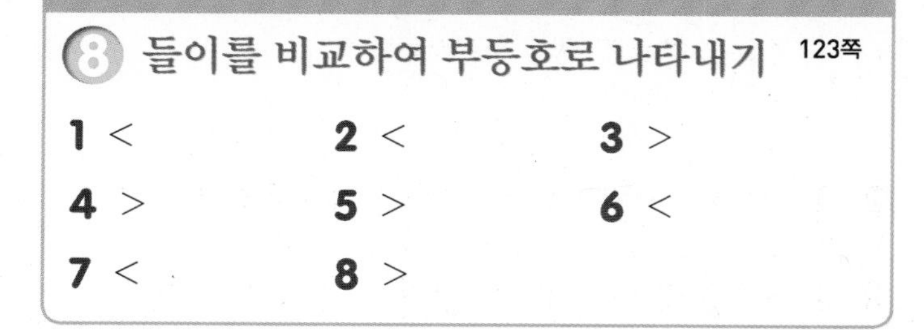
⑧ 들이를 비교하여 부등호로 나타내기 123쪽

1 <	**2** <	**3** >
4 >	**5** >	**6** <
7 <	**8** >	

5 3040 mL=3 L 40 mL
➡ 3 L 400 mL>3 L 40 mL
(400>40)

6 2500 mL=2 L 500 mL
➡ 2 L 500 mL<2 L 700 mL
(500<700)

7 7050 mL=7 L 50 mL
➡ 4 L 100 mL<7 L 50 mL
(4<7)

8 5130 mL=5 L 130 mL
➡ 5 L 130 mL>4 L 800 mL
(5>4)

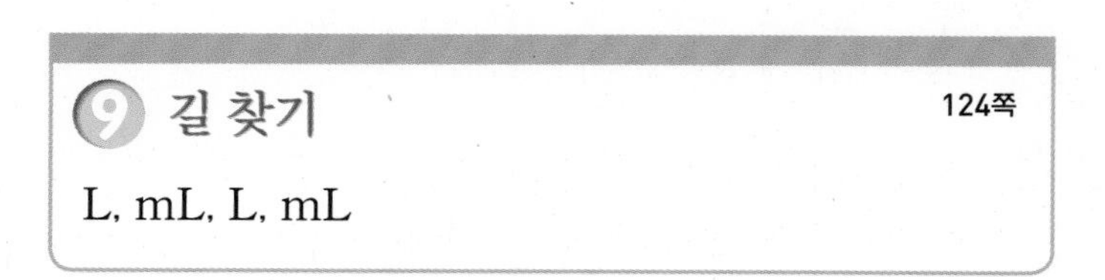
⑨ 길 찾기 124쪽

L, mL, L, mL

- 냄비의 들이는 3 L입니다.
- 욕조의 들이는 525 L입니다.
- 컵의 들이는 300 mL입니다.
- 약병의 들이는 50 mL입니다.

⑩ 들이의 덧셈 125쪽

1 2, 700　**2** 10, 900
3 8, 200　**4** 9, 700
5 1300, 300　**6** 6800, 6, 800
7 5100, 5, 100

1~2 L 단위의 수끼리, mL 단위의 수끼리 더합니다.

3 mL 단위의 수끼리 더한 값이 1000 mL와 같거나 1000 mL보다 크면 1000 mL를 1 L로 받아올림합니다.

$$\begin{array}{r} {\scriptstyle 1}\phantom{\text{ L 600 mL}} \\ 4\text{ L } 600\text{ mL} \\ +\,3\text{ L } 600\text{ mL} \\ \hline 8\text{ L } 200\text{ mL} \end{array}$$

4 L 단위의 수끼리, mL 단위의 수끼리 더합니다.

5 mL 단위의 수끼리 더한 값이 1000 mL와 같거나 1000 mL보다 크면 1000 mL를 1 L로 받아올림합니다.
1 L 700 mL+5 L 600 mL
=6 L 1300 mL=7 L 300 mL

6~7 mL 단위의 수끼리 더한 후 1 L=1000 mL임을 이용하여 ■ L ▲ mL로 나타냅니다.

⑪ 들이의 뺄셈 125쪽

1 4, 400　**2** 3, 400
3 1, 900　**4** 2, 300
5 2, 500　**6** 2100, 2, 100
7 2800, 2, 800

1~2 L 단위의 수끼리, mL 단위의 수끼리 뺍니다.

3 mL 단위의 수끼리 뺄 수 없으면 1 L를 1000 mL로 받아내림하여 계산합니다.

$$\begin{array}{r} {\scriptstyle 8\quad 1000}\phantom{\text{ mL}} \\ 9\text{ L } 800\text{ mL} \\ -\,7\text{ L } 900\text{ mL} \\ \hline 1\text{ L } 900\text{ mL} \end{array}$$

4 L 단위의 수끼리, mL 단위의 수끼리 뺍니다.

5 mL 단위의 수끼리 뺄 수 없으면 1 L를 1000 mL로 받아내림하여 계산합니다.

6~7 mL 단위의 수끼리 뺀 후 1 L=1000 mL임을 이용하여 ■ L ▲ mL로 나타냅니다.

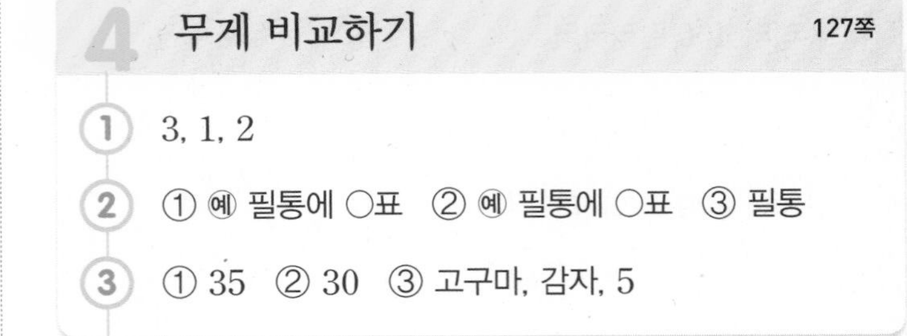

4 무게 비교하기 127쪽

① 3, 1, 2
② ① 예 필통에 ○표　② 예 필통에 ○표　③ 필통
③ ① 35　② 30　③ 고구마, 감자, 5

1 냉장고가 가장 무겁고, 주사위가 가장 가볍습니다.

2 ③ 접시가 내려간 쪽이 더 무거우므로 필통이 더 무겁습니다.

3 ③ 고구마가 감자보다 100원짜리 동전 35−30=5(개)만큼 더 무겁습니다.

5 무게의 단위, 무게를 어림하고 재어 보기 129쪽

① ① kg에 ○표, g에 ○표　② 1000
② ① 1　② 1800
③ ① 1000, 1900　② 5000, 5, 400
④ ① △　② ○
⑤ ① 400　② 300

1 ① 1 킬로그램 ➡ 1 kg, 1 그램 ➡ 1 g
② 1 kg=1000 g

2 ① 저울의 바늘 끝이 1 kg을 가리키므로 1 kg입니다.
② 저울의 바늘 끝이 1800 g을 가리키므로 1800 g입니다.

3 ① 1 kg 900 g=1000 g+900 g=1900 g
② 5400 g=5000 g+400 g=5 kg 400 g

5 ① 800÷2=400 (g)
② 900÷3=300 (g)

6 무게의 덧셈과 뺄셈

131쪽

① 3, 500

② 2, 200

③ ① 5, 800 ② 7, 900

④ ① 2, 100 ② 7, 100

1 1 kg 400 g 간 곳에서 2 kg 100 g을 더 가면 3 kg 500 g입니다.
➡ 1 kg 400 g+2 kg 100 g=3 kg 500 g

2 4 kg 500 g만큼 색칠된 도형에서 2 kg 300 g만큼 지우면 2 kg 200 g이 남습니다.
➡ 4 kg 500 g−2 kg 300 g=2 kg 200 g

3 kg 단위의 수끼리, g 단위의 수끼리 더합니다.

4 kg 단위의 수끼리, g 단위의 수끼리 뺍니다.

기본기 강화 문제

12 무게 비교하기(1)

132쪽

1 ㉡, ㉢, ㉠ **2** ㉠, ㉢, ㉡

3 ㉡, ㉠, ㉢ **4** ㉢, ㉣, ㉡, ㉠

13 무게 비교하기(2)

132쪽

1 동화책 **2** 야구공

3 토마토 **4** 컴퍼스

5 가위 **6** 고구마

1 동화책의 접시가 내려갔으므로 동화책이 숟가락보다 더 무겁습니다.

2 야구공의 접시가 내려갔으므로 야구공이 탁구공보다 더 무겁습니다.

3 토마토의 접시가 내려갔으므로 토마토가 딸기보다 더 무겁습니다.

4 컴퍼스의 접시가 내려갔으므로 컴퍼스가 각도기보다 더 무겁습니다.

5 가위의 접시가 내려갔으므로 가위가 연필보다 더 무겁습니다.

6 고구마의 접시가 내려갔으므로 고구마가 감자보다 더 무겁습니다.

14 무게 비교하기(3)

133쪽

1 지우개 **2** 사과

3 당근 **4** 감

1 (바둑돌 5개)<(바둑돌 7개)이므로 지우개가 연필보다 더 무겁습니다.

2 (100원짜리 동전 40개)>(100원짜리 동전 16개)이므로 사과가 귤보다 더 무겁습니다.

3 (100원짜리 동전 37개)>(100원짜리 동전 28개)이므로 당근이 오이보다 더 무겁습니다.

4 (바둑돌 12개)>(바둑돌 4개)이므로 감이 밤보다 더 무겁습니다.

15 무게 비교하기(4)

133쪽

1 쌓기나무에 ○표 **2** 동전에 ○표

3 동전에 ○표 **4** 쌓기나무에 ○표

5 구슬에 ○표

1 (바둑돌 26개의 무게)=(쌓기나무 21개의 무게)이므로 쌓기나무 한 개의 무게가 더 무겁습니다.

2 (동전 2개의 무게)=(바둑돌 3개의 무게)이므로 동전 한 개의 무게가 더 무겁습니다.

3 (구슬 6개의 무게)=(동전 5개의 무게)이므로 동전 한 개의 무게가 더 무겁습니다.

4 (쌓기나무 20개의 무게)=(동전 26개의 무게)이므로 쌓기나무 한 개의 무게가 더 무겁습니다.

5 (바둑돌 50개의 무게)=(구슬 40개의 무게)이므로 구슬 한 개의 무게가 더 무겁습니다.

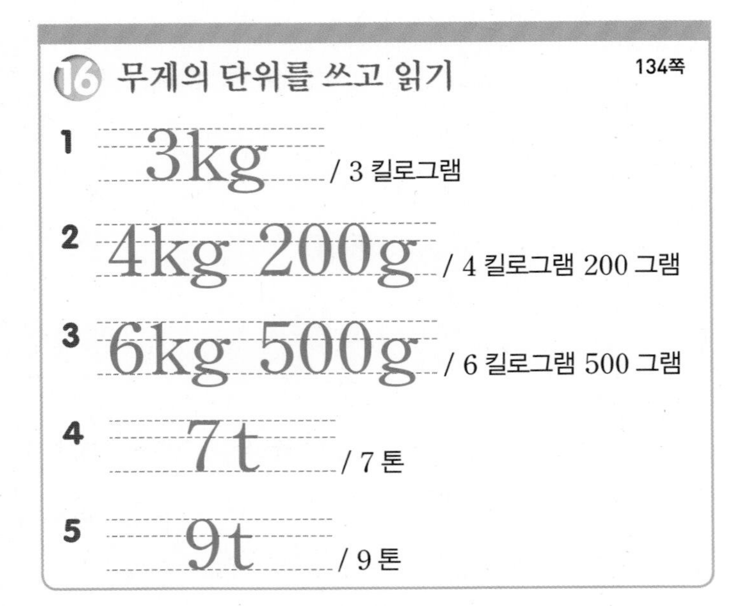

16 무게의 단위를 쓰고 읽기 134쪽

1 3kg / 3 킬로그램

2 4kg 200g / 4 킬로그램 200 그램

3 6kg 500g / 6 킬로그램 500 그램

4 7t / 7 톤

5 9t / 9 톤

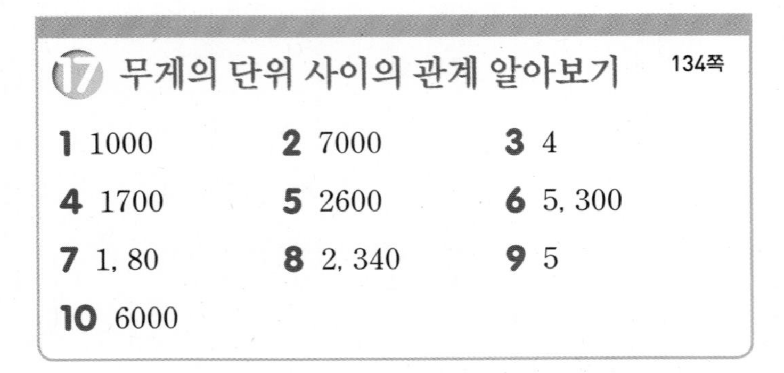

17 무게의 단위 사이의 관계 알아보기 134쪽

1 1000 **2** 7000 **3** 4

4 1700 **5** 2600 **6** 5, 300

7 1, 80 **8** 2, 340 **9** 5

10 6000

4 $1\text{ kg }700\text{ g}=1000\text{ g}+700\text{ g}=1700\text{ g}$

5 $2\text{ kg }600\text{ g}=2000\text{ g}+600\text{ g}=2600\text{ g}$

6 $5300\text{ g}=5000\text{ g}+300\text{ g}=5\text{ kg}+300\text{ g}$
$=5\text{ kg }300\text{ g}$

7 $1080\text{ g}=1000\text{ g}+80\text{ g}=1\text{ kg}+80\text{ g}$
$=1\text{ kg }80\text{ g}$

8 $2340\text{ g}=2000\text{ g}+340\text{ g}=2\text{ kg}+340\text{ g}$
$=2\text{ kg }340\text{ g}$

9 1000 kg=1 t이므로 5000 kg=5 t입니다.

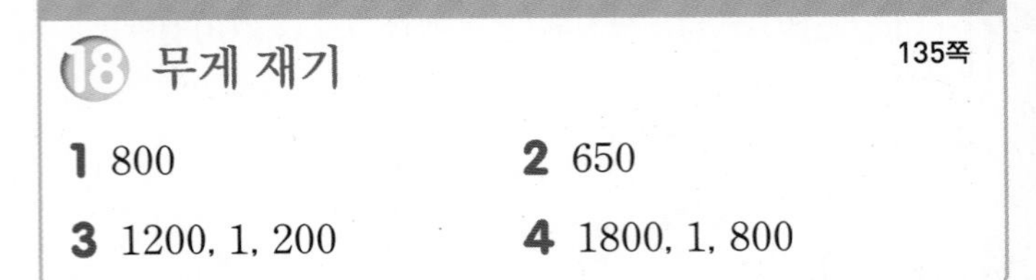

18 무게 재기 135쪽

1 800 **2** 650

3 1200, 1, 200 **4** 1800, 1, 800

2 600 g과 700 g의 한가운데를 가리키므로 650 g입니다.

3 $1200\text{ g}=1000\text{ g}+200\text{ g}=1\text{ kg}+200\text{ g}$
$=1\text{ kg }200\text{ g}$

4 $1800\text{ g}=1000\text{ g}+800\text{ g}=1\text{ kg}+800\text{ g}$
$=1\text{ kg }800\text{ g}$

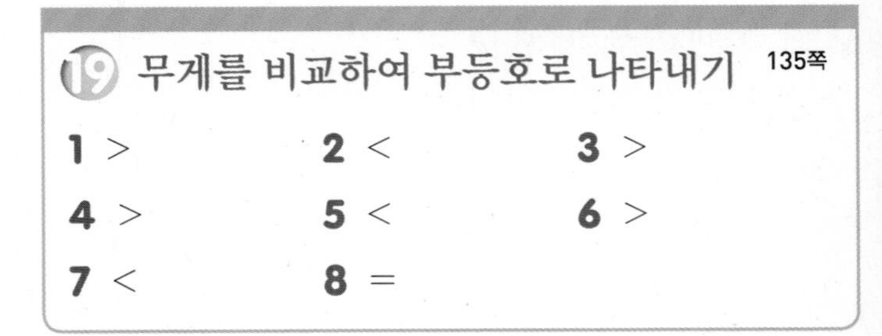

19 무게를 비교하여 부등호로 나타내기 135쪽

1 $>$ **2** $<$ **3** $>$

4 $>$ **5** $<$ **6** $>$

7 $<$ **8** $=$

1 $5\text{ kg }600\text{ g}>5\text{ kg }100\text{ g}$
$600>100$

2 $3\text{ kg }900\text{ g}<4\text{ kg }300\text{ g}$
$3<4$

4 $6050\text{ g}=6\text{ kg }50\text{ g}$
➡ $6\text{ kg }500\text{ g}>6\text{ kg }50\text{ g}$
$500>50$

5 $1600\text{ g}=1\text{ kg }600\text{ g}$
➡ $1\text{ kg }400\text{ g}<1\text{ kg }600\text{ g}$
$400<600$

6 3300 g=3 kg 300 g
➡ 3 kg 300 g>2 kg 200 g (3>2)

7 1 t=1000 kg이므로 3 t=3000 kg입니다.
➡ 2050 kg <3000 kg

8 1 t=1000 kg이므로 9 t=9000 kg입니다.

20 무게가 가장 무거운 것 찾기 136쪽

1 ㉡ **2** ㉡ **3** ㉢
4 ㉠ **5** ㉡

1 ㉠ 3 kg 100 g=3100 g
➡ 3500 g>3100 g>2700 g

2 ㉠ 6700 g=6 kg 700 g
➡ 7 kg 600 g>6 kg 700 g>6 kg 70 g

3 ㉠ 1500 g=1 kg 500 g
➡ 7 kg 100 g>4 kg 650 g>1 kg 500 g

4 ㉠ 5 kg 200 g=5200 g
➡ 5200 g>5020 g>4200 g

5 ㉡ 4080 g=4 kg 80 g
➡ 4 kg 800 g>4 kg 180 g>4 kg 80 g

21 알맞은 무게의 단위 고르기 136쪽

1 g **2** kg **3** t
4 g **5** t **6** g
7 kg **8** g **9** t
10 kg

1~10 1 kg=1000 g보다 무거우면 kg을 사용하고 가벼우면 g을 사용합니다.
1 t=1000 kg보다 무거우면 t을 사용하고, 가벼우면 kg을 사용합니다.

22 사자성어 완성하기 137쪽

1 대기만성 **2** 어부지리

1 1 kg 20 g=1000 g+20 g=1020 g
1 kg 200 g=1000 g+200 g=1200 g
120 g<1020 g<1200 g<1300 g이므로
120 g<1 kg 20 g<1 kg 200 g<1300 g입니다.
대 기 만 성

2 3100 g=3 kg 100 g
3 kg 10 g<3 kg 100 g<3 kg 800 g<4 kg이므로
3 kg 10 g<3100 g<3 kg 800 g<4 kg입니다.
어 부 지 리

23 무게의 덧셈 138쪽

1 2, 900 **2** 7, 500 **3** 8, 400
4 8, 800 **5** 7, 200 **6** 8600, 8, 600
7 9100, 9, 100

1~5 kg 단위의 수끼리, g 단위의 수끼리 더합니다.
이때 g 단위의 수끼리 더한 값이 1000 g과 같거나 1000 g보다 크면 1000 g을 1 kg으로 받아올림합니다.

6~7 g 단위의 수끼리 더한 후 1000 g=1 kg임을 이용하여 ■ kg ▲ g으로 나타냅니다.

24 무게의 뺄셈 138쪽

1 4, 200 **2** 3, 200 **3** 5, 700
4 2, 300 **5** 1, 600 **6** 2100, 2, 100
7 2400, 2, 400

1~5 kg 단위의 수끼리, g 단위의 수끼리 뺍니다.
이때 g 단위의 수끼리 뺄 수 없으면 1 kg을 1000 g으로 받아내림하여 계산합니다.

6~7 g 단위의 수끼리 뺀 후 1000 g=1 kg임을 이용하여 ■ kg ▲ g으로 나타냅니다.

단원 평가 139~141쪽

1	가	**2**	L, mL, 리터, 밀리리터
3	3, 800	**4**	④
5	수조	**6**	삼각플라스크
7	(1) 8, 900 (2) 2, 800		
8	3 L 400 mL	**9**	
10	900	**11**	포도, 사과, 5
12			
13	(1) 2, 700 (2) 3050	**14**	㉡
15	주희	**16**	연정
17	(1) 5, 900 (2) 1, 100	**18**	(1) = (2) >
19	2500 mL	**20**	9 kg 300 g

1 가 그릇은 작은 컵 6개만큼, 나 그릇은 작은 컵 8개만큼 물이 들어가므로 들이가 더 적은 그릇은 가 그릇입니다.

2 L는 리터, mL는 밀리리터라고 읽습니다.

3 숫자와 숫자 사이는 1 L이므로 작은 눈금 한 칸은 100 mL입니다. 3 L에서 작은 눈금 8칸만큼 더 채워져 있으므로 3 L 800 mL입니다.

4 ④ 5 L 800 mL=5800 mL

5 1 L 500 mL>400 mL>250 mL>150 mL이므로 물이 가장 많이 들어가는 용기는 수조입니다.

6 250 mL+150 mL=400 mL이므로 삼각플라스크에 가득 담은 물의 양과 같습니다.

7 L 단위의 수끼리, mL 단위의 수끼리 계산합니다.

8 (오렌지 주스의 양)+(포도 주스의 양)
=1 L 300 mL+2 L 100 mL
=3 L 400 mL

9 1 t=1000 kg이므로 3 t=3000 kg
1 kg=1000 g이므로 3 kg=3000 g
3 kg 300 g=3000 g+300 g=3300 g

10 저울의 바늘 끝이 900 g을 가리키므로 900 g입니다.

11 (사과의 무게)=(100원짜리 동전 25개의 무게)
(포도의 무게)=(100원짜리 동전 30개의 무게)
➡ 포도가 사과보다 100원짜리 동전 30−25=5(개)만큼 더 무겁습니다.

12 1 kg보다 더 무거운 물건은 책상, 텔레비전, 의자입니다.

13 (1) 2700 g=2000 g+700 g
=2 kg 700 g
(2) 3 kg 50 g=3000 g+50 g=3050 g

14 ㉠ 5070 g=5 kg 70 g
➡ 5 kg 700 g>5 kg 170 g>5 kg 70 g

15 2600 g=2 kg 600 g이므로
2 kg 600 g<3 kg 400 g입니다.
따라서 주희가 선우보다 밤을 더 많이 주웠습니다.

16 수박의 무게는 1600 g, 즉 1 kg 600 g입니다.
• 연정: 1 kg 600 g−1 kg 400 g=200 g
• 동생: 1 kg 600 g−1 kg 100 g=500 g
➡ 어림한 무게와 실제 무게의 차가 작을수록 실제 무게에 가깝게 어림한 것이므로 실제 수박의 무게에 더 가깝게 어림한 사람은 연정입니다.

17 (2) 9600 g=9 kg 600 g이므로
9600 g−8 kg 500 g
=9 kg 600 g−8 kg 500 g=1 kg 100 g

18 (1)

$$\begin{array}{rrr} & ^{1} & \\ & 3\text{ kg} & 600\text{ g} \\ + & 1\text{ kg} & 500\text{ g} \\ \hline & 5\text{ kg} & 100\text{ g} \end{array}$$

(2)

$$\begin{array}{rrr} & ^{8} & ^{1000} \\ & 9\text{ kg} & 300\text{ g} \\ - & 6\text{ kg} & 800\text{ g} \\ \hline & 2\text{ kg} & 500\text{ g} \end{array}$$

2 kg 500 g>2 kg 50 g

서술형
19 나 그릇의 물의 양은 2 L에 500 mL를 더 부었으므로 2 L 500 mL=2500 mL가 됩니다.

평가 기준	배점(5점)
나 그릇의 물의 양은 몇 L 몇 mL가 되는지 구했나요?	2점
나 그릇의 물의 양은 몇 mL가 되는지 구했나요?	3점

서술형
20 수아가 어제와 오늘 캔 감자는 모두
6 kg 500 g+2 kg 800 g=9 kg 300 g입니다.

평가 기준	배점(5점)
문제에 알맞은 식을 세웠나요?	2점
수아가 어제와 오늘 캔 감자의 무게의 합을 구했나요?	3점

6 자료의 정리

1 표의 내용 알아보기, 자료를 수집하여 표로 나타내기 145쪽

① ① 4명 ② 30명 ③ 딸기 ④ 1명

② ① 예 정민이네 모둠 학생들이 좋아하는 간식
② 예 정민이네 모둠 학생
③ 4, 5, 3, 2, 14

1 ① 사과, 딸기, 포도, 바나나를 좋아하는 학생 수를 모두 더하면 $5+9+6+6=26$(명)이므로 귤을 좋아하는 학생은 $30-26=4$(명)입니다.
② 조사한 학생 수는 합계를 보고 알 수 있습니다.
③ 학생 수를 비교하면 $9>6>5>4$이므로 가장 많은 학생이 좋아하는 과일은 딸기입니다.
④ 포도를 좋아하는 학생은 6명이고, 사과를 좋아하는 학생은 5명이므로 포도를 좋아하는 학생은 사과를 좋아하는 학생보다 $6-5=1$(명) 더 많습니다.

2 ③ 조사한 자료를 보고 두 번 세거나 빠뜨리지 않게 표시하며 세어서 표로 나타냅니다.
떡볶이 4명, 피자 5명, 햄버거 3명, 아이스크림 2명이므로 (합계)$=4+5+3+2=14$(명)입니다.

2 그림그래프 알아보기 147쪽

① ① 그림그래프 ② 10, 1 ③ 23

② ① 10그루, 1그루 ② 32그루 ③ 달빛 학교

1 ① 조사한 수를 그림으로 나타낸 그래프를 그림그래프라고 합니다.
③ 큰 그림이 2개, 작은 그림이 3개이므로
미국에 가 보고 싶은 학생은 23명입니다.

2 ② 큰 그림이 3개, 작은 그림이 2개이므로
32그루입니다.
③ 큰 그림의 수가 가장 많은 학교를 찾으면 달빛 학교입니다.
따라서 나무가 가장 많은 학교는 달빛 학교입니다.

3 그림그래프로 나타내기 149쪽

1 ① 10, 1

② 종류별 책의 수

종류	책의 수
동화책	
위인전	
만화책	

10 권, 1권

③ 동화책

2 마을별 자전거 수

마을	자전거 수
샛별	◎◎○○○○
한마음	◎◎◎○
큰꿈	◎○○○○○○○○

◎10대 ○1대

1 ① 종류별 책의 수가 두 자리 수이므로 을 10권, 을 1권으로 나타내는 것이 좋습니다.
② • 위인전: 37권이므로 을 3개, 을 7개 그립니다.
• 만화책: 44권이므로 을 4개, 을 4개 그립니다.

2 • 한마음 마을: 31대이므로 ◎을 3개, ○을 1개 그립니다.
• 큰꿈 마을: 18대이므로 ◎을 1개, ○을 8개 그립니다.

기본기 강화 문제

1 표의 내용 알아보기 150쪽

1 (1) 18명
(2) 궤도 열차, 회전 그네, 우주 비행기, 대관람차

2 (1) 32명 (2) 별빛 마을 (3) 17명

3 (1) 14명 (2) 예능 (3) 113명

4 (1) 4명 (2) 2배 (3) 연예인, 선생님, 운동선수, 과학자

1 (1) 표에서 우주 비행기를 찾아 아래 적힌 수를 확인하면 18이므로 우주 비행기를 좋아하는 학생은 18명입니다.
(2) 학생 수를 비교하면 $42>33>18>15$이므로 많은 학생이 좋아하는 놀이 기구부터 순서대로 쓰면 궤도 열차, 회전 그네, 우주 비행기, 대관람차입니다.

2 (1) 금빛 마을, 달빛 마을, 별빛 마을의 신입생 수를 모두 더하면 $25+42+21=88$(명)이므로 은빛 마을의 신입생은 $120-88=32$(명)입니다.
(2) 신입생 수를 비교하면 $21<25<32<42$이므로 신입생 수가 가장 적은 마을은 별빛 마을입니다.
(3) 달빛 마을의 신입생 수: 42명
금빛 마을의 신입생 수: 25명
➡ $42-25=17$(명)

3 (1) 만화, 드라마, 예능을 좋아하는 학생 수를 모두 더하면 $31+28+40=99$(명)이므로 스포츠를 좋아하는 학생은 $113-99=14$(명)입니다.
(3) 조사한 학생 수는 표의 합계와 같으므로 113명입니다.

4 (1) 장래 희망이 운동선수, 연예인, 선생님인 학생 수를 모두 더하면 $7+12+8=27$(명)이므로 장래 희망이 과학자인 학생은 $31-27=4$(명)입니다.
(2) 장래 희망이 선생님인 학생 수: 8명
장래 희망이 과학자인 학생 수: 4명
➡ $8\div4=2$(배)

2 자료를 보고 표로 나타내기 151쪽

1 8, 3, 5, 16 **2** 11, 10, 9, 30

3 12, 23, 31, 25, 91

4 10, 15, 12, 10, 47 / 14, 17, 15, 7, 53

1 자가 8개, 필통이 3개, 지우개가 5개 있습니다.
(합계)$=8+3+5=16$(개)

2 9월의 날씨는 맑음이 11일, 흐림이 10일, 비가 9일입니다.
(합계)$=11+10+9=30$(일)

3 모둠별 모은 신문지의 무게는 다음과 같습니다.
장미 모둠: 12 kg, 개나리 모둠: 23 kg,
매화 모둠: 31 kg, 국화 모둠: 25 kg
(합계)$=12+23+31+25=91$(kg)

4 남학생과 여학생을 구분하여 민속놀이별로 세어서 표를 완성합니다.
• (남학생 합계)$=10+15+12+10=47$(명)
• (여학생 합계)$=14+17+15+7=53$(명)

3 그림그래프 알아보기 152쪽

1 (1) 10명, 1명 (2) 13명 (3) 2반 (4) 3반 (5) 56명

2 (1) 10개, 1개 (2) 25개 (3) 첫째 주 (4) 8개
(5) 119개 (6) 41개

1 (2) 큰 그림이 1개, 작은 그림이 3개이므로 13명입니다.
(3) 체험 학습에 가장 많이 참가한 반은 큰 그림의 수가 가장 많은 2반입니다.
(4) 체험 학습에 가장 적게 참가한 반은 큰 그림이 하나도 없는 3반입니다.
(5) 체험 학습에 참가한 학생은 1반이 15명, 2반이 20명, 3반이 8명, 4반이 13명이므로 모두
$15+20+8+13=56$(명)입니다.

2 (2) 큰 그림이 2개, 작은 그림이 5개이므로 25개입니다.
(3) 호빵을 가장 적게 판매한 주는 큰 그림의 수가 가장 적은 첫째 주입니다.
(4) 셋째 주에 판매한 호빵은 큰 그림이 3개, 작은 그림이 3개이므로 33개입니다. 둘째 주에 판매한 호빵이 25개이므로 셋째 주에 판매한 호빵은 둘째 주에 판매한 호빵보다 $33-25=8$(개) 더 많습니다.
(5) 호빵 판매량은 첫째 주 10개, 둘째 주 25개, 셋째 주 33개, 넷째 주 51개이므로 모두
$10+25+33+51=119$(개)입니다.
(6) 호빵을 가장 많이 판매한 주는 넷째 주로 호빵 판매량은 51개이고, 가장 적게 판매한 주는 첫째 주로 호빵 판매량은 10개입니다. 따라서 호빵을 가장 많이 판매한 주와 가장 적게 판매한 주의 호빵 판매량의 차는
$51-10=41$(개)입니다.

④ 표를 보고 그림그래프로 나타내기 153쪽

1 마을별 심은 나무의 수

마을	나무의 수
햇빛	●●●•••••••••
고은	●●••
행복	●••••••
별빛	●●●●
사랑	●●••••

● 10그루 • 1그루

2 참가하고 싶은 종목별 학생 수

종목	학생 수
공 굴리기	●●••••••
장애물 달리기	●••••
줄다리기	●●●••
이어달리기	●•••••••••

● 10명 • 1명

3 예 농장별 기르는 닭의 수

농장	닭의 수
소망	◎◎○○○
사랑	◎◎◎◎○
행복	◎◎◎○○○○○
믿음	◎◎◎◎◎

◎ 100마리 ○ 10마리

4 예 과수원별 사과 생산량

과수원	생산량
숲속	◉◉◉••
구름	◉●•••
양지	◉◉●
새싹	◉◉◉◉●•
소망	◉••••

◉ 100상자 ● 50상자 • 10상자

1 마을별 심은 나무의 수의 십의 자리 숫자만큼 ●을, 일의 자리 숫자만큼 •을 그립니다.
- 고은 마을: 22그루는 십의 자리 숫자가 2, 일의 자리 숫자가 2이므로 ●을 2개, •을 2개 그립니다.
- 행복 마을: 16그루는 십의 자리 숫자가 1, 일의 자리 숫자가 6이므로 ●을 1개, •을 6개 그립니다.
- 별빛 마을: 40그루는 십의 자리 숫자가 4이므로 ●을 4개 그립니다.
- 사랑 마을: 24그루는 십의 자리 숫자가 2, 일의 자리 숫자가 4이므로 ●을 2개, •을 4개 그립니다.

2 참가하고 싶은 종목별 학생 수의 십의 자리 숫자만큼 ●을, 일의 자리 숫자만큼 •을 그립니다.
- 공 굴리기: 26명은 십의 자리 숫자가 2, 일의 자리 숫자가 6이므로 ●을 2개, •을 6개 그립니다.
- 장애물 달리기: 14명은 십의 자리 숫자가 1, 일의 자리 숫자가 4이므로 ●을 1개, •을 4개 그립니다.
- 줄다리기: 32명은 십의 자리 숫자가 3, 일의 자리 숫자가 2이므로 ●을 3개, •을 2개 그립니다.
- 이어달리기: 19명은 십의 자리 숫자가 1, 일의 자리 숫자가 9이므로 ●을 1개, •을 9개 그립니다.

3 농장별 기르는 닭의 수의 백의 자리 숫자만큼 ◎을, 십의 자리 숫자만큼 ○을 그립니다.
- 소망 농장: 230마리는 백의 자리 숫자가 2, 십의 자리 숫자가 3이므로 ◎을 2개, ○을 3개 그립니다.
- 사랑 농장: 410마리는 백의 자리 숫자가 4, 십의 자리 숫자가 1이므로 ◎을 4개, ○을 1개 그립니다.

- 행복 농장: 350마리는 백의 자리 숫자가 3, 십의 자리 숫자가 5이므로 ◎을 3개, ○을 5개 그립니다.
- 믿음 농장: 500마리는 백의 자리 숫자가 5이므로 ◎을 5개 그립니다.

4
- 구름 과수원: 180=100+50+30이므로 을 1개, 을 1개, 을 3개 그립니다.
- 양지 과수원: 250=200+50이므로 을 2개, 을 1개 그립니다.
- 새싹 과수원: 460=400+50+10이므로 을 4개, 을 1개, 을 1개 그립니다.
- 소망 과수원: 140=100+40이므로 을 1개, 을 4개 그립니다.

5 그림그래프를 보고 표로 나타내기 154쪽

1 16, 40, 32, 28, 116 **2** 32, 43, 21, 30, 126

1
- 월요일: 1개, 6개이므로 16개
- 화요일: 4개이므로 40개
- 수요일: 3개, 2개이므로 32개
- 목요일: 2개, 8개이므로 28개

(합계)=16+40+32+28=116(개)

2
- 주호: 3개, 2개이므로 32권
- 영아: 4개, 3개이므로 43권
- 미정: 2개, 1개이므로 21권
- 강민: 3개이므로 30권

(합계)=32+43+21+30=126(권)

6 표와 그림그래프를 완성하기 154쪽

1 농장별 귤 생산량

농장	생산량
주렁	
탱탱	
달콤	
싱싱	

100상자 10상자

/ 330, 140, 1150

2 월별 아이스크림 판매량

월	판매량
5월	
6월	
7월	
8월	

100개 10개

/ 170, 220, 600

1
- 그림그래프에서 주렁 농장은 이 3개, 이 3개이므로 330상자, 싱싱 농장은 이 1개, 이 4개이므로 140상자입니다.
  ➡ (합계)=330+260+420+140=1150(상자)
- 표에서 탱탱 농장은 260상자이므로 을 2개, 을 6개 그리고, 달콤 농장은 420상자이므로 을 4개, 을 2개 그립니다.

2
- 그림그래프에서 7월은 이 1개, 이 7개이므로 170개, 8월은 이 2개, 이 2개이므로 220개입니다.
  ➡ (합계)=80+130+170+220=600(개)
- 표에서 5월은 80개이므로 을 8개 그리고, 6월은 130개이므로 을 1개, 을 3개 그립니다.

7 자료를 보고 표와 그림그래프로 나타내기 155쪽

1 22, 18, 10, 15, 65

2 받고 싶은 생일 선물별 학생 수

선물	학생 수
장난감	
학용품	
휴대전화	
책	

10명 1명

3 19, 16, 20, 23, 78

4 태어난 계절별 학생 수

계절	학생 수
봄	
여름	
가을	
겨울	

10명 1명

1 (합계)=22+18+10+15=65(명)

2 ☺은 10명, ☻은 1명을 나타내므로 받고 싶은 생일 선물별 학생 수만큼 알맞게 그림을 그립니다.
- 장난감: 22명이므로 ☺ 2개, ☻ 2개
- 학용품: 18명이므로 ☺ 1개, ☻ 8개
- 휴대전화: 10명이므로 ☺ 1개, ☻ 0개
- 책: 15명이므로 ☺ 1개, ☻ 5개

3 (합계)=19+16+20+23=78(명)

4 ☺은 10명, ☻은 1명을 나타내므로 태어난 계절별 학생 수만큼 알맞게 그림을 그립니다.
- 봄: 19명이므로 ☺ 1개, ☻ 9개
- 여름: 16명이므로 ☺ 1개, ☻ 6개
- 가을: 20명이므로 ☺ 2개, ☻ 0개
- 겨울: 23명이므로 ☺ 2개, ☻ 3개

8 표를 보고 여러 가지 그림그래프로 나타내기 156쪽

1 과수원별 복숭아 생산량

과수원	생산량
가	◎◎∘
나	◎∘∘∘
다	◎◎∘∘∘∘∘
라	◎◎∘∘∘∘∘∘∘

◎10상자 ∘1상자

2 과수원별 복숭아 생산량

과수원	생산량
가	◎◎∘
나	◎∘∘∘
다	◎◎○
라	◎◎○∘∘

◎10상자 ○5상자 ∘1상자

3 요일별 음식물 쓰레기의 양

요일	쓰레기의 양
월요일	○○○○○
화요일	○○○∘∘∘∘∘∘∘
수요일	○○○○∘∘∘∘∘
목요일	○○○○∘∘∘∘∘∘∘∘
금요일	○○○∘∘∘∘∘∘

○10 kg ∘1 kg

4 요일별 음식물 쓰레기의 양

요일	쓰레기의 양
월요일	○○○○○
화요일	○○○△∘∘
수요일	○○○○△
목요일	○○○○△∘∘∘
금요일	○○○△∘

○10 kg △5 kg ∘1 kg

1 ◎은 10상자, ∘은 1상자를 나타내므로 과수원별 복숭아 생산량만큼 알맞게 그림을 그립니다.
- 가 과수원: 21상자이므로 ◎ 2개, ∘ 1개
- 나 과수원: 13상자이므로 ◎ 1개, ∘ 3개
- 다 과수원: 25상자이므로 ◎ 2개, ∘ 5개
- 라 과수원: 27상자이므로 ◎ 2개, ∘ 7개

2 ◎은 10상자, ○은 5상자, ∘은 1상자를 나타내므로 과수원별 복숭아 생산량만큼 알맞게 그림을 그립니다.
- 가 과수원: 21상자=20상자+1상자이므로 ◎ 2개, ∘ 1개
- 나 과수원: 13상자=10상자+3상자이므로 ◎ 1개, ∘ 3개
- 다 과수원: 25상자=20상자+5상자이므로 ◎ 2개, ○ 1개
- 라 과수원: 27상자=20상자+5상자+2상자이므로 ◎ 2개, ○ 1개, ∘ 2개

3 ○은 10 kg, ∘은 1 kg을 나타내므로 요일별 음식물 쓰레기의 양만큼 알맞게 그림을 그립니다.
- 월요일: 50 kg이므로 ○ 5개, ∘ 0개
- 화요일: 37 kg이므로 ○ 3개, ∘ 7개
- 수요일: 45 kg이므로 ○ 4개, ∘ 5개
- 목요일: 48 kg이므로 ○ 4개, ∘ 8개
- 금요일: 36 kg이므로 ○ 3개, ∘ 6개

4 ○은 10 kg, △은 5 kg, ∘은 1 kg을 나타내므로 요일별 음식물 쓰레기의 양만큼 알맞게 그림을 그립니다.
- 월요일: 50 kg이므로 ○ 5개
- 화요일: 37 kg=30 kg+5 kg+2 kg이므로 ○ 3개, △ 1개, ∘ 2개
- 수요일: 45 kg=40 kg+5 kg이므로 ○ 4개, △ 1개
- 목요일: 48 kg=40 kg+5 kg+3 kg이므로 ○ 4개, △ 1개, ∘ 3개
- 금요일: 36 kg=30 kg+5 kg+1 kg이므로 ○ 3개, △ 1개, ∘ 1개

단원 평가 157~159쪽

1 3, 5, 6, 1, 15 **2** 5명
3 15명 **4** 10상자, 1상자
5 100그루, 10그루 **6** 170그루
7 햇살 과수원 **8** 800그루

9 혈액형별 학생 수

혈액형	학생 수
A형	☺☺
B형	☺○○○○○○
O형	☺☺○○○○
AB형	☺

☺10명 ○1명

10 O형

11 마을별 빌려간 책의 수

마을	책의 수
달님	■▪
초록	■▪▪▪▪▪
바다	■■▪▪▪

■100권 ▪10권

12 20명

13 반별 휴대전화를 가지고 있는 학생 수

반	학생 수
1반	☺○○○○○○
2반	☺☺
3반	☺○○○
4반	☺☺○

☺10명 ○1명

14 4반 **15** 17명 **16** 84개

17 제공되는 학년별 깃발의 수

학년	깃발의 수
3학년	▶▶▶▶▶▶▸▸▸
4학년	▶▶▶▶▶▶▶▷
5학년	▶▶▶▶▶▶▶▶▸▸▸▸
6학년	▶▶▶▶▶▶▷▸▸▸

▶10개 ▷5개 ▸1개

18 21명 **19** 420상자 **20** 60상자

1 귤은 3명, 사과는 5명, 딸기는 6명, 배는 1명입니다.
➡ (합계)=3+5+6+1=15(명)

4 한라 농장의 귤 생산량이 25상자이고, ●이 2개, •이 5개이므로 ●은 10상자, •은 1상자를 나타냅니다.

7 큰 그림이 가장 많은 과수원을 찾아보면 햇살 과수원입니다.

8 110+170+320+200=800(그루)

10 큰 그림이 가장 많은 혈액형은 A형과 O형이고, 이 중 작은 그림이 더 많은 것을 찾아보면 O형입니다.

12 합계에서 1반, 3반, 4반의 휴대전화를 가지고 있는 학생 수를 뺍니다.
➡ 70−16−13−21=20(명)

13 ☺은 10명, ○은 1명을 나타내므로 반별 휴대전화를 가지고 있는 학생 수만큼 알맞게 그림을 그립니다.

14 큰 그림이 가장 많은 반은 2반과 4반이고, 이 중 작은 그림이 더 많은 반을 찾아보면 4반입니다.

15 3반에서 휴대전화를 가지고 있는 학생이 13명이므로 휴대전화를 가지고 있지 않은 학생은 30−13=17(명)입니다.

18 거리 응원에 참가하는 학생 수가 가장 많은 학년은 5학년으로 84명이고, 가장 적은 학년은 3학년으로 63명입니다.
➡ 84−63=21(명)

서술형
19 생산량이 가장 많은 과수원은 큰 그림이 가장 많은 가 과수원으로 420상자입니다.

평가 기준	배점(5점)
사과 생산량이 가장 많은 과수원을 찾았나요?	2점
사과 생산량이 가장 많은 과수원의 생산량을 구했나요?	3점

서술형
20 다 과수원의 작년 생산량은 340상자이므로 400−340=60(상자)를 더 생산해야 합니다.

평가 기준	배점(5점)
다 과수원의 작년 사과 생산량을 구했나요?	3점
다 과수원에서 올해 더 생산해야 하는 사과 생산량을 구했나요?	2점

사고력이 반짝 160쪽

1 28+59=81 / 28+53=81

2 80−36=54 / 90−36=54

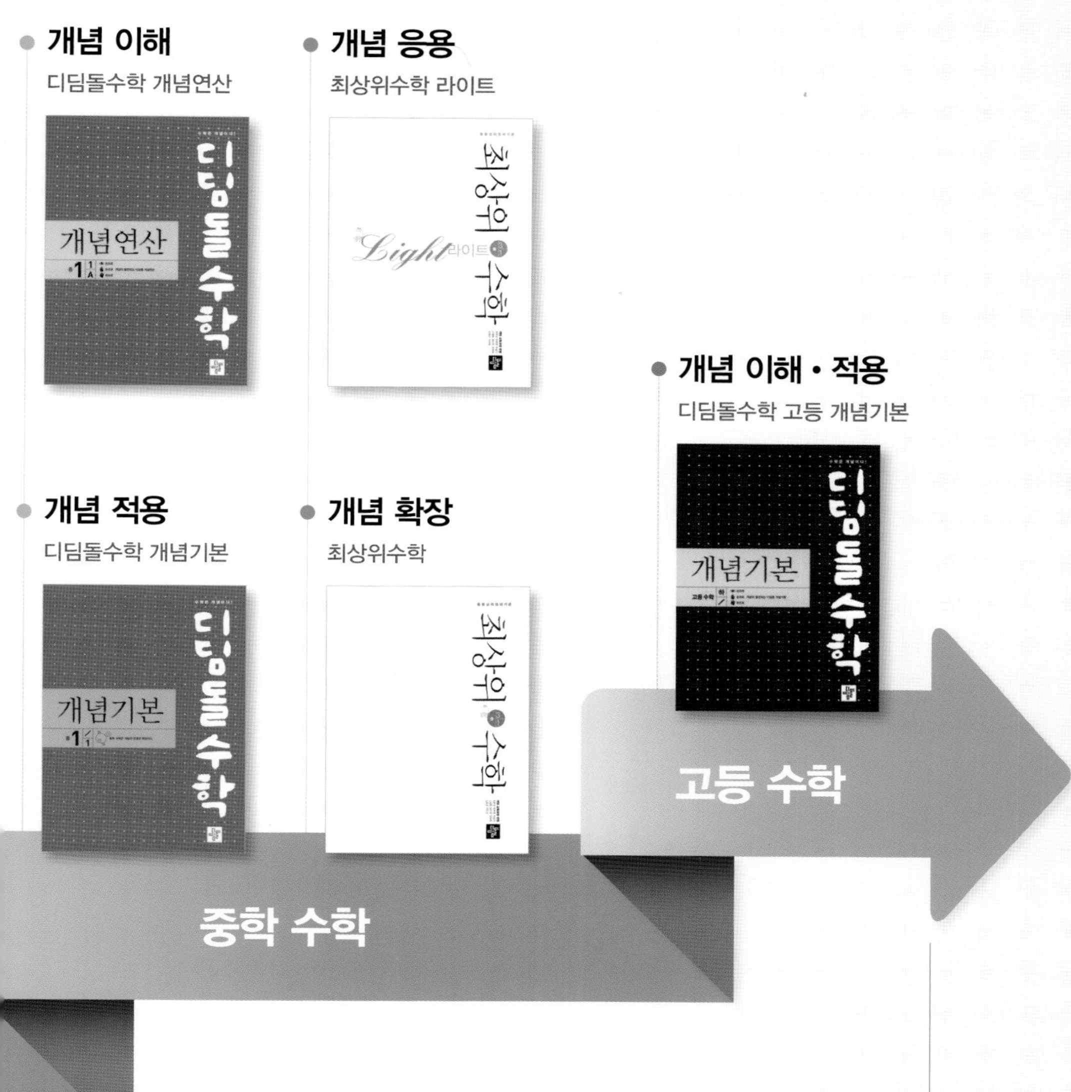

초등부터 고등까지

수학 좀 한다면 

개념을 이해하고, 깨우치고, 꺼내 쓰는
올바른 중고등 개념 학습서

다음에는 뭐 풀지?

최상위로 가는
'맞춤 학습 플랜'

STEP 4 Book

다음에 공부할 책을 고르기 어려우시다면, 현재 성취도를 먼저 체크해 보세요.
최상위로 가는 맞춤 학습 플랜만 있다면 내 실력에 꼭 맞는 교재를 선택할 수 있어요!
단계에 따라 내 실력을 진단해 보고, 다음 학습도 야무지게 준비해 봐요!

첫 번째, 단원평가의 맞힌 문제 수 또는 점수를 모두 더해 보세요.

단원	맞힌 문제 수	OR 점수 (문항당 5점)
1단원		
2단원		
3단원		
4단원		
5단원		
6단원		
합계		

※ 단원평가는 각 단원의 마지막 코너에 있는 20문항 문제지입니다.